U0395782

页岩气
开发
微地震
监测技术

"十三五"国家重点图书

中国能源新战略——页岩气出版工程

国家出版基金项目
NATIONAL PUBLICATION FOUNDATION

编著：杨瑞召　赵争光　王占刚　冯洋洋

华东理工大学出版社
EAST CHINA UNIVERSITY OF SCIENCE AND TECHNOLOGY PRESS
·上海·

上海高校服务国家重大战略出版工程资助项目

图书在版编目（CIP）数据

页岩气开发微地震监测技术/杨瑞召等编著. —上
海：华东理工大学出版社，2016.12
（中国能源新战略：页岩气出版工程）
ISBN 978 - 7 - 5628 - 4505 - 8

Ⅰ.①页…　Ⅱ.①杨…　Ⅲ.①油页岩-油田开发-
小地震-地震监测　Ⅳ.①P618.130.8

中国版本图书馆 CIP 数据核字（2016）第 319846 号

内容提要

　　本书主要介绍了页岩气微地震监测技术的概况及应用。全书共分八章，第 1 章介绍微地震监测技术原理及现状，第 2 章为井下微地震监测，第 3 章介绍了地面微地震监测，第 4 章为地面监测和井下监测对比，第 5 章是微地震数据解释，第 6 章为微地震监测成果应用，第 7 章介绍水力压裂微地震监测技术发展趋势，第 8 章为微地震监测技术在其他领域的应用。

　　本书适用于从事页岩气微地震监测技术的研究及工作人员参考借鉴，也可供高等院校地质学相关专业的师生学习研究。

项目统筹 / 周永斌　马夫娇

责任编辑 / 李芳冰

书籍设计 / 刘晓翔工作室

出版发行 / 华东理工大学出版社有限公司

　　　　　　地　　址：上海市梅陇路 130 号，200237

　　　　　　电　　话：021 - 64250306

　　　　　　网　　址：www.ecustpress.cn

　　　　　　邮　　箱：zongbianban@ecustpress.cn

印　　刷 / 上海雅昌艺术印刷有限公司

开　　本 / 710 mm × 1000 mm　1/16

印　　张 / 18.25

字　　数 / 289 千字

版　　次 / 2016 年 12 月第 1 版

印　　次 / 2016 年 12 月第 1 次

定　　价 / 98.00 元

总序

一

能源矿产是人类赖以生存和发展的重要物质基础,攸关国计民生和国家安全。推动能源地质勘探和开发利用方式变革,调整优化能源结构,构建安全、稳定、经济、清洁的现代能源产业体系,对于保障我国经济社会可持续发展具有重要的战略意义。中共十八届五中全会提出,"十三五"发展将围绕"创新、协调、绿色、开放、共享的发展理念"展开,要"推动低碳循环发展,建设清洁低碳、安全高效的现代能源体系",这为我国能源产业发展指明了方向。

在当前能源生产和消费结构亟须调整的形势下,中国未来的能源需求缺口日益凸显。清洁、高效的能源将是石油产业发展的重点,而页岩气就是中国能源新战略的重要组成部分。页岩气属于非传统(非常规)地质矿产资源,具有明显的致矿地质异常特殊性,也是我国第172种矿产。页岩气成分以甲烷为主,是一种清洁、高效的能源资源和化工原料,主要用于居民燃气、城市供热、发电、汽车燃料等,用途非常广泛。页岩气的规模开采将进一步优化我国能源结构,同时也有望缓解我国油气资源对外依存度较高的被动局面。

页岩气作为国家能源安全的重要组成部分,是一项有望改变我国能源结构、改变我国南方省份缺油少气格局、"绿化"我国环境的重大领域。目前,页岩气的开发利用在世界范围内已经产生了重要影响,在此形势下,由华东理工大学出版社策划的这套页岩气丛书对国内页岩气的发展具有非常重要的意义。该丛书从页岩气地质、地球物理、开发工程、装备与经济技术评价以及政策环境等方面系统阐述了页岩气全产业链理论、方法与技术，并完善了页岩气地质、物探、开发等相关理论，集成了页岩气勘探开发与工程领域相关的先进技术，摸索了中国页岩气勘探开发相关的经济、环境与政策。丛书的出版有助于开拓页岩气产业新领域、探索新技术、寻求新的发展模式，以期对页岩气关键技术的广泛推广、科学技术创新能力的大力提升、学科建设条件的逐渐改进，以及生产实践效果的显著提高等，能产生积极的推动作用，为国家的能源政策制定提供积极的参考和决策依据。

我想，参与本套丛书策划与编写工作的专家、学者们都希望站在国家高度和学术前沿产出时代精品，为页岩气顺利开发与利用营造积极健康的舆论氛围。中国地质大学（北京）是我国最早涉足页岩气领域的学术机构，其中张金川教授是第376次香山科学会议（中国页岩气资源基础及勘探开发基础问题）、页岩气国际学术研讨会等会议的执行主席，他是中国最早开始引进并系统研究我国页岩气的学者，曾任贵州省页岩气勘查与评价和全国页岩气资源评价与有利选区项目技术首席，由他担任丛书主编我认为非常称职，希望该丛书能够成为页岩气出版领域中的标杆。

让我感到欣慰和感激的是，这套丛书的出版得到了国家出版基金的大力支持，我要向参与丛书编写工作的所有同仁和华东理工大学出版社表示感谢，正是有了你们在各自专业领域中的倾情奉献和互相配合，才使得这套高水准的学术专著能够顺利出版问世。

中国科学院院士

2016年5月于北京

总 序

二

　　进入 21 世纪，世情、国情继续发生深刻变化，世界政治经济形势更加复杂严峻，能源发展呈现新的阶段性特征，我国既面临由能源大国向能源强国转变的难得历史机遇，又面临诸多问题和挑战。从国际上看，二氧化碳排放与全球气候变化、国际金融危机与石油天然气价格波动、地缘政治与局部战争等因素对国际能源形势产生了重要影响，世界能源市场更加复杂多变，不稳定性和不确定性进一步增加。从国内看，虽然国民经济仍在持续中高速发展，但是城乡雾霾污染日趋严重，能源供给和消费结构严重不合理，可持续的长期发展战略与现实经济短期的利益冲突相互交织，能源规划与环境保护互相制约，绿色清洁能源亟待开发，页岩气资源开发和利用有待进一步推进。我国页岩气资源与环境的和谐发展面临重大机遇和挑战。

　　随着社会对清洁能源需求不断扩大，天然气价格不断上涨，人们对页岩气勘探开发技术的认识也在不断加深，从而在国内出现了一股页岩气热潮。为了加快页岩气的开发利用，国家发改委和国家能源局从 2009 年 9 月开始，研究制定了鼓励页岩气勘探与开发利用的相关政策。随着科研攻关力度和核心技术突破能力的不断提高，先后发现了以威远 – 长宁为代表的下古生界海相和以延长为代表的中生界陆相等页岩气田，特别是开发了特大型焦石坝海相页岩气，将我国页岩气工业推送到了一个特殊的历史新阶段。页岩气产业的发展既需要系统的理论认识和配套的方法技术，也需要合理的政策、有效的措施及配套的管理，我国的页岩气技术发展方兴未艾，页岩气资源有待进一步开发。

我很荣幸能在丛书策划之初就加入编委会大家庭，有机会和页岩气领域年轻的学者们共同探讨我国页岩气发展之路。我想，正是有了你们对页岩气理论研究与实践的攻关才有了这套书扎实的科学基础。放眼未来，中国的页岩气发展还有很多政策、科研和开发利用上的困难，但只要大家齐心协力，最终我们必将取得页岩气发展的良好成果，使科技发展的果实惠及千家万户。

这套丛书内容丰富，涉及领域广泛，从产业链角度对页岩气开发与利用的相关理论、技术、政策与环境等方面进行了系统全面、逻辑清晰地阐述，对当今页岩气专业理论、先进技术及管理模式等体系的最新进展进行了全产业链的知识集成。通过对这些内容的全面介绍，可以清晰地透视页岩气技术面貌，把握页岩气的来龙去脉，并展望未来的发展趋势。总之，这套丛书的出版将为我国能源战略提供新的、专业的决策依据与参考，以期推动页岩气产业发展，为我国能源生产与消费改革做出能源人的贡献。

中国页岩气勘探开发地质、地面及工程条件异常复杂，但我想说，打造世纪精品力作是我们的目标，然而在此过程中必定有着多样的困难，但只要我们以专业的科学精神去对待、解决这些问题，最终的美好成果是能够创造出来的，祖国的蓝天白云有我们曾经的努力！

中国工程院院士

2016年5月

总 序

三

　　页岩气属于新型的绿色能源资源，是一种典型的非常规天然气。近年来，页岩气的勘探开发异军突起，已成为全球油气工业中的新亮点，并逐步向全方位的变革演进。我国已将页岩气列为新型能源发展重点，纳入了国家能源发展规划。

　　页岩气开发的成功与技术成熟，极大地推动了油气工业的技术革命。与其他类型天然气相比，页岩气具有资源分布连片、技术集约程度高、生产周期长等开发特点。页岩气的经济性开发是一个全新的领域，它要求对页岩气地质概念的准确把握、开发工艺技术的恰当应用、开发效果的合理预测与评价。

　　美国现今比较成熟的页岩气开发技术，是在20世纪80年代初直井泡沫压裂技术的基础上逐步完善而发展起来的，先后经历了从直井到水平井、从泡沫和交联冻胶到清水压裂液、从简单压裂到重复压裂和同步压裂工艺的演进，页岩气的成功开发拉动了美国页岩气产业的快速发展。这其中，完善的基础设施、专业的技术服务、有效的监管体系为页岩气开发提供了重要的支持和保障作用，批量化生产的低成本开发技术是页岩气开发成功的关键。

　　我国页岩气的资源背景、工程条件、矿权模式、运行机制及市场环境等明显有别于美国，页岩气开发与发展任重道远。我国页岩气资源丰富、类型多样，但开发地质条件复杂，开发理论与技术相对滞后，加之开发区水资源有限、管网稀疏、人口稠密等不利因素，导致中国的页岩气发展不能完全照搬照抄美国的经验、技术、政策及法规，必须探索出一条适合于我国自身特色的页岩气开发技术与发展道路。

华东理工大学出版社策划出版的这套页岩气产业化系列丛书，首次从页岩气地质、地球物理、开发工程、装备与经济技术评价以及政策环境等方面对页岩气相关的理论、方法、技术及原则进行了系统阐述，集成了页岩气勘探开发理论与工程利用相关领域先进的技术系列，完成了页岩气全产业链的系统化理论构建，摸索出了与中国页岩气工业开发利用相关的经济模式以及环境与政策，探讨了中国自己的页岩气发展道路，为中国的页岩气发展指明了方向，是中国页岩气工作者不可多得的工作指南，是相关企业管理层制定页岩气投资决策的依据，也是政府部门制定相关法律法规的重要参考。

我非常荣幸能够成为这套丛书的编委会顾问成员，很高兴为丛书作序。我对华东理工大学出版社的独特创意、精美策划及辛苦工作感到由衷的赞赏和钦佩，对以张金川教授为代表的丛书主编和作者们良好的组织、辛苦的耕耘、无私的奉献表示非常赞赏，对全体工作者的辛勤劳动充满由衷的敬意。

这套丛书的问世，将会对我国的页岩气产业产生重要影响，我愿意向广大读者推荐这套丛书。

中国工程院院士

胡文瑞

2016年5月

总 序

四

　　绿色低碳是中国能源发展的新战略之一。作为一种重要的清洁能源，天然气在中国一次能源消费中的比重到2020年时将提高到10%以上，页岩气的高效开发是实现这一战略目标的一种重要途径。

　　页岩气革命发生在美国，并在世界范围内引起了能源大变局和新一轮油价下降。在经过了漫长的偶遇发现（1821—1975年）和艰难探索（1976—2005年）之后，美国的页岩气于2006年进入快速发展期。2005年，美国的页岩气产量还只有1134亿立方米，仅占美国当年天然气总产量的4.8%；而到了2015年，页岩气在美国天然气年总产量中已接近半壁江山，产量增至4291亿立方米，年占比达到了46.1%。即使在目前气价持续走低的大背景下，美国页岩气产量仍基本保持稳定。美国页岩气产业的大发展，使美国逐步实现了天然气自给自足，并有向天然气出口国转变的趋势。2015年美国天然气净进口量在总消费量中的占比已降至9.25%，促进了美国经济的复苏、GDP的增长和政府收入的增加，提振了美国传统制造业并吸引其回归美国本土。更重要的是，美国页岩气引发了一场世界能源供给革命，促进了世界其他国家页岩气产业的发展。

　　中国含气页岩层系多，资源分布广。其中，陆相页岩发育于中、新生界，在中国六大含油气盆地均有分布；海陆过渡相页岩发育于上古生界和中生界，在中国华北、南方和西北广泛分布；海相页岩以下古生界为主，主要分布于扬子和塔里木盆地。中国页岩气勘探开发起步虽晚，但发展速度很快，已成为继美国和加拿大之后世界上第三个实现页岩气商业化开发的国家。这一切都要归功于政府的大力支持、学界的积极参与及业界的坚定信念与投入。经过全面细致的选区优化评价（2005—2009年）和钻探评价（2010—2012年），中国很快实现了涪陵（中国石化）和威远－长宁（中国石油）页岩气突破。2012年，中国石化成功地在涪陵地区发现了中国第一个大型海相气田。此后，涪陵页岩气勘探和产能建设快速推进，目前已提交探明地质储量3 805.98亿立方米，页岩气日产量（截至2016年6月）也达到了1 387万立方米。故大力发展页岩气，不仅有助于实现清洁低碳的能源发展战略，还有助于促进中国的经济发展。

然而，中国页岩气开发也面临着地下地质条件复杂、地表自然条件恶劣、管网等基础设施不完善、开发成本较高等诸多挑战。页岩气开发是一项系统工程，既要有丰富的地质理论为页岩气勘探提供指导，又要有先进配套的工程技术为页岩气开发提供支撑，还要有完善的监管政策为页岩气产业的健康发展提供保障。为了更好地发展中国的页岩气产业，亟须从页岩气地质理论、地球物理勘探技术、工程技术和装备、政策法规及环境保护等诸多方面开展系统的研究和总结，该套页岩气丛书的出版将填补这项空白。

该丛书涉及整个页岩气产业链，介绍了中国页岩气产业的发展现状，分析了未来的发展潜力，集成了勘探开发相关技术，总结了管理模式的创新。相信该套丛书的出版将会为我国页岩气产业链的快速成熟和健康发展带来积极的推动作用。

中国科学院院士

2016年5月

丛书前言

　　社会经济的不断增长提高了对能源需求的依赖程度，城市人口的增加提高了对清洁能源的需求，全球资源产业链重心后移导致了能源类型需求的转移，不合理的能源资源结构对环境和气候产生了严重的影响。页岩气是一种特殊的非常规天然气资源，她延伸了传统的油气地质与成藏理论，新的理念与逻辑改变了我们对油气赋存地质条件和富集规律的认识。页岩气的到来冲击了传统的油气地质理论、开发工艺技术以及环境与政策相关法规，将我国传统的"东中西"油气分布格局转置于"南中北"背景之下，提供了我国油气能源供给与消费结构改变的理论与物质基础。美国的页岩气革命、加拿大的页岩气开发、我国的页岩气突破，促进了全球能源结构的调整和改变，影响着世界能源生产与消费格局的深刻变化。

　　第一次看到页岩气（Shale gas）这个词还是在我的博士生时代，是我在图书馆研究深盆气（Deep basin gas）外文文献时的"意外"收获。但从那时起，我就注意上了页岩气，并逐渐为之痴迷。亲身经历了页岩气在中国的启动，充分体会到了页岩气产业发展的迅速，从开始只有为数不多的几个人进行页岩气研究，到现在我们已经有非常多优秀年轻人的拼搏努力，他们分布在页岩气产业链的各个角落并默默地做着他们认为有可能改变中国能源结构的事。

　　广袤的长江以南地区曾是我国老一辈地质工作者花费了数十年时间进行油

气勘探而"久攻不破"的难点地区,短短几年的页岩气勘探和实践已经使该地区呈现出了"星星之火可以燎原"之势。在油气探矿权空白区,渝页1、岑页1、西科1、常页1、水页1、柳页1、秭地1、安页1、港地1等一批不同地区、不同层系的探井获得了良好的页岩气发现,特别是在探矿权区域内大型优质页岩气田(彭水、长宁-威远、焦石坝等)的成功开发,极大地提振了油气勘探与发现的勇气和决心。在长江以北,目前也已经在长期存在争议的地区有越来越多的探井揭示了新的含气层系,柳坪177、牟页1、鄂页1、尉参1、郑西页1等探井不断有新的发现和突破,形成了以延长、中牟、温县等为代表的陆相页岩气示范区和海陆过渡相页岩气试验区,打破了油气勘探发现和认识格局。中国近几年的页岩气勘探成就,使我们能够在几十年都不曾有油气发现的区域内再放希望之光,在许多勘探失利或原来不曾预期的地方点燃了燎原之火,在更广阔的地区重新拾起了油气发现的信心,在许多新的领域内带来了原来不曾预期的希望,在许多层系获得了原来不曾想象的意外惊喜,极大地拓展了油气勘探与发现的空间和视野。更重要的是,页岩气理论与技术的发展促进了油气物探技术的进一步完善和成熟,改进了油气开发生产工艺技术,启动了能源经济技术新的环境与政策思考,整体推高了油气工业的技术能力和水平,催生了页岩气产业链的快速发展。

该套页岩气丛书响应了国家《能源发展"十二五"规划》中关于大力开发非常规能源与调整能源消费结构的愿景,及时高效地回应了《大气污染防治行动计划》中对于清洁能源供应的急切需求以及《页岩气发展规划(2011—2015年)》的精神内涵与宏观战略要求,根据《国家应对气候变化规划(2014—2020)》和《能源发展战略行动计划(2014—2020)》的建议意见,充分考虑我国当前油气短缺的能源现状,以面向"十三五"能源健康发展为目标,对页岩气地质、物探、工程、政策等方面进行了系统讨论,试图突出新领域、新理论、新技术、新方法,为解决页岩气领域中所面临的新问题提供参考依据,对页岩气产业链相关理论与技术提供系统参考和基础。

承担国家出版基金项目《中国能源新战略——页岩气出版工程》(入选《"十三五"国家重点图书、音像、电子出版物出版规划》)的组织编写重任,心中不免惶恐,因为这是我第一次做分量如此之重的学术出版。当然,也是我第一次有机会系统地来梳理这些年我们团队所走过的页岩气之路。丛书的出版离不开广大作者的辛勤付出,他们以实际行动表达了对本职工作的热爱、对页岩气产业的追求以及对国家能源行业发展的希冀。特别是,丛书顾问在立意、构架、设计及编撰、出版等环节中也给予了精心指导和大力支持。正是有了众多同行专家的无私帮助和热情鼓励,我们的作者团队才义无反顾地接受了这一充满挑战的历史性艰巨任务。

该套丛书的作者们长期耕耘在教学、科研和生产第一线,他们未雨绸缪、身体力行、不断探索前进,将美国页岩气概念和技术成功引进中国;他们大胆创新实践,对全国范围内页岩气展开了有利区优选、潜力评价、趋势展望;他们尝试先行先试,将页岩气地质理论、开发技术、评价方法、实践原则等形成了完整体系;他们奋力摸索前行,以全国页岩气蓝图勾画、页岩气政策改革探讨、页岩气技术规划促产为己任,全面促进了页岩气产业链的健康发展。

我们的出版人非常关注国家的重大科技战略,他们希望能借用其宣传职能,为读者提供一套页岩气知识大餐,为国家的重大决策奉上可供参考的意见。该套丛书的组织工作任务极其烦琐,出版工作任务也非常繁重,但有华东理工大学出版社领导及其编辑、出版团队前瞻性地策划、周密求是地论证、精心细致地安排、无怨地辛苦奉献,积极有力地推动了全书的进展。

感谢我们的团队,一支非常有责任心并且专业的丛书编写与出版团队。

该套丛书共分为页岩气地质理论与勘探评价、页岩气地球物理勘探方法与技术、页岩气开发工程与技术、页岩气技术经济与环境政策等4卷,每卷又包括了按专业顺序而分的若干册,合计20本。丛书对页岩气产业链相关理论、方法及技术等进行了全面系统地梳理、阐述与讨论。同时,还配备出版了中英文版的页岩气原理与技术视频(电子出版物),丰富了页岩气展示内容。通过这套丛书,我们希望能为页岩气科研与生产人员提供一套完整的专业技术知识体系以促进页岩气理论与实践的进一步发展,为页岩气勘探开发理论研究、生产实践以及教学培训等提供参考资料,为进一步突破页岩气勘探开发及利用中的关键技术瓶颈提供支撑,为国家能源政策提供决策参考,为我国页岩气的大规模高质量开发利用提供助推燃料。

国际页岩气市场格局正在成型,我国页岩气产业正在快速发展,页岩气领域中的科技难题和壁垒正在被逐个攻破,页岩气产业发展方兴未艾,正需要以全新的理论为依据、以先进的技术为支撑、以高素质人才为依托,推动我国页岩气产业健康发展。该套丛书的出版将对我国能源结构的调整、生态环境的改善、美丽中国梦的实现产生积极的推动作用,对人才强国、科技兴国和创新驱动战略的实施具有重大的战略意义。

　　不断探索创新是我们的职责,不断完善提高是我们的追求,"路漫漫其修远兮,吾将上下而求索",我们将努力打造出页岩气产业领域内最系统、最全面的精品学术著作系列。

丛书主编

2015年12月于中国地质大学(北京)

前言

随着油气资源需求的不断增长，常规油气藏越来越少，非常规油气藏尤其是页岩油气的勘探开发越来越受到重视。美国、加拿大等国家已成功实现了页岩气的工业开采，且具有较为广阔的应用前景。我国也在页岩油气方面开展了大量的研究工作，在多个盆地相继发现了具有工业价值的页岩油气资源。

常规天然气具有"难发现、易开采"的特点，而像页岩气这样的非常规天然气资源的最大特点是"易发现，难开采"。也就是，常规油气勘探的重点是"找"储层，而非常规油气勘探开发的重点是"造"储层，即通过一些增产（渗）措施（包括长距离水平井钻井和分段压裂、同步压裂技术等）将储存在页岩、致密砂岩等"储层"中的游离气、吸附气经济地开采出来。要实现致密油气以及页岩气的规模勘探和开发，必须借鉴国外经验，实施水平井技术、多级压裂、同步压裂等改造技术，从而提高"页岩储层"内的连通空间和泄流面积，有效扩大渗流通道，进而建立地层与井筒之间的有效通道，达到强化页岩气开采的目的。可见，对于页岩油气资源的开发，在很大程度上取决于水平井及压裂技术，压裂结果的好坏直接关系到最终开采效果。为了解决压裂效果评价问题，微地震监测技术逐步得到应用和推广，通过微地震监测技术来求取裂缝的空间展布特征、提取岩石力学参数，为进一步储层改造及开发井位部署提供技术支撑。过去十年，各种出版物，包括 *The Leading Edge* 和 *Geophysics* 等期刊，大量的论文以及美国勘探地球物理学家学会(SEG)年会中关于微地震监测的分会见证了微地震监测技术的发展与推广,2010 年,Rode 等在 *First Break* 期刊上发表"Is the future of seismic passive?"(被动地震是地震技术的未来吗)一文,明确指出被动地震技术(包含微地震监测技术)作为一种现有地球物理技术的补充,为油气藏中流体运动的持续可视化提供了可能,将来被动地震技术将实现真正意义上的 5D 监测。该文不仅肯定了微地震技术应用的需求与实际意义,也为被动地震技术的发展指明了方向。

目前,微地震监测技术已经成为页岩气开采过程中必不可少的关键配套技术之一,对水力压裂增产过程进行成像是此项技术最常见的应用领域之一。每年在北美各个盆地中,采用这种技术对数千条裂缝进行成像监测。随着这项技术的发展,已经举办了多次技术研讨会(欧洲地球学家与工程师学会 2007 年和 2009 年技术研讨会、美国勘探地球物理学家学会 2008 年技术研讨会,以及加拿大勘探地球物理家学会 2009 年技术研讨会),同时在由 SEG、美国石油地质学家协会(AAPG)、国际石油工程师学会(SPE)和欧洲地球学家与工程师学会(EAGE)最近所主办的大会上,也针对此项技术举行了多次论坛和专题讨论。尤其是 2014 年 8 月,SEG 专门举办了第一届微地震技术国际研讨会,展示了这一领域的最新进展。

随着油气行业非常规资源的勘探开发以及对更有效的水力压裂增产施工需求的日益增长,微地震监测技术的应用不仅局限于水力压裂诱发裂缝成像,目前也广泛应用于地热资源勘探、高温注汽热力开采、CO_2 地质封存监测,将来也可能扩展到其他领域,其技术和经济潜力十分巨大。

作者编撰本书的目的是为从事页岩气开发的作业者提供观测系统设计、质量控制、解释和水力压裂微地震监测应用实例。本书意图为水力压裂微地震监测提供一个综合的教程,不仅为微地震监测技术提供理论支撑,更重要的是为实施一个成功的水力压裂微地震监测项目提供具有实践指导意义的指南,所以本书中也重点阐述了如何利用微地震监测成果评价压裂效果和优化压裂方案设计。

本书编写分工如下:杨瑞召负责第 1~3 章;赵争光负责第 4~6 章及本书附录;王占刚负责第 8 章;冯洋洋负责第 7 章。全书由杨瑞召和赵争光统稿。

在作者进行微地震监测技术研究、实验的过程中,得到了中国石油大庆油田分公司、大庆油田油藏评价部、大庆油田勘探事业部、中浅层勘探项目部、深层天然气勘探项目部、大庆油田第九采油厂地质大队、中国石化华北分公司、中国石化工程公司中原物探分公司等单位各位领导和专家的大力支持,在此表示衷心的感谢!

在本书成书过程中,得到了中国地质大学(北京)余钦范教授、张金川教授、丁文龙教授,中国矿业大学(北京)彭苏萍院士、赵峰华教授、苑春方教授,王占刚、郑晶、梁哲等同事以及其他众多的领导、专家的大力支持和帮助,在此一并表示诚挚的谢意! 同时,感谢北京阳光吉澳能源技术有限公司提供相关图件,感谢该公司冯洋洋、丁殿洪、谭军、孟令彬、孟张武、张青山、罗誉鑫、刘利强、李德伟、邹港、赵超、彭维军等技术人员的大力支持与配合。

限于时间加之作者水平有限,本书编著过程中不可避免会出现不足和疏漏,在此恳请各位专家、读者给予批评指正。

2016 年 4 月

目

录

页岩气
开发
微地震
监测技术

第 1 章

微地震监测技术
原理及现状

1.1 微地震的概念

早在一百多年前,国外科学家就开始了对微地震的研究。1910 年,Benndorf 对微地震活动进行了最早的定义:"除了真实地震和当地自然产生的扰动,街道交通等一些活动也会使地震仪接收到一种被称为脉动波或微地震扰动的很小的波动。"

尽管本书的主题是微地震,但无论是微震或微地震却均无统一的定义。事实上,地震学家用"微震"这个术语表示背景噪声,而将微地震定义为:可在地表被记录且级别可能是 2 或 3 级的较小地震。

在力学研究领域,外界扰动对固体材料进行作用(温度或载荷的变化)时,局部应力的集中现象将在其内部产生。在材料内部强度不足的情况下,由于这种局部高能状态的存在,有可能会出现塑性形变和微观损伤。微观损伤通过聚集和扩展会造成宏观裂纹,这会导致材料内部稳定性的破坏(赵向东等,2002)。裂纹的聚集和扩展会产生突发式(非稳定连续)的积蓄,并伴以弹性波的形式向外释放能量,这种现象通常被称为岩石声发射(吴光琳,1991;彭新明等,2000)。一般来说,由于长期的地质勘探和开采活动对围岩结构的破坏而产生的频带较低(一般在 1 kHz 以下)的岩石声发射被称为"微地震",也被称为小震级事件。

在矿山开采领域,微地震是指小型的地震,它是在矿井深部开采的过程中,由于开采导致岩石破裂,进而诱发的地震活动。一般情况下,这种地震活动是不可避免的,我们通常将这种由于矿井开采而诱发的地震活动定义为:在开采坑道附近的岩体内因应力场变化导致岩石破坏而引起的那些地震事件(Cook,1976)。

在油气田开发领域,尤其是水力压裂增产时,水力压裂向储层注入高黏度的高压流体,并配以适当比例的砂子和化学物质,使储层岩石形成裂缝,从而能够顺利开采储层中的油气。水力压裂时,大量高黏度、高压流体被注入储层,使孔隙流体压力迅速提高,高孔隙压力以剪切破裂和张性破裂两种方式引起岩石破坏:当高孔隙流体压入储层时,高孔隙流体压力使有效围应力降低导致剪切裂缝产生;当孔隙流体压力超过最小围应力和整个岩石抗张强度之和时,岩石会形成张性裂缝。能量可以沿着裂缝不断地向地层中辐射,造成裂缝周围地层的张裂或错动,同时各种张裂或错动会向外辐射弹性波地震能量(李雪,2012)。这些剪切错动和沿断层面的天然地震类似,所以被称为"微地震",这也是本书所论述的"微地震",震级(M)一般小于 0 级,释放的能量小于或相当于15 g TNT 炸药爆炸所释放的能量(图 1-1)。水力压裂形成裂缝可看成是声发射事件(段银鹿,2013)。

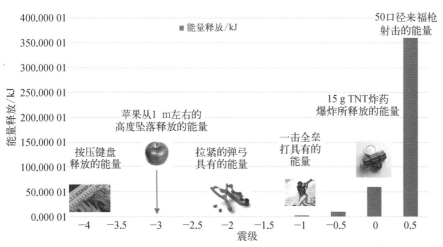

图 1-1 微地震事件震级与能量释放对比(据 MicroSeismic 公司, 2012 修改)

1.2　微地震震源机制

1.2.1　震源机制

地壳应力使地壳接近于破裂,即使这一地区构造活动比较稳定,小的天然或人工应力场扰动也都可能触发地震。天然地震台网全球监测震级下限为 $M=4$,局部监测震级下限更低,北美、日本和西欧局地下限值可达 $M=1\sim2$。早在 20 世纪 60 年代,我们就对 $M<2$(微地震,microseismicity)的天然地震进行了常规分析,主要包括求解微地震震源机制等。国外在微震的震源机制方面有过长期的研究,并取得了一系列的成

果,而在国内有关震源机制方面的研究却不多,远远落后于国外。

　　微地震震源机制是指微震发生的物理力学过程。揭示和认识震源机制是从事微地震监测的基础和前提,也是从事微地震研究的理论基础。通过震源机制的研究,可以深入分析发震的内外在诱因、岩体的破(断)裂机理,对于微震震源机制的研究是理论上的一个难点,也是一个热点。如果知道震源机制,即断层面方位和滑脱方向,那么就有可能从地震特征中提取出震源参数并获得断层大小、应力降和地震矩信息(尽管这些参数中只有两个是独立的)。

　　在对水力压裂机制不完全了解的情况下作出的解释很可能导致有关压裂过程和裂缝宽度(容纳支撑剂的能力)的错误结论。所以,必须在解释微地震监测结果前了解震源机制。

　　在解释微地震监测结果之前,需要注意有可能给解释结果带来多解性的震源机制的两个方面,具体介绍如下。

　　1. 断面方位

　　地震的放射模式高度不对称且根据不同的观测点相对于滑脱的位置会得到不同的结果。如图1-2所示,平面图中的围绕走滑双力耦震源(微震的最佳表示)的放射模式具有交替的P波(黄色)和S波(绿色)波瓣。

　　在这种情况下,对放射模式的不同解释会带来震源机制的多解性。对于图1-2

图1-2　微地震的放射
模式(据 Pinnacle 公司)

中的微震，一个在其正北方的观察者将只能探测到 P 波，所以微震波看起来全部是张性的。然而，一个在北偏东 45°的观察者将只能探测到 S 波，所以微震波看起来全部是剪切的。因此，对于每个微震波，在分析波形数据之前，都需要首先确定断面和滑脱方向(震源机制)。Los Alamos 实验室的 Rutledge 和 Phillips(2014)指出 Cotton Valley 实验中对震源参数已发表的解释成果是错误的，因为放射模式被忽略了。

2. 震源参数(如应力降和 S/P 比)

对于水力压裂造成的一个微地震事件，计算得到的数据值如应力降和 S/P 比可能相对简单。然而，水力压裂引起很大的应力扰动和很大的孔隙压力扰动，是分别由裂缝开口和高压压裂液漏失所造成的。如图 1-3 所示，在水力压裂周围有一个很大的压缩区域，但裂缝尖端也有一个拉张区带和剪切波瓣来适应从拉张到剪切的变化。另外，压裂液漏失改变了压缩区域，尤其是改变了裂缝中心附近区域。任何解释震源参数的努力(如断层大小、压力降、地震矩)都必须在对这些水力压裂机制和其他参数有充分了解的前提下进行。

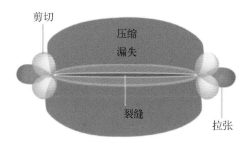

图 1-3　水力压裂引起扰动示意(据 Pinnacle 公司修改)

评价震源机制的最佳条件是有多口监测井，但多井监测往往是不可能的。若只有一个监测井，就很难求解震源机制且震源机制解将具有多解性。另外，应该只使用高信噪比的微震数据进行分析(多级检波器精确探测到的 P 波和 S 波)，减少噪声效应的影响；同时精确地定位微震事件震源位置。

1.2.2　岩石破裂机制

研究完整岩石的破裂机理,有助于对微震机理的认识和理解。认识岩石破坏失稳机理最有效的手段是通过室内岩石受压实验,根据室内"试验机-岩样"加载系统原理,对岩石的破坏机理进行研究。

水力压裂时,大量高黏度高压流体被注入储层,这样可使孔隙流体压力迅速提高。一般认为高孔隙压力会以两种方式引起岩石破坏。第一,高孔隙流体压力使有效围应力降低,直至岩石抵抗不住被施加的构造应力,从而导致剪切裂缝产生;第二,如果孔隙流体压力超过最小围应力与整个岩石抗张强度之和,则岩石便会形成张性裂缝。水力压裂作业初期,由于大量的超过地层吸收能力的高压流体泵入井中,在井底附近逐渐形成很高的压力,其值超过岩石围应力与抗张强度之和,便在地层中形成张性裂缝。随后,带有支撑剂的高压流体挤入裂缝,使裂缝向地层深处延伸,同时加高变宽。这种加压的张开的裂缝,在它周围的高孔隙压力区引起剪切破裂。

1. 摩尔-库仑准则

根据摩尔-库仑准则,当进行水力压裂等施工时,由于高压注水等原因造成地层压力升高,当地下岩层发生破裂时,沿着进水区的边缘会发生微地震事件。微地震监测的任务就是通过记录这些微地震事件,根据地震数据对震源位置进行反演定位,通过反演得到的震源位置的空间分布状况,可以对地下岩层裂缝的轮廓进行描述,摩尔-库仑准则可以写为

$$\tau \geqslant \tau_0 + \mu(S_1 + S_2 - 2p_0) + \mu(S_1 - S_2)\cos(2\phi)/2 \qquad (1-1)$$

$$\tau = (S_1 - S_2)\sin(2\phi)/2 \qquad (1-2)$$

式中,τ 是作用在裂缝面上的剪切应力;τ_0 是岩石的固有法向应力抗剪切强度,若沿已有裂缝面错段,则 $\tau_0 = 0$;μ 为层面间摩擦系数;S_1,S_2 分别为最大主应力和最小主应力;p_0是地层压力;ϕ 为最大主应力与裂缝面法向的夹角。式(1-1)表示若左侧不小于右侧则发生微地震。由此可以看出,微地震容易沿着已有的裂缝面发生,这时 $\tau_0 = 0$,右侧比较容易小于左侧。若 p_0增大,右侧减小,也会使右侧小于左侧,这时地层压力变化为微地震发生的必然条件。这两种因素都会引起地震,并且使地震事件在已有裂

缝条带上优先发生。摩尔-库仑准则表明,压裂、注水或静态监测到的微地震,是地下固有能量的释放,不是人工施工作业能量的简单释放。理论上来讲,应该有足够的辐射强度可以被监测到,因此这一类微地震应是诱发微地震。

按摩尔-库仑准则裂缝可细分为以下五类:① 水力压裂裂缝;② 膨胀的天然裂缝;③ 粗糙的剪切膨胀裂缝;④ 光滑的没有膨胀的裂缝;⑤ 没有受到影响的裂缝。这五种裂缝的产生主要与最大主应力以及最大主应力和裂缝面之间的夹角有关,这一点阐明了裂缝破裂机制的问题。这五种裂缝发生的先后顺序如图 1-4 所示,当最大主应力与裂缝面的夹角为 0° 时,岩石发生纯拉张破裂。随着夹角的逐渐增大,会依次发生半拉张半剪切的裂缝、粗糙的剪切裂缝和光滑的纯剪切裂缝。

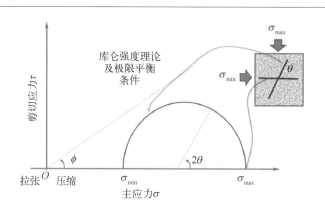

图 1-4　摩尔-库仑准则(据 Dershowitz,2009)

2. 断裂力学准则

岩石错动所产生的裂隙是一种张性破裂,这种破裂广泛存在于地壳表层岩石中。这是由于:

(1) 岩石的抗剪切强度要比抗张强度大一个数量级;

(2) 自然界岩石中普遍存在着各种各样的缺陷,在构造应力作用下都会发生局部应力集中的情况,当某一位置的应力大于一定值时,裂缝就会发生扩展,断裂力学准则可以写成

$$\left[(p - S_n)/Y\sqrt{\pi l}\right]_0^{-1}\sqrt{(1+x)/(1-x)}\,\mathrm{d}x \geq K_{IC} \qquad (1-3)$$

式中,K_{IC} 为断裂韧性;p 是井底注水压力;S_n 是裂缝面上的法向应力;Y 为裂缝形状因

子;l 是裂缝长度;x 为自断裂端点沿裂缝面走向坐标。当式(1-3)成立时,裂缝发生张性扩张。

由以上裂缝形成理论可以看出,注水压裂会增加地层压力。由断裂力学可知,应力会在地下岩石的局部位置发生集中,使式(1-3)的左侧大于右侧,从而造成岩石破裂,产生微地震事件,这就为水力压裂裂缝的微地震监测方法提供了理论依据。

1.2.3　声发射实验

地震实际上是地球介质的一种声发射现象。岩石变形时,局部地区应力集中,可能会发生突然的破坏,从而向周围发射出弹性波,这就是岩石的声发射现象(陈颙等,1984)。油气田的微地震监测实际上是利用岩石声发射现象的一种技术方法。岩石变形时,局部地区应力集中,可能会发生突然的破坏,从而向周围发射出弹性波,这就是岩石的声发射现象。早在20世纪20年代,人们就已经发现油气开采会诱发微地震,此后采矿业从20世纪40年代以来一直在做微震(震级小于0)监测,并进行相关研究。

实验室压裂声发射实验是研究岩石破裂机制的有效手段。近年来,美国斯坦福大学、加拿大阿尔伯塔大学、美国俄克拉荷马大学、美国得州理工大学及美国休斯敦大学的科研人员一直在进行岩石破裂声发射实验,这些实验也为微地震监测提供了坚实的理论基础。Bohnhoff等(2010)进行了实验室岩石变形实验并进行了声发射监测研究。实验用岩样为100 mm,样品破裂后被复原,浸入蓝色环氧树脂,发现声发射监测定位的震源位置与裂缝空间匹配很好。

Moreno等(2010)利用声发射 Acoustic emission 来研究控制裂缝延伸的机制。实验利用了16个B-1025传感器,频率范围在(50~1 500)kHz,波形放大率为70,触发66 dB,触发门槛电压为100 mV,仅记录的P波用于定位震源。实验结果共定位了49个事件;震源主要集中在岩样的上半部分,主要在射孔点以上;主要微地震事件分布呈线性,与最大水平主应力一致;裂缝延伸较小,离注入点较近。震源机制分析表明水力压裂中剪切破裂机制为主导因素,震源的空间分布部分呈平面状,部分呈扩散云状;谱分析表明微地震事件差异明显,但相同岩性具有一致性。另外,更深入的震源机制及谱分析中,P 波初至的极化被用来分析破裂机制以区分剪切破裂和张性破裂,极化分析获得的破裂机制分为四种:张性、剪切、压缩和复杂裂缝;极性确定的多解性产生复杂事件,不能识别区分压缩和扩张波至的节平面;谱分析表明最后阶段的事件的频率低于早期事件的频率,这可能与裂缝延伸过程或与裂缝密度或流体饱和度有关的衰减相关;剪切破裂与张性破裂更为常见;35% 以上的定位事件被确定为剪切事件;叶蜡石中没有压缩事件,石灰岩中有极少的压缩事件,这可能与孔隙坍塌相关。

Moreno 等(2011)利用 Lyons 砂岩分别在 4 000 psi①(岩样 A)和 500 psi(岩样 A)的围压下做了声发射实验,采用 16 个 B - 1025 传感器,频率范围在(50 ~ 1 500)kHz,波形放大率为 70,触发 66 dB,触发门槛电压为 100 mV,仅记录的 P 波用于定位震源。压裂液为 50 mPa·s 的油,常速 10 mL/min,岩样 A 破裂压力为 3 154 psi,岩样 B 为 4 527 psi。实验结果显示岩样 A 记录到 2 644 个事件,岩样 B 记录到 2 635 个事件;绝大多数事件发生在压力恢复阶段,在达到破裂压力之前;泵压关闭时及之后事件急剧增多,这可能与压裂时产生的裂缝粗糙表面闭合(closure of asperities)有关。其中岩样 A 压裂微地震事件呈线性分布,这与加载的水平主应力方向一致。

研究人员观察到地层裂缝与微地震事件分布一致,微地震事件被限定在岩样的上半部分,在射孔点之上。时间序列(time progression)表明裂缝由近及远延伸,但最后阶段的事件也发生在先前破裂的区域。

另外,Chorney 等(2012)也利用声发射实验求解了微地震云(microseismic cloud)的大小、位置以及岩样破裂机制,并分析了水力裂缝不对称分布原因,如原地应力、岩性、断层(裂缝或节理)等。

1.2.4　水力压裂原理

有机质丰富的页岩地层中的页岩气生产是当今石油和天然气勘探开发中发展最迅速的方向。由于页岩气藏的超低渗透率和低孔隙度,采用经过多级大规模水力压裂

---

①　psi:磅/平方英寸,1 psi = 6 895 Pa。

处理的长水平井,可实现页岩气藏经济生产。

实践表明:低渗层的开采离不开压裂。水力压裂是利用地面高压泵组,将高黏液体以大大超过地层吸收能力的排量注入井中,在井底形成高压,当此压力大于井壁附近的地应力和地层岩石抗张强度时,就会在井底附近地层产生裂缝。继续注入带有支撑剂的携砂液,裂缝向前延伸并填以支撑剂,关井后裂缝闭合在支撑剂上,从而在井底附近地层内形成具有一定几何尺寸和导流能力的填砂裂缝,使井达到增产、增注的目的(孙树强,2006)。

水力压裂增产、增注的原理主要是降低井底附近地层中流体的渗流阻力和渗流状态,使原来的径向流动改为油层流向裂缝近似性的单向流动和裂缝与井筒间的单向流动,从而消除了径向节流损失,大大降低了能量消耗。因而油气井产量或注水井注入量就会大幅度提高。

水力压裂在油气田的勘探开发中具有举足轻重的作用,是改造低渗透油气藏的重要手段。通过压裂可在地下形成人工裂缝,从而可以改善地层的渗流条件,疏通堵塞,提高油井的产能。而准确测量裂缝方位和几何尺寸对优化压裂施工,合理部署开发注水井网等有一定的指导作用。另外,通过水力压裂也可以实现以下目的:

(1)解除钻井完井过程在井眼附近形成的损害,改善油井产能;

(2)提高废液处理井和注水井的吸收能力;

(3)二次采油及三次采油,如注水、火烧、气驱,以提高井的吸收能力及驱替中的扫油效率(王晓泉,1998)。

自1947年7月世界上第一口压裂井在美国堪萨斯州大县 Hugoton 气田 Kelpperl 井成功压裂以来,至1997年,50年间已有近150万井次的压裂作业。50年来,水力压裂技术已由简单的、低液量、排量压裂增产方法发展成为一项高度工程的成熟的开采工艺技术。国外常用的水力压裂技术有多级压裂、清水压裂、水力喷射压裂、重复压裂和同步压裂等。

1.2.5   水力裂缝的真实面貌

一直以来,工业界和学术界都希望一睹水力压裂所形成的水力裂缝的真实面貌。

无论是成像测井、测斜仪监测、电法监测还是微地震监测,所呈现给人们的都是间接获得的水力裂缝图像。近年来井下电视技术提供了直接拍摄水力裂缝的技术手段,但人们仍然无法直观地用肉眼一睹水力裂缝的芳容。对此,科学家通过一个变通的方式使人们可以置身于水力裂缝面前,即压裂地下埋深较浅的煤层(1 000 m 以内),然后通过采煤巷道实地观察水力裂缝的形态。

Cipolla 等(2008)展示了在煤矿巷道中的水力裂缝,拍摄的水力裂缝照片清晰地显示出水力裂缝、天然裂缝和层理面。

美国能源部(Department of Energy,DOE)资助了内华达州火山凝灰岩矿井试验并拍摄了水力压裂形成的水力裂缝的图片。地层深约 450 m,压裂井采用水泥固井,套管完井并进行了射孔。另外,试验也对水力裂缝发育的部位进行了取芯。研究结果表明,水力裂缝与天然裂缝类似,它们之间的相互作用较为复杂,有些水力裂缝穿透了天然裂缝继续延伸,有些则延伸到水力裂缝处终止。值得一提的是,现场照片显示,水力裂缝在垂直方向上的延伸被水平弱面(weak interface)终止,这表明地层层理、岩性界面或弱面对水力裂缝具有显著的影响。

1.3 微地震监测

1.3.1 技术原理

微地震监测技术是以声发射学和地震学为基础的一种通过观测、分析生产活动中产生的微小地震事件来监测生产活动的影响、效果及储层状态的地球物理技术。与传统地震勘探不同,微地震监测中震源的位置、强度和地震发生的时刻都是未知的,确定这些未知因素正是微地震监测的首要任务。作为基于地球物理发展起来的一种可以对岩石微断裂发生位置进行有效监测的技术,微地震监测技术已经被广泛应用于矿山动力灾害监测、水力压裂等领域。

　　水力压裂微地震监测技术是近年来得到迅速发展的地球物理勘探技术之一（毛庆辉等，2012）。水力压裂时，在射孔位置，当迅速升高的井筒压力超过岩石的抗压强度（李国永等，2010）时，岩石遭到破坏，并形成裂缝扩展，这将产生一系列向四周传播的微震波。微地震监测水力压裂就是以断裂力学理论（范天佑，2003）和摩尔-库仑定律（刘建中等，2004）为依据，通过布置在被监测井周围的各个监测分站对水力压裂产生的微震波进行接收，接着对地面采集到的微震波信号进行解释处理，继而确定微震源位置（陆菜平等，2005），计算出裂缝分布的方位、长度、高度、缝型及地应力方向等地层参数。同时，结合井口压降监测还可获得闭合压力、液体滤失系数、液体效率、主裂缝宽度等参数。该技术不但可以给出压裂后裂缝的空间几何形态和储层改造体积（Stimulated Reservoir Volume，SRV），评价压裂液性能和压裂工艺效果，还可给出避免油、水井连通，发生水淹、水窜的排列方向以及为下一步制定地质方案提供科学依据，是目前比较有效、可靠性较高的一种压裂裂缝监测技术。

　　在过去的十年间，微地震监测技术已将水力压裂从概念上和工程模型上简单的平面断裂转变为由应力状态和先存裂缝控制的断裂网络。注入流体在岩石中往往遵循"最小阻力路径"，最大限度地减少工作量，优先生长为先存的断裂并降低应力的时间间隔。微地震技术是唯一可以对这些复杂的难以想象的先存断裂的扩张进行监测的技术。在微地震监测早期，工业上主要是利用垂直威尔斯钻井，微地震监测利用尽可能接近井的有线部署排列钻孔。在这种结构中，背景噪声水平较低，信号幅度最大化，可以实现最佳的信噪比。因此，很容易记录微震信号最大的数据（Maxwell 和 Calvez，2010）。随着记录距离和相关信号的衰减，一般只能监测到背景噪声水平之上相对较大的微震事件。普遍使用的水力压裂监测方法有两种，一种是在附近的水平井利用钻孔排列，另一种是使用表面或近表面的浅孔排列排布的传感器。

1.3.2　　与其他监测方法对比

　　无论是页岩气还是致密油气的压裂改造效果，以及压裂裂缝的空间展布，均需用有效的方法来评估和确定。目前，可用于油井水力压裂裂缝评价的方法主要包括压裂期间实时监测、事后评价和模型监测几种方式，其中包括多种评价水力压裂效果的方法，如井下、地面测斜仪绘图、微地震、放射性示踪剂等。不同方法对裂缝主要参数的评价能力及应用局限性如表 1-1 所示。从表 1-1 中可以看出，微地震监测方法是油气井水力压裂裂缝评价的最有效方法之一。

图例		
■ 能够确定	▨ 可能可以确定	□ 不能确定

表 1-1 压裂裂缝评价主要方法的应用领域及局限性

类 别	裂缝诊断方法	主 要 局 限 性	评价各参数的能力							
			缝长	缝高	对称性	缝宽	方位	倾角	容积	导流能力
远场、压裂期间	地面测斜仪绘图	• 无法确定单个和复杂裂缝的尺寸 • 随着深度的增加，绘图分辨率降低（3 000 ft①深度：裂缝方位精度为 ±3°；10 000 ft 深度：裂缝方位精度为 ±10°）	▨	▨	▨	□	■	■	■	□
	井下测斜仪绘图	• 随着监测井与压裂井之间距离的增大，裂缝缝长与缝高分辨率降低 • 受监测井可用性等条件的限制 • 不能提供支撑剂分布以及有效裂缝形状信息	■	■	■	□	■	■	□	□
	微地震成像	• 受监测井可用性等条件的限制（井下监测） • 取决于速度模型是否正确 • 不能提供支撑剂分布以及有效裂缝形状信息	■	■	■	■	■	■	■	□
近井筒、压裂后	放射性示踪迹	• 只能测量近井筒附近的情况 • 如果裂缝和井轨迹方向不同则仅能提供裂缝高度下限值	□	▨	□	▨	□	□	□	□
	温度测井	• 不同储层的导热率不同，使温度测井曲线出现偏差 • 作业后测井要求在压裂后 24 h 内多次测量 • 如果裂缝和井轨迹方向不同，则仅能提供裂缝高度下限值	□	▨	□	□	□	□	□	□
	生产测井	• 只能提供套管中对生产贡献的地层或射孔段信息	□	▨	□	□	□	□	□	□
	井眼成像测井	• 只能用于裸眼井 • 只能提供近井筒裂缝方位	□	▨	□	□	▨	□	□	□
	井下电视	• 主要用于套管井，仅提供对生产有贡献的地层或射孔段的信息 • 有可能用于裸眼井	□	▨	□	□	□	□	□	□

① 1 英尺（ft）= 0.304 8 米（m）。

（续表）

类别	裂缝诊断方法	主 要 局 限 性	评价各参数的能力							
			缝长	缝高	对称性	缝宽	方位	倾角	容积	导流能力
基于模型	净压力裂缝分析	• 结果取决于模型的假设条件和储层描述结果 • 需要利用直接观测数据进行"校正"								
	试　井	• 结果取决于模型的假设条件 • 需要对储层渗透率和压力进行准确估计								
	生产分析	• 结果取决于模型的假设条件 • 需要对储层渗透率和压力进行准确估计								

早期一般采用示踪剂、温度测井、大地电位、测斜仪等方法进行压裂评估,由于监测距离有限、精度较低等原因,较少用来进行压裂监测。示踪剂压裂评估方法只能对井筒附近的压裂情况进行观测,不能对压裂效果进行充分评估;温度测井压裂评估方法只能对压裂裂缝的高度进行估算,而且由于不同岩层的热传导性质不同,所以其监测精度也不高;大地电位可以对裂缝方位、裂缝长度的趋势进行识别,但对压裂改造体积、裂缝高度计算等束手无策。

1. 大地电位法

该技术是以传导类电法勘探的基本理论为依据,通过监测注入水力压裂裂缝内高电离能量的工作液所引起的地面电场形态的变化,来解释推断压裂裂缝方位等相关参数。该项技术在地面进行,建立人工电场也可不需要临井设置监测井,可用距压裂井一定距离的接地电极来代替。随着电子技术和数字技术的快速发展,电位法水力压裂监测技术也得到了快速发展。20世纪70年代末,美国以SANDIA国家实验室为代表的研究机构和公司,采用电位法水力压裂监测技术确定了大型水力压裂裂缝方位评价及裂缝的不对称性分析。CER公司、AMOC公司等采用该技术研究压裂裂缝形态,能在现场对水力压裂过程进行完整的实时监测。1984年,在SPE第59届年会上,电位法水力压裂监测技术被归纳为确定水力压裂方位角的地球物理方法之一。我国于20世纪80年代初引进并发展了电位法水力压裂监测技术,并取得了长足进步,得到了国内专家的评定认可。

实际作业中,大地电位法监测在被测压裂井周围(100～150 m)环形布置多组测点,采用高精度的电位(梯度)观测系统,通过实时监测注入目的层的高电离能量的工作液所引起的地面电场形态的变化,并通过数据处理,解释推断裂缝延伸的方位和长度。

监测测试时间:2 天。

优点:① 地面进行,与压裂过程同步;② 测试时间短,成本低;③ 测试资料易于解释,见效快。

缺点:① 要求压裂液和地层水矿化度差别较大;② 对液体性能要求较高,静态监测不可能大量注入液体,而且很难找到与所有裂缝连通的注入孔,在静态原生裂缝监测中,电位法没有用武之地;③ 监测精度较低;④ 不能监测所有压裂段(需移动接收站)。

2. 井下测斜仪法

井下测斜仪法是根据水力裂缝引起的地层岩石形变而反演裂缝的信息。井下测斜仪距离裂缝比地面测斜仪近,因此井下测斜仪对裂缝几何尺寸更敏感,测得的变形可用于确定裂缝随时间变化的高度、长度和宽度。

井下测斜仪法有以下几点具体要求。① 观察井:井距 300～500 m,最大斜度不能超过15°。② 仪器放置深度:与压裂目的层段相同。③ 放置数量与长度:下井测斜仪仪器之间的连接长度要能包容压裂目的层的厚度,测斜仪底部距井底不能小于9 m。

监测测试时间:5～10 天。

优点:与裂缝发育部位距离近,对裂缝的高度、长度及宽度变化敏感,测量准确。

缺点:① 监测井与被监测裂缝的相对位置对监测结果影响大;② 需打监测井,成本较高。

3. 地面测斜仪法

地面测斜仪法是在地面压裂井周围布置一组测斜仪来测量地面由于压裂引起岩石变形而导致的地层倾斜形变,经过地球物理反演确定造成大地变形场的压裂裂缝参数,即运用直接证据反演压裂裂缝长度、高度、方位及产状。

地面测斜仪法有以下几点具体要求。

(1)需地面钻孔。根据措施层位和施工规模,需在相应地面范围内钻取一定数量的孔以安置测斜仪;布孔数量:井射孔位置周围635～1 905 m 的半径范围内均匀布孔 54 个;孔眼直径:220 mm;孔眼深度:10~12 m。

(2)需测斜仪。需将测斜仪按一定的规范和要求安置于地面监测井内。

(3)需时间。钻孔底部需要固井候凝(75 mm PVC 管);施工前期准备时间较长,正式施工前准备时间不少于 20 天。

优点:(1)数据来自地层的"直接"形变,实际而真实;(2)属于远场测量中的直接测量方法,测量结果全面可靠;(3)可识别复杂裂缝。

缺点:施工准备时间较长,辅助工作量大。

微地震监测技术能够对压裂裂缝方位、倾角、长度、高度、宽度、储层改造体积进行定量计算,近年来已被大规模应用于非常规油气储层改造压裂监测。这一技术主要有以下几方面重要作用:

(1)与压裂作业同步,快速监测压裂裂缝的产生,方便现场应用;

(2)实时确定微地震事件发生的位置;

(3)确定裂缝的高度、长度、倾角及方位;

(4)直接鉴别超出储层、产层的裂缝过度扩展造成的裂缝网络;

(5)监测压裂裂缝网络的覆盖范围;

(6)实时动态显示裂缝的三维空间展布;

(7)计算储层改造体积;

(8)评价压裂作业效果;

(9)优化压裂方案。

1.3.3　　微地震监测方式

微地震监测(MicroSeismic Monitoring)技术是通过观测、分析由压裂产生的微小地震事件来监测地下岩石破裂状况的地球物理技术(宋维琪等,2008;张霖斌等,1997)。作为 20 世纪 90 年代发展起来的一种新型的物探技术,微地震监测在油气田勘探开采等众多领域都有广泛的应用,是目前地球物理学中的一个重要研究方向。

微地震监测方式按监测周期不同可分为临时性监测和永久性监测两类。临时性监测是为配合某一临时性生产活动,如水力压裂所做的监测,其周期短至几小时,长则几周,如水力压裂微地震监测。水力压裂微地震监测是微地震监测发展最快、应用最广的领域,也是技术比较成熟的领域。永久性监测与临时性监测有明显不同,如对某油田整体注水和压裂施工进行的监测对监测设备的要求较高,目前除了在北海等地有应用外,在其他油田应用的不多。

另外,微地震监测方式按检波器部署方式主要分为地面监测(本文将近地表监测归为地面监测大类)和井下监测两种。

1. 地面监测

观测系统地表或近地表部署,由井下过程诱发的地震(微地震)事件信号可被布设的检波器监测到并被定位。地面监测可由垂直分量检波器完成,不需要使用三分量检波器。图1-5为微地震压裂地面监测的示意图。

2. 井下监测

在水力压裂中,一个有多层检波器的检波器组合通常被置于压裂井的邻井中,并与压裂井压裂段相近。此检波器组合监测微地震产生的地震事件,然后通过对P波和S波初至信息的分类算法确定"地震波"产生的位置。图1-6为压裂微地震井下监测

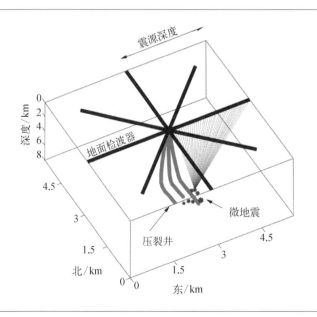

图1-5 微地震压裂地表监测示意

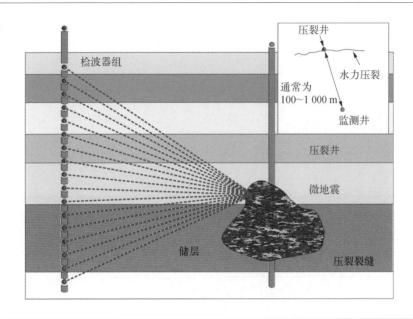

图1-6 微地震压
裂井下监测示意

的示意图。

  对于井下监测方式,由于监测井中的检波器直接布置在压裂储层附近,所以无论储层深度多大,微地震波的信号都可以被监测井中的检波器识别,这是井下监测方式的一个优势。但井下监测方式的施工工艺比较复杂,运行成本也很高,这在一定程度上限制了它在储层压裂中的应用。

1.4 水力压裂诱发微地震特征

1.4.1 微地震的波形

  监测井中观测到的微震波形有体波(包括 P 波和 S 波两种)和导波两类(图1-7)。

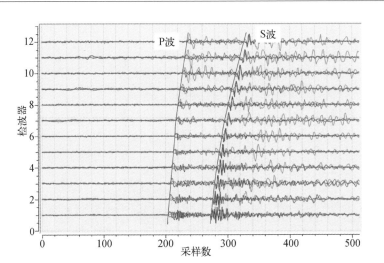

图 1-7 典型井下监测压裂诱发微震事件 P 波和 S 波波形

体波包括直达波、反射波、折射波,以及沿套管滑行的套管折射波(Casing refracted wave)(Sarda 等,1988)等。其中最重要的是直达波,即从发震点(震源)直接传播到检波器(包括穿过若干地层分界面后传播到检波器)的微震,它在记录到的微震总数中占绝大多数。直达波的特点是:在三分量检波器记录上,每个分量上 P 波和 S 波成对出现,由于 P 波速度快,P 波总是先于 S 波到达,并且三个分量上的 P 波波至时间和 S 波波至时间分别相同(梁兵、朱广生,2004)。

水力压裂产生的小裂缝主要是剪切破裂,因此发射出的能量主要是剪切波,所以在很多地方的微地震监测中,都会显示出 S 波比 P 波强得多的现象。

图 1-7 为 12 级检波器记录的典型井下监测压裂诱发微震事件 P 波和 S 波波形,其中绿色、蓝色和红色分别代表 z 分量、x 分量和 y 分量。

研究微地震波形时,需要注意横波(S 波)分裂现象,这也是微地震研究领域的热点。当一个横波入射到各向异性介质中时,立即被分离为极性正交的两类横波,一种是准横波(S_V 波),另一种是纯横波(S_H 波)。这种现象也称为双折射(birefringence),是由于速度各向异性引起的。地震勘探中,横波分裂常见于多分量零偏移距 VSP 记录中(Winterstein 等,2001),而微地震监测尤其是井下监测往往也能记录到横波分裂现象(图 1-8)。这是由于地下介质通常表现为各向异性,特别是沉积地层中广泛存

图1-8 井下监测记录
到的一个水力压裂诱发
微震横波分裂实例

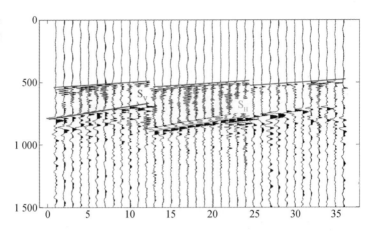

在具有垂直对称轴的横向各向同性（VTI）的情况。非 VTI 各向异性也可引起横波分裂，Kolinsky 等（2009）在水力压裂地面微地震监测中利用长达 2 km 的地面测线观测到了非 VTI 各向异性引起的横波分裂现象。P 波（红色实线）和 S_V（蓝色实线）、S_H（绿色实线）初至均清晰可辨（注意实线仅为示意，不是初至准确位置）。

微震反射波是指微震源发出的波先传播到地层分界面（或其他反射界面）上，经反射再传到井中检波器被记录下来的微震波，微震反射波也可用来确定微震位置以及研究水力压裂裂缝（Phillips 等，1996）。

微震折射波是在地层中存在地震折射界面时，微震源发出的波以临界角入射到折射界面，从而产生折射波并被井中检波器记录下来。套管中 P 波（或 S 波）的波速通常明显高于地层中的波速，当微震源发出的波以临界角入射到套管上时，将产生沿套管滑行的波，有的文献称其为套管折射波。套管折射波最明显的特点是：z 分量（沿井轴方向）的波至时间与 x 分量和 y 分量（与井轴方向垂直）的波至时间不同；z 分量的初至先到；x 分量与 y 分量波至时间相同，并且都落后于 z 分量初至。

导波是地震能量被封闭在特殊地层中形成的一种特殊波形。在向地层中注水诱发微震时，当震源和观测点都位于低速波导层（裂缝带）时便可形成并记录到导波，因此微震记录中的导波都是不连续的；导波主要类型有拉夫波形和瑞雷波形，可能还有类似于测井中斯通利波形的导波。低速波导中导波的主要特征为：一是频散性；二是强振幅，即波导的导波振幅明显大于在围岩中记录到的振幅；三是质点运动的椭圆极化特征；四是低频性。

1.4.2　微地震的频谱

对压裂诱发微震事件的频谱特征进行统计分析，可作为微震事件的判别依据之一。微震事件是一种非稳态信号，持续时间较短。因此可利用时频分析方法对整个压裂过程中的微震事件进行统计分析。

时频分析与传统的频谱分析相比，能够突显非稳态信号的局部时变特征。时频分析方法包括短时傅里叶变换、小波变换和维格纳-威尔分布（WVD）等多种分析方法。相对其他方法，维格纳-威尔分布具有一系列良好性质，它在时间分辨率和频率分辨率之间有很好的平衡。对维格纳-威尔分布做交叉项压制和重排处理以后，其时频分析结果的可读性更强。研究数据来自砂岩储层压裂改造的微地震监测结果（王鹏，2013）。

关于水力压裂诱发微震的频谱，目前尚无统一的说法。早期现场试验研究成果中，大多认为频带在 100 ~ 400 Hz。后来人们认识到诱发微震是高频的，频率成分高于 500 Hz。有的文献指出，微震频率成分可超过 1 000 Hz，可达到 1 500 Hz。Sleefe 等（1993）研究了 1992 年 10 月美国 Sandia 国家实验室在科罗拉多州现场试验的资料，当时使用了一系列针对性改进的加速度检波器记录诱发微震，发现其频谱为 100 ~ 1 500 Hz。综上，低频端以 100 Hz 为界几乎是公认的，高频成分可达到 1 000 Hz 以上也是可能的。

但在地面监测过程中，由于可以将地层看成一个巨大的低通滤波器，因此波形的高频成分很快就被地层吸收而不能传播到地面。统计监测结果可发现，这次监测到的微震频谱主要范围在低频区（0 ~ 100 Hz）内，而室内实验发现的高频区（500 ~ 1 000 Hz）波形并没有接收到，实际上这在定位计算过程中是有好处的。

1.5　　　　微地震监测技术发展现状

　　微地震监测这项技术有其独特性,它原来是地球物理学领域的一种方法,但这项技术的使用者和主要推动者是油藏工程师。事实上,通过关键词搜索可以发现,国际石油工程师学会所发表的与该项技术有关的论文数量远超美国勘探地球物理学家学会和欧洲地球学家与工程师学会所发表论文数量的总和。石油行业开始转向渗透率相对较低的非常规油藏。为了以经济合算的方式开发这些油藏,需要进行水力压裂以模拟生产情况。水力压裂处理涉及注射高压水或凝胶,以形成一条拉伸裂缝。通常在注射即将结束时,会泵入一种支撑剂(例如砂子),以使裂缝在注射结束后仍保持张开状态,从而为油气提供一条流通通道。当某个油井横穿多个油藏目标时,上述处理通常分阶段进行,以便沿着油井的长度方向,分别在每个目标油藏中形成单独的裂缝。为了对增产过程进行完善设计,工程师们需要一项能够对水力压裂裂缝的几何形状进行成像的技术,而微地震监测技术是唯一能够对油藏中裂缝的几何形状进行成像的远场技术。微地震监测技术的早期工程应用者发现,这项技术成功地实现了他们的目标,并通过增加产量而实现了经济价值。基于这些早期的成功应用,对这项技术的研究已经慢慢渗入整个地球物理学界。由水力压裂裂缝诱导产生的微地震,通常可通过邻井电缆上临时安装的传感器来记录,也可采用地表传感器或永久安装的地下传感器。用于确定裂缝几何形状的大部分信息,可通过观测的到达时间而定位微震的过程来获得。额外的信号特征能够提供与导致微震的变形尺寸和机理有关的信息。

　　页岩气开发的核心技术是水平钻井技术和水力压裂技术。通过微地震数据处理可以实时提供压裂施工过程中所产生的裂缝位置、方位、大小(长度、宽度和高度)、复杂程度,评价增产方案的有效性,并优化页岩气藏多级压裂改造方案(刘伟等,2013)。目前,微地震监测在页岩气的压裂评价中已取得了一定成效(Maxwell,2011)。

　　在国外,微地震监测技术已经得到比较普遍的应用。而在国内,微地震监测现已应用于涪陵页岩气田的水力压裂监测项目中。微地震监测系统现如今正在向数字化、智能化和高分辨率方向发展,以实时微地震事件采集、处理、分析和可视化等为特点,可以在主流操作系统下运行。国内外主流微地震数据处理解释软件系统详见附录1。

1.5.1　　国外微地震技术现状

　　1962 年,微地震监测技术的概念被提出。1973 年,微地震监测技术开始应用于地热开发行业。之后,微地震地面和井下监测开始试验研究。美国橡树岭国家实验室和桑地亚国家实验室在 1976 年和 1978 年尝试采用地面地震观测方式记录水力压裂诱发微震,由于信噪比、处理方法的限制,微地震地面监测试验失败。与此同时,美国洛斯阿拉莫斯国家实验室开始了井下微震观测研究的现场工作,在 Fenten 山热干岩中进行了 3 年现场试验,获得大量资料。1978 年,Hsu 等成功地运用声发射技术进行了地下水压裂裂缝的定位。1997 年,在 Cotton Valley 进行了一次大规模综合微地震监测试验,本次试验对将微地震监测引入商业化轨道起了重要作用。2000 年,微地震监测开始商业化,在美国 Texas 州 Fort Worth 市的 Barnett 油田进行了一次成功的水力压裂微地震监测,并对 Barnett 页岩层内裂缝进行了成像。2003 年,微地震监测技术全面进入商业化运作阶段,直接推动了美国等国家的页岩气、致密气的勘探开发进程。

　　通过几十年的发展,国外微地震压裂监测服务公司发展迅速,已经具备了专有技术、软件、设备等一体化的服务能力,并在全球范围内进行服务,垄断了高端微地震监测技术服务市场。如法国的 Magnitude 公司,美国的 Pinnacle 公司,美国的 Weatherford 公司,加拿大的 ESG 公司等,其服务几乎涵盖了微地震监测的各个方面。进入新世纪以来,微地震监测技术取得了不少进展,从而使得微地震监测技术(主要是井下微地震监测技术)不仅能更加准确地预测出水力压裂产生裂缝的方位与形态,而且还能提供裂缝发育过程的详细资料,这些是其他方法所无法实现的。微地震监测技术的进步也极大地促进了该项技术的商业化进程。

　　近几年,随着检波器各项性能指标的提高,以及资料处理技术的进步,地面微地震监测又得到了人们的关注。由于地面微地震监测较井下监测有布线方便、操作简单、无需监测井等特点,因此具有成本低、适用范围广泛等优点。但由于地面微震资料信噪比较低,给资料处理和震源的定位带来不小的难度,最终导致微震事件的定位效果不尽理想,使得地面微地震监测没有得到大规模的工程应用。鉴于此,国内外不少专家学者对地面微地震监测进行了深入研究,通过不懈努力,在微震弱信号提取、微震有效事件识别、微震裂缝解释等方面都取得了一定的成果。值得注意的是,通过技术攻关,美国 MicroSeismic 公司已拥有一套相对成熟的地面微地震监测方法(从数据采集到震源反演),凭借 FracStar 技术在世界范围内提供地面微地震监测服务,在非常规能源中发挥了重要的作用。由此可见,随着技术的发展,微地震监测技术从井下转为地面是未来发展的必然趋势。

目前国外微地震监测服务公司主要有(国外主要微地震监测技术服务公司详见附录2)以下几家。

(1)法国 Magnitude 公司,现属于 VSFusion 公司[贝克休斯公司(Baker Hughes)与法国地球物理总公司(CGG)联合控股],在全球范围内提供综合微地震监测服务,包括测网设计、短时施工和永久性管理,开发的 SmartMonitoring 软件包具有远程处理和网络报告的功能。

(2)美国 Pinnacle 公司,现属于哈利伯顿公司,能提供现场实时的储层、裂缝检测和油藏监测服务。

(3)加拿大 ESG 公司,主要为石油、矿产和工程地质行业的客户提供无源微地震监测服务。

(4)美国威德福(Weatherford)公司,主要提供微地震监测永久性井下设备制造、安装和数据采集、实时监测等服务。

(5)美国斯仑贝谢公司,能够从事井下微地震监测采集、实时监测服务。

(6)美国 ApexHipiont 公司,能够从事浅井和井下微地震监测服务。

(7)美国 MicroSeismic 公司,主要从事地面/近地面微地震监测服务,2014 年开始提供井下监测服务。

1.5.2 国内微地震技术现状

目前,水力压裂微地震监测技术在国外发展很快,已形成了从数据采集到分析、解释以及油藏监测的配套技术系列。相较于国外,我国微地震监测仍处于起步阶段,绝大多数微地震监测项目仍需依靠国外的先进技术,为了自身发展需要,三大石油公司纷纷联合各大科研机构、高等院校对微地震监测技术进行攻关。经过我国专家学者的不断努力,井下微地震监测技术和地面微地震监测技术攻关已取得较大进展,已经完成了从理论向实践的过渡阶段,实现了国产软件和硬件装备在油田实际作业中的应用。虽然国内微地震监测技术研究起步较晚,但微地震监测技术在国外的成功应用以及它在压裂效果分析、压裂方案实时调整等方面的独特优势,已使其成为提高致密油气藏、低渗透油气藏以及页岩气油气藏开发成效的有效手段,逐渐受到国内三大石油公司的广泛重视,并逐步应用于油田生产中,经过几年的生产实践,已取得了较好的效果。

在国内,2010 年以前,该项技术被国外技术服务公司垄断,价格居高不下。近年来,国内一些石油技术服务公司通过引进学习,不断创新,已研制出具有自主产权的微地震压裂监测技术。当前,随着仪器性能的提高以及勘探技术的进步,中国石油集团旗下东方地球物理勘探公司和川庆地球物理勘探公司以及其他一些民营油服公司的微地震监测研究已经取得突破性的进展,逐渐摆脱了国外的束缚,可以独立完成油气田勘探开发项目的微地震监测。截至 2015 年 5 月,中国石油、中国石化都已经具备了深井、浅井和地面微地震数据采集的能力(国内主要微地震监测技术服务公司详见附录 2)。

2010 年起,中石油与壳牌合作,在我国四川盆地展开大规模页岩气勘探、开发工程,进行了多口页岩气井的多段压裂及微地震监测。东方地球物理勘探公司和川庆地球物理勘探公司均形成了自主研发的微地震监测技术及软硬件装备。

东方地球物理公司自 2006 年开始进行技术调研,2009 年进行了压裂微地震监测先导性研究,2010 年起,开展了专题技术研究,并在微地震震源机理、资料采集、资料处理、定位方法等方面取得了重要进展,建立了技术流程。东方地球物理公司于 2012 年成功推出了基于 GeoEast 平台和基于 GeoMountain 平台、具有自主知识产权、具备工业化生产能力的微地震实时监测软件系统,拥有采集设计、处理、解释、油藏建模等一体化服务功能,实现了中国石油集团微地震监测软件从无到有的跨越。其中,东方物探自主研发的 GeoEast－ESP 微地震实时监测系统实现了从采集到处理解释,软件整体配套和功能日趋完善。2013 年,东方地球物理公司与中国石油勘探开发研究院廊坊分院成功研发了井下微地震裂缝监测配套软件,通过引进法国 Sercel 公司井下三分量数字检波器,形成了较为成熟的井下微地震监测服务能力,已在国内 14 个油气田进行了

80 多口井的微地震监测,整体技术水平与国际同步。

川庆物探公司依托集团公司项目"微地震监测技术研究与应用",自主研发了 GeoMonitor 微地震采集、处理和解释一体化软件平台,形成了成熟的地面微地震监测技术,建立了野外施工流程。川庆井中物探事业部已建立深井、浅井、地面压裂微地震监测采集、处理、解释一体化工程技术服务体系,为国内外页岩气勘探企业提供 25 余次作业,拥有一支能同时完成多个不同类型施工项目的工程技术服务团队。

中石化方面,中国石化物探高新技术研发中心也突破微地震速度建模和静校正、去噪、弱信号提取、微地震事件快速拾取、震源定位技术、快速震源成像等关键技术,开发了 FracListener 的微地震软件,在建页 1 井、河页 1 井和新场 32 井进行了成功应用,有效圈定了新场 32 井等探井地下 3 100 m 压裂段的岩石破裂位置和范围。

1.6   微地震与页岩气开发

根据 IHS CERA 的估计,北美页岩气资源量是其天然气储量的两倍还要多。过去几十年北美开发页岩气积累的经验和认知正在帮助世界其他地区的页岩气开发活动,其中也包括中国。

泥岩和页岩通常被认为是大多数油气藏的源岩。它们很多仍然包含大量的天然气,但由于它们的渗透率很低,很难通过常规的钻井和完井技术实现经济开发。天然裂缝可以改善渗透率,但在含气页岩中,天然裂缝通常不足以提供油气向井筒中流动的合适通道。绝大多数含气页岩需要在最富产能的区位钻较长的水平井,并且需要进行增产作业尤其是水力压裂来提高产量。水力压裂过程中,高压液体被泵入水平井的多个压裂段使地层破裂。根据地层不同的矿物成分和渗透率,压裂液的组成变化很大。石英砂或陶粒等固体颗粒被加入压裂液中,这些固体颗粒支撑水力裂缝面使其在压裂施工结束后仍然张开,被支撑开的水力裂缝成为流体从地层流入井筒的通道。

北美页岩气开发的经验已经表明,各页岩气井的产气量和采收率存在很大不同,不仅是各井的产气量不同,甚至同一口井不同压裂段的产气量也有很大差别。页岩的物性呈现出较强的垂向和横向非均质性,这是由沉积和后沉积作用,包括成岩作用、与有机质相互作用、热成因的地化作用以及矿化流体运动造成的。另外,已经存在的天然裂缝和局地应力场对水力压裂的有效性影响很大。要为气体流动提供足够的表面积,需要全面了解岩石的矿物成分和应力场。

收集和综合关于页岩储层的不同知识是避免低产量区域、钻遇"甜点(Sweet Spots)"、有效增产施工并实现页岩气经济开发的关键。在钻井之前,地表地球物理研究和高质量的三维地震数据可提供有价值的数据。钻井时及钻井后获取的重要信息包括电阻率、伽马、中子密度、声波、岩心、井下能谱和生产数据。综合这些数据源有助于了解页岩储层的非均质性(如矿物成分、有机质含量)和应力在近井筒区域及整个储层的垂向和横向上是如何变化的。

近年来,随着水平井技术和压裂技术的不断进步,页岩气的勘探开发热潮正在世界范围内蔓延。页岩气开发的核心是压裂技术,而压裂技术又离不开配套技术的发展,微地震监测技术给页岩气压裂指明了方向。在压裂过程中,通过对微地震资料进行处理分析,可实时监测裂缝的方位和尺寸,从而指导压裂参数的选取,确保压裂取得较好的效果。

水力压裂微地震监测结果可提供关于页岩储层十分有价值的信息,有助于水平井的钻井部署和完井设计。一般情况下,水力压裂诱发的微地震活动与相对简单的面状裂缝一致;而另外一些情况下,水力裂缝与页岩储层中的天然裂缝网络相互作用并形成更为复杂的裂缝网络,此时水力裂缝可能沿多个方位生长。页岩水平井水力压裂微地震监测已经观测到大量由简单到复杂的水力裂缝网络。裂缝复杂性受天然裂缝网络几何以及原地应力状态的影响。通常认为,与最大水平主应力方向呈一定角度的天然裂缝的存在会增强裂缝的复杂性,而低应力各向异性又会使裂缝沿不同的方位开启。

将水力裂缝微震图像与其他关于储层裂缝和应力的信息结合,将有助于我们全面了解页岩储层水力裂缝的复杂性。微地震图像与三维地震图像结合的综合油藏描述也显示了它们之间的相关性。

从技术角度来看,微地震监测对了解页岩压裂后水力裂缝的几何形态十分重要;而从经济效益角度来看,微地震监测也在非常规油气藏压裂增产中带来了巨大的经济效益。北美地区是全球最大的压裂市场,每年有大约25 000口井的压裂工作量。确切的统计数据显示,美国2009年共进行了约75 000个压裂段的施工,其中大约3%的压裂段进行了微地震监测(Zoback等,2010)。当前,北美有30余个监测队伍,每年能监测1 000~2 000口井。而中国是全球第二大压裂市场,基本上国内大约10%的压裂作业进行微地震监测,页岩气井口监测,一个中等规模以上的油气田每年需要监测100余口井。由于中国微地震监测技术研究及工业应用的发展阶段比北美滞后,与北美正处于成熟稳定阶段不同,中国国内的页岩气等非常规油气的开发方兴未艾,微地震监测的作业量呈逐年上升趋势。

参考文献

[1] 赵向东,陈波. 微地震工程应用研究[J]. 岩石力学与工程学报,2002,21(A02): 2609 - 2612.
[2] 吴光琳. 定向钻进工艺原理[J]. 成都科技大学,1991.
[3] 彭新明,孙友宏. 岩石声发射技术的应用现状[J]. 世界地质,2000,19(3): 303 - 306.
[4] 李雪,赵志红,荣军委. 水力压裂裂缝微地震监测测试技术与应用[J]. 油气井测试,2012,21(3): 43 - 45.
[5] 段银鹿,李倩,姚韦萍. 水力压裂微地震裂缝监测技术及其应用[J]. 断块油气田,2013,20(5): 644 - 648.
[6] 陈颙,于小红. 岩石样品变形时的声发射[J]. 地球物理学报,1984,27(4): 392 - 401.
[7] 孙树强,张巧莹,李爱芬. 渤南油田作业后含水上升机理及室内实验研究[J]. 胜利油田职工大学学报北京,2006,20(4): 58 - 59.
[8] 王晓泉,陈作. 水力压裂技术现状及发展展望[J]. 钻采工艺,1998(2): 28 - 32.
[9] 毛庆辉,陈传仁,桂志先,等. 水力压裂微震监测中速度模型研究[J]. 工程地球物理学报,2012,9(6): 708 - 711.
[10] 李国永,朱福金,任利斌,等. 微地震注水前缘监测技术在高尚堡中深层油藏的应用[J]. 特种油气藏,2010,17(4): 104 - 106.
[11] 范天佑. 断裂理论基础[M]. 北京: 科学出版社,2003.
[12] 刘建中,王春耘,刘继民,等. 用微地震法监测油田生产动态[J]. 石油勘探与开发,2004,31(2): 71 - 73.
[13] 陆菜平,窦林名,吴兴荣,等. 岩体微震监测的频谱分析与信号识别[J]. 岩土工程学报,2005,27(7): 772 - 775.
[14] 宋维琪,刘军,陈伟. 改进射线追踪算法的微震源反演[J]. 物探与化探,2008,32(3): 274 - 278.
[15] 宋维琪,陈泽东,毛中华. 水力压裂裂缝微地震监测技术[M]. 北京: 中国石油大学出版社,2008.
[16] 张霖斌,姚振兴. 快速模拟退火算法及应用[J]. 石油地球物理勘探,1997,32(5): 654 - 660.
[17] 梁兵,朱广生. 油气田勘探开发中的微震监测方法[M]. 北京: 石油工业出版社,2004.
[18] 王鹏,常旭,王一博,等. 水力压裂诱发微震事件的频谱特征统计分析[C]//中国地球物理2013——

第二十三分会场论文集. 2013.

[19] 刘伟,贺振华,李可恩,等. 地球物理技术在页岩气勘探开发中的应用和前景[J]. 煤田地质与勘探, 2013,41(6):68-73.

[20] Benndorf H. Microseismic movements [J]. Bulletin of the Seismological Society of America, 1911, 1(3):122-124.

[21] Bohnhoff M, Dresen G, Ellsworth W L, et al. Passive Seismic Monitoring of Natural and Induced Earthquakes: Case Studies, Future Directions and Socio-Economic Relevance [M]// New Frontiers in Integrated Solid Earth Sciences. Springer Netherlands, 2010:261-285.

[22] Cook N G W. Seismicity associated with mining [J]. Engineering Geology, 1976, 10(2-4): 99-122.

[23] Chorney D, Jain P, Grob M, et al. Geomechanical modeling of rock fracturing and associated microseismicity [J]. The Leading Edge, 2012, 31(11):1348-1354.

[24] Cipolla C L, Lolon E, Mayerhofer M J. Resolving Created, Propped and Effective Hydraulic Fracture Length [C]//International Petroleum Technology Conference. International Petroleum Technology Conference, 2008.

[25] Hsu N N, Simmons J A, Hardy S C. Approach to Acoustic Emission Signal Analysis-Theory and Experiment [J]. 1978.

[26] Kolinsky P, Eisner L, Grechka V, et al. Observation of shear-wave splitting from microseismicity induced by hydraulic fracturing-A non-VTI story [C]//71st EAGE Conference and Exhibition incorporating SPE EUROPEC 2009. 2009.

[27] Moreno C, Chitrala Y, Sondergeld C, et al. Analysis of Nanoseismicity during laboratory hydraulic fracturing experiments [M]//SEG Technical Program Expanded Abstracts 2010. Society of Exploration Geophysicists, 2010:2100-2104.

[28] Moreno C, Chitrala Y, Sondergeld C, et al. Laboratory studies of hydraulic fractures in tight sands at different applied stresses [M]//SEG Technical Program Expanded Abstracts 2011. Society of Exploration Geophysicists, 2011:1550-1554.

[29] Maxwell S, Calvez J L. Horizontal vs. Vertical Borehole-based MicroSeismic Monitoring: Which is Better? [C]// 2010.

[30] Maxwell S. Microseismic hydraulic fracture imaging: The path toward optimizing shale gas production [J]. Leading Edge, 2011, 30(3):340-346.

[31] Phillips W S, Rutledge J T, Gardner T L, et al. Reservoir fracture mapping using microearthquakes: Austin chalk, Giddings field, TX and 76 field, Clinton Co. KY [J]. Spe Reservoir Evaluation & Engineering, 1996, 15(1):114-121.

[32] Rutledge J T, Phillips W S, Mayerhofer M J. Faulting induced by forced fluid injection and fluid flow forced by faulting: An interpretation of hydraulic-fracture microseismicity, Carthage Cotton Valley gas field, Texas [J]. Bulletin of the Seismological Society of America, 2004, 94(5):1817-1830.

[33] Sarda J P, Deflandre J P. Acoustic emission interpretation for estimating hydraulic fracture extent[C]// SPE Gas Technology Symposium. Society of Petroleum Engineers, 1988.

[34] Sleefe G E, Warpinski N R, Engler B P. The use of broadband microseisms for hydraulic fracture mapping[R]. Sandia National Labs., Albuquerque, NM (United States), 1993.

[35] Winterstein D F, De G S, Meadows M A. Twelve years of vertical birefringence in nine-component VSP data [J]. Geophysics, 2001, 66(2):582-597.

[36] Zoback M, Kitasei S, Copithorne B. Addressing the environmental risks from shale gas development [M]. Washington, DC: Worldwatch Institute, 2010.

第 2 章

井下微地震监测

微地震井下监测是指将监测仪器布设在井中对微地震事件进行监测。实际作业时,一般通过在邻井(作为观察井)中放置12～48级三分量传感器(通常为检波器排列)进行裂缝监测。通常将现有的生产井作为观察井,在监测前取出井中的生产油管,并在储层上方放一个临时桥塞。检波器排列位于待压裂地层的上方,分布范围从顶部到底部约230 m。监测要求使用低固有噪声的灵敏检波器,并能连续提供井下测量数据。在压裂结束时使用低浓度支撑剂,应用四维微地震技术监测裂缝的形状,确定裂缝的方向、长度和高度。在压裂处理期间,微地震波的位置随时间从作业井向外移动,指示裂缝不断延伸。监测数据不仅可以描述射孔层附近的裂缝,也可提供相应的裂缝增长方向的图像。

依据监测井的特点,微地震井下监测又可以分为邻井监测和同井监测。邻井监测是指监测仪器放置在与压裂井邻近的井中进行监测,其又包括深井监测和浅井监测。深井监测是指观测井中的监测仪器距离压裂层段相近深度的监测;浅井监测是指放置在观测井中的监测仪器距离压裂井压裂层段的垂向距离超过1 km的监测。同井监测是指监测仪器放置在同一口压裂井中的监测。

2.1   井下微地震监测的发展历史

地震实际上是地球介质的一种声发射现象。岩石变形时,局部地区应力集中,可能会发生突然的破坏,从而向周围发射出弹性波,这就是岩石的声发射现象(陈颙等,1984)。油气田的微地震监测实际上是利用岩石声发射现象的一种技术方法。早在20世纪20年代,人们就已经发现油气开采会诱发微地震,此后采矿业从20世纪40年代以来一直在做微震(震级小于0)监测,并进行相关研究。

工业中的地震勘探方法,无论是反射波法、折射波法,还是井间地震等,都是利用人工激发的地震波来研究地球浅层结构,寻找各种矿藏,或解决工程地质问题的。人工激发地震波不仅耗费大量资金和时间,还会破坏环境。有时因各种地表和环境的限制而使地震勘探无法实施。因此,人们很早就设想,利用普遍存在的微弱天然地震实现工业地震勘探目的,并在 20 世纪 70 年代初(或更早)就进行过野外试验(Baskir 等,1975),但直到今天才取得进展。

另一方面,在油气田开发工程中,如油气采出、注水、注气、水力压裂作业等都会诱生地震,这种现象一直受到人们的关注。早在 1926 年,Pratt 和 Johnson 就发表了关于美国得克萨斯州的 Goose Greek 油田在 1917—1925 年间因采油而引起地面下陷,并诱发地震的报道,P. Segall(1989)对这些报道进行了综合研究,并提出了自己的理论。

美国宾夕法尼亚州岩石力学实验室自 1965 年开始声发射和微地震研究,称为 AE/MS 技术(Acoustic Emission/MicroSeismic Techniques)。Thill(1972)根据实验室的岩心测试得出结论:脆性岩石里微震发射是小裂缝生成触发的。这个结论也成了石油工业微地震监测的理论依据之一。水力压裂微地震监测技术是在地热开发研究中开始的,首次现场试验工作在 1973 年就开始了,这次现场试验研究是 AMOCO 公司等在美国科罗拉多州的 Wattenberg 油田进行的。目的层为含气致密砂岩,深约 2 440 m。当时人们已经确定水力压裂会诱发地震,并企图记录和分析这些微地震来研究水力压裂裂缝问题。但是,当时人们沿袭传统的地震勘探数据采集方法,采用布置在地面的检波器排列来监测水力压裂裂缝的发展。这些检波器从井口开始布置成放射状和直线状。然而,由于地面噪声太高而诱发微地震的水平很低,加之当时的记录仪器及数据处理方法水平都不高,无法从这种低信噪比的记录中识别出微地震信号来,所以当时试验并没有成功(Smith 等,1978)。

随后,美国橡树岭国家实验室在橡树岭做了水力压裂裂缝地震作图试验,也是采用地面观测方式。1976 年,美国著名的国家实验室桑地亚国家实验室在 Wattenberg 油田做了大量工作,试验用地面地震观测方式记录水力压裂诱发微地震。试验结果表明,由于水力压裂诱发微地震的能量、频率及地层吸收因素等,在地面是不可能监测到的,因而也就不能用地面观测的方法确定水力裂缝方位和几何形状,而是应该在靠近这种裂缝附近记录诱发微地震。在多年的野外试验和理论研究取得的成果基础上,桑地亚国家实验室开始发展自己的井下地震记录系统(Schuster,1978)。在稍早些时候(1977 年 3 月),美国洛斯阿拉莫斯国家实验室已开始了井下微地震观测研究的现场工作,在 Fenten 山热干岩中进行了三年现场试验(1976,1977,1979),获得了大量资料。

研究结果表明：水力压裂时，发生大量的可记录水平的微地震，利用这些微地震可以确定水力裂缝的方位。

人们从 1973 年以来的一系列试验的失败中，终于摆脱了几十年来地面地震勘探方法的影响，确立了水力压裂诱发微地震的井下观测方法（Schuster，1978；Albright 等，1982）。同时改进和发展了井下记录仪器，以及相关的资料处理和解释方法。约在 20 世纪 70 年代末，用水力压裂诱发微地震研究裂缝方法的可行性得到了人们的认可。此后，更多的石油公司和大学、科研单位陆续加入这项研究中。

由于在油藏环境下，地震检波器的带宽性能和布设方面存在一些技术问题，从而使得微地震监测在油气行业的应用进展较慢。进入 20 世纪 80 年代中期，上述问题大部分都得到了解决，加之该方法具有高分辨率覆盖和低成本收益比等优势，用微地震监测描述油气藏已越来越受到人们的重视（刘百红等，2005；Jupe 等，2000；Wolhart 等，2005；刘建中等，2004；张山等，2002）。

20 世纪 90 年代，微地震技术研究在全世界范围内掀起了一股新的热潮。世界各国都开始积极开展针对微地震监测技术的研究，先后有阿莫科（Amoco）公司、菲力浦（Phillip）公司、美国联合太平洋资源公司、ARCO 公司、美国能源部 Sandia 国家实验室、日本 JAPEX 研究中心（HDR）等针对该项技术进行实验研究。这些研究为此后微地震监测技术在油气工业中获得广泛应用奠定了理论和实验基础。现在，国外油气工业中微地震监测技术正由试验研究阶段向商业应用阶段过渡。

随着微地震技术在油田压裂中的应用越来越广泛，相继出现了一些可以生产成套监测设备和进行压裂施工的单位，其中包括美国 Weatherford 公司、美国 Schlumberger 公司、Halliburton 旗下的 Pinnacle 公司、加拿大的 ESG 公司以及法国的 Magnitude 公司等，它们在将微地震监测技术与实际应用相结合方面做出了重大的贡献。其中 Schlumberger 公司采用井中三分量检波器监测方式，实时三维成像，微地震信号质量好，但是成本较高。

1997 年，Schlumberger 公司为了验证微地震监测技术的实用价值，在美国得克萨斯州东部 Cotton Valley 的一块低渗油田，进行了一次针对水力压裂微地震监测的实验，该实验对微地震监测方法进行了全方位的检验，并且取得了非常理想的结果。这次实验证明了微地震监测技术分辨率高、覆盖范围广、施工操作简单以及花费成本低，从而说明微地震监测技术在油田压裂方面具有很高的发展潜力,这次大规模综合实验对于将微地震监测引入商业轨道起到了重要推动作用。

2008 年,在美国北达科他州的 Bakken 盆地,以 Schlumberger 公司为主并且联合了多家微地震监测公司,其中包括 MicroSeismic 公司、美国能源部(DOE)、Terrascience 公司等,对当地的三口 3 000 m 深的水平油井进行微地震监测实验,并取得了较理想的监测结果。在这次联合实验中,各公司分别采用不同的微地震监测方法进行实验。其中,Schlumberger 公司在 3 000 m 的井下布置检波器进行井下监测,DOE 则在压裂井附近钻探了 3 口 700 m 深的监测井放置检波器,Terrascience 公司与 Schlumberger 公司联合在地表浅层钻探 18 口 100 m 深的浅井放置检波器,美国的 MicroSeismic 公司采用地表排列的方法布置了 24 000 个检波器进行地面监测。

数据处理和解释方法已从 30 年前简单粗糙的纵横波时差法,发展到现在的多种精细处理解释方法。从最终资料解释图像和数据处理可以看出,在早期的解释成果上,微地震的位置分布很分散。现在人们已经知道,微地震位置这种大的离散性并非是应有的(尤其是俯视图上),而是由于微地震定位误差较大所致。20 世纪 90 年代后期,微地震绝对定位误差仅为 12 ~ 40 m,裂缝走向方位角精度为 2°~ 6°。到 21 世纪初,绝对定位误差已降到 10 m 以下(Rutledge 等,2003),并可从微地震能量、频谱、波形特征等参数,以及微地震位置时空变化等数据得到有关微地震发震机制。水力压裂裂缝发育过程的可靠信息,促进了水力压裂理论和技术的发展,这是传统的水力压裂裂缝诊断方法所无法实现的。

20 世纪 70 年代末之前,石油工业中对微地震监测方法的探索,除理论研究外,重点是在寻找适合诱发微地震特点的观测方法。

到了 80 年代,微地震监测研究主要集中在利用水力压裂诱发微地震,建立水力压裂裂缝空间图像的方法,包括微地震观测方法的完善、数据处理方法的发展以及专门仪器的改进。

水力压裂微地震监测近 10 年来的研究主要集中在裂缝成像数据处理方法、资料解释方法及相关理论上,使利用诱发微地震的裂缝成像技术取得了重要进展(刘继民等,2005;刘建安等,2005;王惠清等,2004),不仅使得裂缝方位和形态的确定更加准确,能够提供水力压裂时裂缝发育过程的详细资料,还可以提供储层中流体通道图像,甚至提供渗透率参数、地层应力参数等（Audigane 等，2002；Rothert 等，2002），从而促进了水力压裂技术的进步，起到了其他方法所起不到的作用。

80 年代后期，特别是近 10 年来，随着微地震观测装备和方法的进步，微地震记录质量越来越高，使人们有可能对水力压裂诱发微地震的研究得以更加深入。人们不仅可以研究波至时间和极化特征，还深入研究了微地震的波形、频谱、能量等，进而计算和分析了地震矩、震级、地震能量、应力降等震源参数，探讨了震源机制。

今天，水力压裂裂缝成像技术已经非常成熟，其软硬件的商业化程度也较高，无疑已成为一种可靠的实用方法。

2.2   井下监测数据采集

井下监测数据采集主要是指确定检波器级数、级间距、时间采样率、观测井段、仪器记录参数等采集参数，保证监测效果。监测的距离与压裂破碎时的释放能量相关，与压裂的目的层岩性和压裂时的施压大小有关。在实践中，各监测公司又有各自的监测施工标准，详细规定了上述主要施工参数。井下监测的详细施工标准参考东方物探公司制定的水力压裂微地震监测施工标准。

2.2.1   观测系统

应用高精度井下地震检波器和数据传导系统，以及微地震数据处理分析和成像系统，目前在全球已进行了数百次井下微地震水力压裂监测工程。

微地震信号由多个检波器监测，这些检波器用光纤电缆下到一个或几个监测井中。如果检波器放置在几口井中，像探测地震一样，地震波的震源就可以由三角测量法来确定。根据 P 波和 S 波的到达时间和波在地层中的传播速度来确定微地震波震源位置和分布，这就是多（邻）井监测。当然，在大多数情况下，不可能利用多个邻井作监测井。在仅有一个相邻监测井时,通常利用检波器的多层垂直分布来定位微地震的震源位置,这是我们通常谈到的井中或井下监测。还存在一种应用较少的监测方式,即在邻井监测井的井口部署检波器进行压裂监测,这种监测虽然将仪器安置在地面以上位置,但因其检波器型号及安装方式与井下监测更为类似,本书将其划分为井下监测的一种方式。

邻井监测(包括单一邻井监测和多邻井监测)、同井监测和井口监测这三种监测储层压裂微地震事件的方法都有各自的优缺点。邻井监测方式的传感器直接布置在压裂储层附近,不论储层深度多大,微地震信号都可被传感器监测识别;但是井下监测方式的实施成本很高,这限制了它在储层压裂监测中的广泛应用。同井监测由于压裂井管柱和井筒中压裂液流动产生大量噪声,大多数同井监测实验没有获得足够信噪比的微地震资料。井口监测方式的实施成本低、容易推广,但信号质量不如邻井监测,并且很难确定压裂缝的高度。

因此,在实施储层压裂的微地震监测时,根据压裂储层的条件、油田井场的条件、成本核算的条件以及监测可行性分析,邻井监测尤其是只有一口监测井的井下监测方式是最优的监测方式,也是目前水力压裂监测中应用最为广泛的监测方式。下面具体介绍上述几种井下监测方式。

1. 邻井监测

压裂施工时,在邻井下入一组检波器,对压裂过程中裂缝张开形成的微地震信号进行接收,然后对数据进行处理来确定微地震的震源在空间的分布,用震源分布图解释水力压裂的缝高、缝长和方位。通常要确定检波器的间距,检波器排列的长度大约是两口井间距离的一半。最理想的情况是将检波器放在压裂层内,一些位于上部,另一些放置在压裂层的下部,但在压裂层内不放检波器也有成功的例子。不同的地层监测距离不同,对于高孔隙度的砂岩油藏,监测井与压裂井之间的距离要短一些。监测井必须无噪声,例如没有射孔的新井或用桥塞封闭住的旧生产井。

出监测结果时间:可即时出结果。

优点:(1)测量速度快,精确度高;(2)微地震事件位置能够实时确定;(3)确定裂缝的长度、高度和方位;(4)具有噪声过滤能力。

缺点:(1)施工成本较高;(2)需要具备监测井的条件;(3)若信号出现相互扰

动,难以判断一些微地震点的归属。

需求:(1) 需监测井——套管固井,空井筒,1 200 m 内;(2) 需 12 级检波器,仪器下到目的层上部 300～350 m;(3) 需震源井——套管固井,空井筒,4 km 内,压前方位校正。

2. 多(邻)井监测

有时,不止一口监测井被用来改善微震数据质量。在监测大块区域,如与长水平井裂缝有关的数据,额外的监测井是十分有必要的。最初可能认为多监测井也能提高微震定位的精确度,但只有在限制条件下才成立。如果不清楚速度结构,由两口井作三角测量得到的点实际上会比从单一井定位的点误差更大。另外,如果一口井观测得到的数据质量较好,另一口井观测得到的数据质量较差,那两口井数据结合分析得到的定位结果可能不如用数据质量较好的井进行定位的精度。尽管如此,如果十分清楚速度结构,且多监测井获得的数据质量也好,那么最终的结果通常会比单井监测更精确。对多监测井获得的数据进行分析可以避免单井监测中可能出现的方向模糊。

3. 同井监测

TOTAL 于 2008 年在 Aguada Pichana 油田完成了独特的实验来验证其他能够用于致密气储层水力压裂成像的微地震设计。实验包括压裂井中的同井监测、邻井监测、浅井中的监测以及地表密集网络监测,并对比了不同压裂段的监测结果。最后得出的结论如下。

(1) 压裂井的同井监测失败,可能仅在不使用支撑剂的情况下才能成功;同井监测只有当压降时才能监测到事件。

(2) 浅井监测没有说服力,需要改进测网及使用多分量检波器。

(3) 邻井监测效果很好,但监测井与压裂井之间的距离应小于 350 m。

(4) 地面监测效果也很好,是邻井监测的最佳替代方案;需要更深入研究以提高事件可靠性、信噪比和定位精度;需要考虑震源机制;只能"近实时"处理。

同井监测面临的最大问题是只在某个特定时间段,如压降期间能监测到微震事件,并且事件数量极少,大部分被井筒中管柱及压裂液的噪声所淹没,因此无法获得质量较好的数据。当微震事件数量极少时,实际上处理出来的结果对监测水力裂缝的几何分布已经没有意义,因此,在目前的技术条件下,压裂井中部署检波器进行同井监测无法达到预期的监测目标。

4. 井口监测

压裂井目的层段进行压裂作业时,监测微地震的传感器布置于监测井井口的套管壁上(图2-1),就是微地震的井口监测方式。压裂过程中产生的微地震发射出地震波,它们沿储层传播到达监测井的套管壁,再沿套管传播到监测井口的传感器。由于地震波在套管中的传播距离和时间几乎相等,可做差消去,所以可近似忽略不计。分析记录的地震波到时,也可计算出微地震源的位置。

图2-1 井口监测方式示意

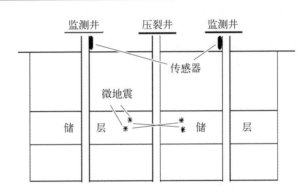

井口监测方式可以较准确地确定微地震源的水平位置,但很难确定微地震源的准确深度。所以这种监测方式可以测绘出储层压裂缝的长度、宽度和水平延展情况,却很难确定压裂缝的高度。但这种监测方式操作简便、成本低廉,易于推广。2004年石西油田石炭系油藏酸压的监测和2004年克拉玛依八区下乌尔禾组油藏压裂的监测都是井口监测方式的例子(杜文军等,2010)。

2.2.2 邻井监测距离

微地震监测获得成功的结果最关键的问题是检波器排列的定位问题,具体包括确定距监测地带的水平和垂直距离。从已公开的测试中获得的大量信息表明,对许多油气藏来说,可以事先估计最大的监测距离(图2-2)。然而,也有必要考虑那些希望能从成像中测量的最重要的特征以及裂缝可能生长的方向。获取这些信息可能需要更近或者更远的监测位置。从几何角度来看,最佳的垂向定位是将检波器组合横跨压裂区域。这个位置是最近的,因此,能提供最高的振幅,产生最小的速度结构影响以及对上行和下行裂缝生长的最佳观测。然而,这种方案可能无法实现,因为监测井经常是为放置检波器而重新启用的老井,它们通常在裸眼射孔段上方有一个桥塞来隔离目的层段。这不是一个主要的问题,因为同样可在一个更高的位置来合理地实施监测,但随着距离增大误差也在逐渐增大,并且,更高的位置通常需要更多的层位以及更大的速度结构影响。另外,观测距离增大会减弱微震事件的振幅,导致较低的信噪比。振幅的减小主要由几何扩展造成。在某些情况下,检波器放置在更高的位置可能会有一些优势:在 Barnett 页岩,它对减少折射能量十分有用,并且经常产生更简单的地震波形,尽管振幅变小了。

监测距离也被称为视距(viewing distance)。任何地层的视距都取决于多种因素,

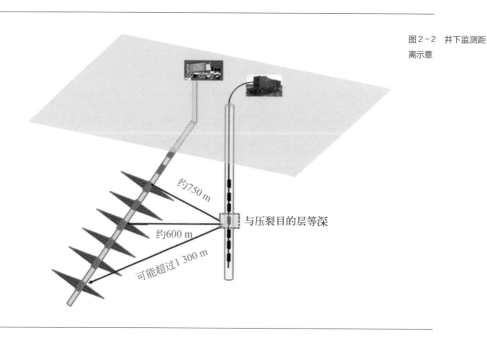

图2-2 井下监测距离示意

约750 m

与压裂目的层等深

约600 m

可能超过1 300 m

但主要取决于噪声水平。假设噪声水平很低,微地震可以被观测的距离很大程度上取决于波至振幅的大小。微震振幅取决于滑移的数量和剪切物质的面积,所以人们希望较大的微震在较厚的储层中产生,并且最新的研究结果似乎支持这种观点。然而,注水速率、流体和体积也很重要,因为它们控制着注入地层中的能量大小。

北美页岩气水力压裂微地震监测的大量成功和失败案例表明,邻井监测距离根据不同的目标储层岩性变化。表 2 - 1 为 Warpinski(2006)统计的不同岩性储层对应的邻井监测距离,可见越硬越致密的储层监测距离越大;同时,致密砂岩储层的监测距离上限也仅为 450 m。

表2-1 井下微地震监测可探测距离(据 Warpinski, 2006)

储 层 岩 性	实际观测距离/m	储 层 岩 性	实际观测距离/m
花岗岩(地热)	≫1 500	煤层气	250
页岩	750 ~ 900	白垩	<100
砂岩/泥岩	350 ~ 450	未固结砂岩	<100
碳酸盐岩	300		

评估有效监测距离最有效的方法是作监测井的矩震级-距离图。地震矩是微震强度的度量,矩震级是与熟知的地震里氏度量相似的对数度量。作为参考,典型水力压裂的累积工作量为近似 +3 的矩震级,这近似于在地表能感觉到的地震水平。因为压裂会使这样大小的能量经过比地震更长时间的传播到达地面,所以在地表感觉不到这样震级的微震。

如图 2 - 3 所示的几个不同地层的矩震级图可以被用来确定最大视距和诸如偏差、错误等特征。很显然,矩震级图显示了一个较低的震级极限,构成较小正斜率的直线,它表示可探测和不可探测微震事件的边界。从这幅图中可以明显看出,Barnett 页岩中可在 3 000 ft 或更远的距离上探测到微震;但在 Utah 和 Colorado 透镜状砂岩中,距离可能只有 Barnett 页岩的一半,因为其中的微震更小。这幅图也可建立偏差带——那些微震可以看到是因为它们距离较近。最后,在这幅图上,误差几乎总是可见的,因为它们通常具有比储层中典型微震更大的震级(Warpinski, 2009)。

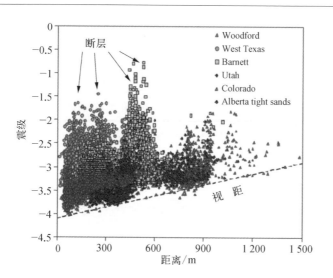

图2-3 不同地层的矩震级
（据 Pinnacle 公司修改）

2.2.3　检波器及其组合

1. 传感器

采集地震数据的传感器十分重要。最好的传感器是那些在研究频率范围内具有高灵敏度和平坦响应的传感器，并且它们自身也只产生很小的噪声。目前主要有两种传感器用于微地震监测——一种是"全方位检波器"，用于大多数商业化的检波器排列中；另一种为 GAC 传感器，它的检波器有额外的电路来提供加速度信息。

一些系统每个频道使用两个检波器，这样它在任何放大和数字信号处理前会产生双倍的灵敏度。所有先进系统的数字化都是检波器在井下完成的。

井下检波器必须具备高灵敏度。由于微地震事件能量非常弱，常规检波器很难监测到这些微弱的信号。高灵敏万向 Omni2400 检波器具有在倾斜状态下除振幅发生变化外，灵敏度、失真等其他指标不变的特点，且灵敏度比以往常规的检波器提高了约30%，在每个分量上用双检波器双倍提高信号输出，同时还克服了常规万向检波器中框架结构带来的不可避免的噪声。

传感器(探头)可以部署在直井、斜井或多个井中,并且可被牵引或泵送至水平井中。压裂井中也可应用,尽管对这种监测来说压裂井的环境是相当不利的。为了获得精确的结果,掌握在哪个位置检波器与压裂井相关是十分重要的,这需要所有井有精确的地表位置以及进行精确的井斜测量从而保证对井下位置的精确了解。

2. 数据传输

除了传感器性能外,采样率和模数转换性能决定了总的系统频率响应和动态范围。应优化这些性能以更好地监测微震事件——垂直地震剖面(VSP)要相对低频响应,过井或微地震应用上需要较高的频率响应。研究表明,压裂产生的微震的主频在200~1 000 Hz 不等。另外,接收器可能因探头共振而影响测量,而探头共振在任何设计方案中都是固有的;最好的探头其共振频率在研究频率范围之外。

井下检波器必须具备高采样率下的连续记录能力。由于微地震事件的频率主要集中于200~1 500 Hz,为了得到这些地震数据,要求采集系统的采样率至少为(1/4)ms。由于压裂施工时间长达2~10 h,为了完整记录这段时间内发生的所有微地震事件,要求采集系统具有连续记录的能力。遥测速度可能会限制向井口传输的信息量。光纤电缆具有非常高的遥测速率且可传输大容量数据,尽管七芯电缆应用十分有限,且检波器数目少或采样率低,或传输每个数据点的位数较少。

为了更准确地监测微地震事件的方向和位置,必须采用多级记录,一般要求12级以上。多级接收和高采样率势必导致大数据量传输,所以需要采用光纤电缆传输数据。

3. 检波器组合

探头的数量及间距是另外的定位问题。在限制范围内,探头越多越好。例如,在垂井中,角度不确定性以$1/\sqrt{n}$递减(n为探头数目)。探头数目从4增加至16,不确定性减小一半。然而,再增加探头数量至25,不确定性减小的不明显。因为平方根的特性,最主要的效果是在探头数目为两位数时得到的。相似的行为出现在微地震距离和高度的确定上。

最佳的检波器孔径(最上和最下探头之间的距离)主要是一个几何问题。对微震事件的精确定位要求充分的三角测量。因此几何上的考虑认为最好使用极大的孔径。

然而问题在于,在检波器组合的外边缘,微震的能量可能无法被监测到,因为检波器离震源太远,而且增加的检波器层数给速度模型带来了更多的不确定性。通常,一个好的设计方案是拥有足够数目的探头,这些探头距离微震源足够近以致这些微震能够被监测到,并且孔径足够宽从而可以获得可接受的三角测量。蒙特卡罗分析可被用来调整设计并优化检波器排列。

一旦检波器组合的位置确定了,就需要确定检波器的方向。通常,三分量感应器的方向是未知的(检波器上没有指示方向的装置),所以已知位置的震源被监测到并被用来反向确定感应器的方向。这些震源经常为压裂前的射孔作业,但也可能是导爆索爆炸(缠绕在射孔枪上的一段长度的爆破线)、可控震源或其他震源。

2.2.4 噪声问题

微地震监测最大的挑战来自噪声问题。井下监测最常见的噪声包括以下几方面。

1. 背景噪声

各道都受到低频噪声的干扰,而且各级间低频噪声能量强度与主频不同。将背景噪声去除低频噪声后,可以看到除低频噪声外,微地震信号中仍包含大量高频相关噪声,与随机噪声存在很大的区别,而且 z 分量噪声能量要大于水平 x、y 分量能量。

2. 强能量扰动

监测资料中经常会出现强烈的扰动信号,频率较高,一般仅仅出现在某一道上。这种噪声的产生原因目前尚未完全研究清楚。

3. 井筒波

井筒波又被称为管波,是井间地震观测中影响最大的一种相关噪声,难以去除且容易对微地震有效信号识别产生影响。其特点有:强度高,振幅随传播衰减很小;频谱宽,与有效信号 P、S 波频谱重叠;视速度低。在微地震记录中会出现两种井筒波,分别为上行井筒波(可能由于套管末端受到强烈波阻抗变化引起泥浆柱扰动而形成的)与下行井筒波(可能由有扫过井口的瑞雷波引起的井中泥浆柱顶部垂直运动而形成的)。

受各种因素影响,在微地震监测资料中会出现大量的强能量扰动与井筒波,这些噪声与微地震有效事件的信号频率接近,而且能量强,很容易引起错误触发。在这些情况下,单纯利用某一道无法对噪声进行排除,这时要利用微地震有效事件的走时特点。地震记录中的强烈扰动是比较容易排除的,从放大的信号中可以看出,这种强烈扰动通常只出现在某一道上,因此,通过判断相邻道是否同时存在有初至信号出现就能将这种噪声排除。井筒波与微地震有效事件频率接近,并且在所有检波器的记录上都有显示,但通过两者的信号特点进行分析,可以发现这两种信号存在如下区别。

(1)井筒波的速度约为1 600 m/s,远远小于微地震事件 P 波与 S 波的视速度;

(2)由于井筒波沿井孔的方向传播,因而主要能量分布在 z 分量上,x、y 分量能量很低。

根据微地震有效事件信号与井筒波的区别,为区别井筒波与有效微地震信号,采用的方法是比较相邻道的"初至"时间,在相邻道上的初至时差大于一定值(即视速度在一定范围之外)的情况下可认定监测出的信号为筒波干扰。同时在求取能量比时可只利用 x、y 两个水平分量的信息,这样在一定程度上能够避免井筒波的影响,也能够降低由于垂直分量上信噪比低而引起的错误触发概率。

即使采用最好的传感器、定位设计和排列设置,微地震监测的结果也可能因噪声而导致质量降低。因为微震事件产生极弱的信号,甚至相对小数量的噪声就可以破坏成像效果。例如,一串气泡撞击井孔中探头所产生的噪声水平就比典型微震的振幅强。因此,在井中必须将气泡从下面的生产层段中阻隔;在老井中,几乎总是需要在畅通的射孔孔眼上部插入桥塞以消除气泡或气流。

噪声也可由地层内的活动产生,如附近的钻井甚至生产活动,包括人工举升和修井作业。这种类型的噪声在碳酸盐岩地层中极其普遍,因为被限制的波可在高速碳酸盐岩地层所夹的低速层内传播相当大的距离。其他噪声源可出现在地表,包括地震勘探甚至火车以及油田漫灌。噪声传播的最容易路径是沿井孔向下传播。相同的,纵式作业可在井下产生并耦合大量噪声,但电缆和吊车的风声也可在井孔中耦合,甚至在电缆与地表不接触的情况下也是如此(表 2 - 2)。

表2-2 井下监测
常见噪声源及去噪
方法

位　置	噪声源	产　生　影　响	去　除　方　法
井孔中	气泡撞击井孔中探头	噪声水平比典型微震振幅强	在井中必须将气泡从下面的生产层段中阻隔；在老井中，几乎总是需要在畅通的射孔眼上部插入桥塞以消除气泡或气流
地层内	附近的钻井	这种类型的噪声在碳酸盐岩地层中极其普遍，因为被限制的波可在高速碳酸盐岩地层所夹的低速层内传播相当大的距离	滤波处理或监测时采取措施极力避免这些情况
	人工举升		
	修井作业		
地　表	地震勘探	噪声传播的最容易的路径是沿井孔向下传播	滤波处理或监测时采取措施极力避免这些情况
	火车经过		
	地表漫灌		
	丛式作业	可在井下产生并耦合大量噪声	
	电缆和吊车的风声	在井孔中耦合，甚至在电缆与地表不接触的情况下也是如此	

　　噪声问题可通过滤波或避免措施来最小化。目前最好的情况是采取措施来避免噪声，因为噪声经常与微地震频率范围相同。尽管如此，滤波在最小化噪声以获得合适质量的数据方面经常是很有效的方法。

2.3　井下监测数据处理

　　由数据采集获得的最基本资料是微震记录，即各种振动的时间序列。目前微地震监测压裂裂缝成像方法，或有关分析方法，无一例外的都要确定每个微震发生的空间位置，即作微震定位。而要确定每个微震发生的位置，无论采用运动学方法，还是各种波动方程反演方法都需要先确定每个微震的到达时间和目的层附近的速度结构，并且，大多数方法还要知道波的传播方向。这就需要首先读取微震的波至时间，对微震进行极化分析并建立目的层一带介质的速度模型。因此，初至拾取、极化分析及建立速度模型是微震数据处理中的三项基础工作。具体处理流程见图2-4。

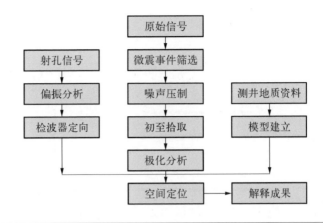

图2-4　井下监测数据
处理流程

（1）初至拾取

初至拾取就是读出P波与S波的初至时间,用手工目测读数,或在工作站上交互式拾取都可以。由于微震波形具有很好的相似性,故可以根据微震波形相似性和有关统计规律进行高精度拾取。另外,互相关法也是较为精确的初至拾取方法。

（2）建立速度模型

建立速度模型在水力压裂方法的最初应用就已经进行了,即在压裂井中的目的层射孔,在监测井中进行记录。然后,根据监测井中的波形记录,读取P、S波初至时间,由于震源位置和接收点位置都是已知的,按直射线假设便可计算出压裂井和监测井间的平均速度,从而建立速度模型。最后辅以声波测井资料或录井资料对速度模型进行修订(谢宋雷、桂志先,2009)。

（3）极化分析方法

极化分析将微地震信号旋转成P、S_H和S_V三分量,分析信号源是P波源、S_H为主的源或S_V为主的源;P分量用以计算微地震事件发生的方位。

极化分析的基本思想是寻找一定时窗内的质点位移矢量的最佳拟合直线。如时窗内的波形被确认为P波,则该拟合直线方向即为波的传播方向;如时窗内的波形被确认为S波,则该拟合直线的方向与波的传播方向垂直。极化分析的时窗选择对分析结果的可靠性至关重要。在微震数据处理和解释中,极化分析的主要目的是确定波的传播方向;另一作用是研究波的类型,此外还可借此从大量微震中挑选出高品质微震。

以图 2-5 为例,在一个时窗内,逐个采样点读取振幅值 H_1、H_2,在直角坐标内绘制 H_1 振幅随 H_2 振幅变化曲线,即得矢端曲线分析图,从矢端曲线分析图的极化方向便可得到微震波前传播的方位角。

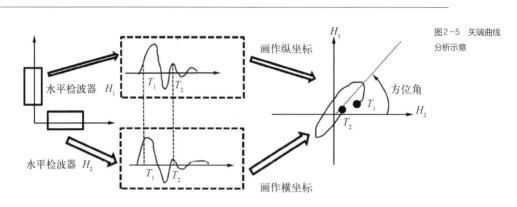

图2-5 矢端曲线分析示意

2.3.1 预处理

野外采集到的微地震资料和常规地表地震剖面资料一样,都要先经过预处理,即道编辑、去废道、增益恢复,然后才能进行后续的资料处理。但由于微地震信号自身的特点,它的预处理技术不同于常规的处理方法,有其自身的特殊性(陈伟,2009)。

用于接收微地震信号的三分量检波器,其在井中下放的过程中,虽然能使 z 方向垂直向下,但却不能保证各个检波器的两个水平分量的方位一致,实际上是随机的,这就导致不同检波器上的各个水平分量接收到的微地震信号振幅相差很大。这甚至还会造成原始的三分量微地震资料中各个分量的波形差异很大,基本上看不出任何的同相轴。因此,在后续处理之前,必须对检波器进行旋转定位,使各个检波器的水平分量方位一致。主要原理是:由于射孔压裂激发的微地震信号的源位置和速度是已知的,而且能量比较大,信噪比高,因而就可以利用射孔压裂激发的第一个地震直达波,根据波的能量加权的瞬时直方图方法,求出每个检波器接收到的初至直达纵波的偏振方向

和检波器 x 分量的夹角 θ_i（i 代表检波器数，$0 \leqslant \theta_i \leqslant \pi$），然后将每个检波器的两个水平分量接收到的微地震信号都旋转每个检波器对应的 θ 角度，这样得到的微地震信号就比较连续，同时也使信号得到增强，为进一步处理奠定了基础。

1. 检波器水平分量的定向

在进行水平分量定向前需明确两个概念，一是射孔资料，二是微地震监测资料。所谓射孔资料是指在井下利用射孔枪射穿套管激发的地震波，其能量比较强，初至明显，震源位置已知，检波器定向只能利用射孔资料求取偏振角；而微地震监测资料是指水力压裂产生的裂缝诱发的地震波，其能量弱，震源未知，初至不明显，最后要分离的也就是微地震监测信号。

利用射孔资料进行水平分量定向建立在这样一个假设的前提下：从 P 波震源传到井下检波器的第一个直达 P 波，其质点运动方向和波的传播方向一致，都在由震源和井确定的平面内，这种直达 P 波的偏振是线性的，它在水平面内的投影也是直线。根据这一假设，就可以用直达 P 波偏振方向在水平面内的投影作为参考，测出三轴检波器观测时水平分量的相对方位，并将观测的水平分量的信号转换到以直达 P 波偏振方向在水平面内的投影为参考的一致坐标系统。

2. 检波器方位角的确定

在水平面内确定检波器方位角的方法，包括最简单的利用直达 P 波水平投影 H_p 的两正交分量 x 和 y 反正切直接求取法、矢端曲线和能量准则法、能量加权的瞬时位直方图法。

3. 振幅处理

利用射孔压裂激发的微地震直达 P 波确定各个检波器的方位角之后，就可以对检波器进行旋转并进行一致性定位，使各个检波器水平分量上接收到的源未知的微地震记录相当于在同一个方位上接收的微地震记录；然后再进行振幅处理，微地震信号就相对得到了增强。

（1）微地震信号道内振幅处理

道内振幅处理是将各道中能量强的波作相应的压缩，将能量弱的小波相对增大，使强波和弱波的振幅控制在一定的动态范围内。也就是说，将一道记录的振幅在不同的时间段内乘上不同的权系数。在一定的空变时窗长度和一定的时窗滑动长度条件下,可以求得各时间段非零样点的平均振幅。将所求得的平均值置于各时间段的中点,并通过内插法求得对应于每个样点的增益曲线。这一处理过程实际上是实现滑比的功能。当时窗滑动长度为一个样点时,程序则完成 AGC 处理,即自动增益控制功能。

（2）微地震信号道间振幅处理

道间振幅处理与道内振幅处理相似,所不同的是将道内的加权均衡改为道与道之间的加权均衡,使各道的能量都被限定在一定的范围之内,以增强同相轴的连续性。

2.3.2　滤波去噪

震源定位方法中都要用到波形数据文件。在地震记录上微地震事件一般表现为清晰的脉冲,越弱的微地震事件其频率越高,持续时间越短,能量越小,破裂的长度也就越短。因此微地震信号很容易受其周围噪声的影响或遮蔽。另一方面,在传播当中由于岩石介质吸收以及不同的地质环境,也会使能量受到影响。基于微震信号的以上特点,识别微地震事件,区分微地震信号、噪声和随机干扰,寻找微地震事件的波的到达时间及其质点振动方向是其处理的关键。因此在确定震源前必须先做滤波处理,以提高地震剖面的信噪比,为后续的工作做准备(王爱国,2008)。

由于井下监测的微震信号没有经过地表低速带而直接被监测井中的检波器接收,且受地表噪声干扰较小,因此信号的信噪比较高,这也降低了井下微震资料去噪的难度。经过专家学者的不懈努力,井下微震资料去噪技术已较为成熟,并在实际生产应用中取得了较好的效果。目前,井下微震资料去噪方法主要包括极化滤波、改进 F－K 滤波、相关滤波等。

极化滤波是一种利用地震记录有效信号与噪声之间偏振特性的差异进行信噪分离的空间滤波技术。该项技术最早由苏联学者 E. H. 加尔彼林提出,目前已广泛应用于井下微震资料去噪。宋维琪在考虑微震资料信噪比低等特点和研究前人偏振-位置相关滤波方法的基础上,提出了频域相干-时域偏振的滤波方法。该方法首先利用左右相干度进行频域相干滤波来增强有效信号,随后在时域同时进行时间和空间两个方向的极化滤波,从而充分利用了微震有效信号的空间相关性。然而,时域偏振滤波参数时窗同时包含多个有效信号或噪声,其反映的是所有信号的共同效应。因此,单独在时域进行极化滤波无法达到理想的效果。

随后宋维琪等(2011)又提出了一种多道频域极化滤波方法。该方法在考虑多道信号空间连续性基础上对微震资料进行频域极化滤波。为改善傅氏变换频谱泄漏对频域极化滤波的影响,方法引入多阶函数窗来消除谱密度矩阵中奇异值的影响,使频谱光滑、稳定,较好地实现了信噪分离。实践表明,该方法可有效提高微震资料的信噪比。

常规极化滤波方法通常只选择一个固定方向作为滤波因子的期望方向,当波场复杂时,波的全矢量会偏离固定分量导致波形畸变,从而使得极化滤波方法无法分离出明显偏离期望方向的有效波场。朱卫星在前人研究的基础上提出微震资料的自适应极化滤波方法。该方法通过计算相邻道三分量信号偏振投影的最大互相关系数得到波的跟踪分量,采用波跟踪分量作为极化滤波因子的期望方向,实现自适应极化滤波。该方法在实际应用中取得了较好的效果。

F-K滤波是利用有效信号与噪声视速度差异进行去噪的二维滤波技术,是压制规则干扰的有效手段。宋维琪针对二维滤波的不足,提出了一种适合微震资料去噪的二维滤波技术方法。首先采用F-X域道内插减小空间假频,然后根据直达波的视速度变化规律开一个矩形滑动时窗,并在该时窗的时间域和空间域上后续重复补充该时窗的道数据,从而消除傅氏变换造成的混叠和泄露,最后采用窄带F-K滤波压制干扰波,从而完成微震资料的去噪。然而,窄带二维滤波通常会造成信号畸变,造成滤波后虚假同相轴的产生。因此,根据信号局部视速度变化规律设计滤波时窗大小对改进二维滤波具有重要意义。

许大为等采用小波变换对微震资料进行滤波处理。该方法首先对微震资料进行小波变换,在小波域对信号与噪声的特点进行分析。然后在小波分解后的各个层次选择合理的阈值函数,对含噪声的小波系数进行处理,从而达到压制噪声、突出有效信号的目的。然而,由于微震信号的非平稳性与噪声的复杂性给小波去噪阈值的选择带来较大困难,从而对去噪效果产生较大影响。因此,如何针对微震资料的具体情况合理选择阈值,是小波变换去噪方法仍需考虑的一个重要问题。

在数据采集的过程中会混杂一些随机噪声,除了可以采用硬件的方法消除外,还可以从软件的角度出发,对信号进行数字滤波。数字滤波的方法有算术平均值滤波、滑动平均值滤波、抗脉冲干扰平均值滤波、中值滤波和一阶滞后滤波等几种。经前级处理后的加速度电路信号输出由地震信号电压和干扰电压两部分组成,干扰电压又包括共模干扰电压和差模干扰电压。其中,共模干扰电压基本上被前放电路抑制了,剩下的差模干扰电压使用滤波电路抑制。形成差模干扰电压的干扰源主要有环境噪声、声波和天电干扰,这些干扰源的频率一般比较高,由于从地下接受地震信号的频率集中在低频部分,高频部分基本被底层滤掉,故采用低通滤波器来过滤高频噪声。

根据低通滤波器的频率响应特点,其又可分为巴特沃斯型、切比雪夫型和贝塞尔型。其中巴特沃斯滤波器具有最平坦的通带幅频响应,逼近函数在通带和阻带内单调衰减,具有良好的线性相位特性,但从通带到阻带衰减较慢。

2.3.3　　　初至拾取

在微地震数据处理中,微地震事件的识别和波至时间的拾取是一个关键的环节,拾取的精度直接影响到微地震事件的定位精度和最终的成果解释。

1. 手动初至拾取

拾取微震的 P 波和 S 波初至时间,说起来很简单,就是读出 P 波和 S 波的初至时间,用手工目测读数,或在计算机中交互式拾取都可以,然而实际操作起来是很困难的。这是由于微地震能量微弱,初值往往淹没在噪声背景里。而 S 波初至常常受到 P 波能量的干扰,尤其是距震源较近的检波器上记录到的微震。如果监测的信号比较好,滤波后就可以读出比较精确的初值。如果滤波后的波形还是不能清晰地读出波的初至时间,则可以利用计算机先把监测的波形转化为数字文件,再分别找出它们第一个波峰或波谷(利用极值来实现),然后对比三个分量 P 波和 S 波的精确初至时间。由于读取的是波峰(谷)时间,避免了噪声对初至干扰引起的读数误差。

2. 自动初至拾取

人工识别微震事件和拾取波至时间虽然比较稳定,但也容易引入人为误差,且拾取效率低,在微地震数据量大的情况下工作量太大。因此,国内外许多学者发展了很多种自动识别和拾取微震到时的方法,如时窗能量比法和时窗振幅比法(Earle 和

Shearer，1994；吴治涛、李仕雄，2010；叶根喜等，2008），这类方法效率高，但时窗长度对拾取精度影响较大；还有相关类方法（Song 等，2010），由于使用了微地震信号的全波形信息，所以对低信噪比的弱信号具有较好的效果；神经网络、分形拾取等方法（陈爱萍等，2009；姚姚，1994），复杂度高，实现难度大，且效率较低；边缘检测边界追踪方法（潘树林等，2005，2006），在信噪比较低的情况下拾取误差较大；基于 AR 模型 Akaike 信息准则的 AR－AIC（Akaike Information Criterion）方法（St-onge，2011；Takanami 等，1991）；小波变换方法（宋维琪、吕世超，2011；张军华等，2002）等。

张唤兰等（2013）在研究上述方法的基础上，提出了一种基于后、前时窗能量比法和局部 AIC 法级联的两步法微地震事件起跳时间自动拾取方法。首先使用后前时窗能量比法识别微地震事件，并大致确定波至时间；然后在该时间点周围一时窗内使用局部 AIC 法精确拾取波至时间。与常规后前时窗能量比法相比，该方法减弱了时窗大小对拾取精度的影响；与常规的 AIC 相比，由于只在局部使用 AIC，避免了在低信噪比情况下 AIC 会出现多个局部极小从而难以准确拾取的问题，同时也提高了拾取效率。通过对野外实际微地震数据进行测试和分析，表明该方法具有拾取精度高、速度快、实现简单，且对时窗长度不太敏感等优点。

微地震记录中 P 波初至的快速准确拾取对微地震事件的识别、定位、震源机理的分析具有很大意义，尤其在分析大量数据或处理实时监测数据时。人工识别并拾取微地震事件是非常费时费力的一项工作。因而研究一种有效的自动拾取初至的方法来对微地震事件进行准确拾取是非常有必要的。

初至震相的识别是建立在识别信号和噪声差异基础之上的，如振幅、频率、偏振、功率谱以及统计特性等。如果考虑到利用多道数据，则还可以考虑相邻道之间地震信号的相关性与走时关系等。能量比法依据在初至前后地震信号能量增强的特点，算法简便，在地震自动识别中最为常用。但其在信噪比较低的情况下容易出现误拾、漏拾的情况。偏振法利用信号为线性偏振，而噪声偏振度低的特点来判断是否有有效信号出现。Hinich 算法（线性差异度算法）是基于信号和噪声的非高斯和非线性差异的一种统计算法。偏振法与 Hinich 算法在背景噪声为随机噪声的情况下能够拾取较低信噪比有效信号，但实际情况下噪声背景复杂，信号常常与相干噪声混叠，从而使得这两种方法无法发挥作用。实际上，任何一种依据信号与噪声某一种差异的自动识别方法都不能得到比较理想的效果。因而在设计自动识别方法时,考虑到监测的实时性要求,以长短时窗能量比算法为基础,结合偏振法以及相邻检波器之间的到时关系对微地震有效事件进行自动识别。

吕世超等(2013)在对微地震有效波出现规律以及各类噪声特点分析的基础上,以长短时窗能量比法为基础,利用偏振约束,并结合井间观测系统,设计了适合微地震资料的自动识别方法。将这种方法应用于实际监测资料当中,能够识别多种震相的微地震有效事件,识别效果比较可靠。但基于能量的拾取方法仍存在一定的局限性,只能够识别出一定信噪比达到预定条件的有效信号,当信号能量远小于噪声能量时,其可靠性就会大大降低。因而对于识别微弱信号的自动拾取方法还需要继续完善。

2.3.4   波场分离

在对微地震波场的处理中,一般将噪声、反射波、折射波等波场进行压制,突出直达波。通常所说的波场分离一般是指直达波场中纵、横波波场的分离。波场分离可以在 T - X 域、F - X 域、τ - p 域以及 τ - q 域等实现。

自奥地利数学家 Radon 在 1917 年提出 Radon 变换的理论以来,国外不少地球物理领域的学者为 Radon 变换做了很多工作:Phinney 等(1981)检验了 Radon 变换在地球物理中的特性;Carswell 将 τ - p 变换用于 VSP 地震资料的上、下行波分离;Durrani 和 Besset(1984)、Tatham(1984)、Chapman(1981)建立了笛卡儿坐标系下点源、柱坐标系线源的精确变换公式;Stoffa 等(1981)和 Treitel 等(1982)较好地建立了平面波分解和 Radon 变换之间的关系;Thorson 和 Clearbout(1985)使用双曲 Radon 变换进行速度分析和反演;Harding(1985)、Hampson(1986)将 τ - p 变换用于了多次波的压制,该方法利用多次波在 τ - p 域可以保留良好的周期性特性,在 τ - p 域做预测反褶积来剔除多次波,对短周期的全程多次波压制效果较好,但对长周期的全程多次波和层间多次波的压制效果一般;Beylkin(1987)讨论了离散 Radon 变换的最小平方反演算法,为了避免大矩阵求逆,他将 Radon 变换在 F - X 域建立;Foster(1992)发展了广义 Radon 变换理论,进一步将双曲型时距曲线用一般函数代替;Zhou(1994)讨论了 F - K 域内的线性和抛物型 Radon 变换;Yilmaz(1994)给出了时间-空间域高分辨率最小平方倾斜叠加的方法,此方法需要采用迭代反演求解大型线性算子;Sacchi 和 Ulrych(1995)提出利用 Radon 变换的稀疏解提高 Radon 域的分辨率,由此奠定了高分辨率 Radon 变换的理论基础,并用于道插值以及 VSP 波场分离;Sacchi(1999)给出了利用 Radon 变换的稀疏解来提高 Radon 域分辨率的算法;Cary(1998)对离散 Radon 变换中的空间假频和截断效应做了总结和建议;Wang(2003)提出了进行多次波衰减的 Radon 变换域自适应滤波,压制截断效应;Ng 和 Perz(2004)提出了一种高分辨率时间域相似系数加权 Radon 变换,在很大程度上克服了时间域直接进行 Radon 变换分辨率不足的问题,提高了数据在 Radon 域的分辨率;Moldoveanu(2005)提出了一种相移双曲线方程来提高 Radon 变换域内的分辨率;Zhou(2007)在 Wavelet－Radon 域进行了地震数据重建和去除空间假频的研究。近几年,Sacchi 等开始转向研究了 3D Radon 变换以及局部波场 Radon 变换的应用,取得了显著的效果。

国内也有不少学者在该领域做了很多工作,也取得了不错的效果。离散 Radon 变换作为一种投影变换在地震勘探中有着广泛的应用(曹景忠,1985;吴律,1985),但一般都是基于线性 Radon 变换形式的,对 VSP 资料的上下行波的分离效果比较明显,对双曲线形态的同相轴在变换域中变成了椭圆,不同速度的波场可以在一定程度上分离,但分辨率偏低;李远钦于 1994 发表了线性与非线性 Radon 变换,并用于 VSP 地震资料上、下行波波场分离;李彦鹏(1998)提出了坐标拉伸的方法进行到内插;牛滨华(2001)等在国内首次提出了多项式 Radon 变换;2002 年孙显义等提出了抛物线 Radon 变换的思想方法;刘喜武等(2004)研究了高分辨率 Radon 变换方法及其在地震信号处理中的应用,文中采用最小二乘反演方法研究抛物线 Radon 变换和双曲线 Radon 变换,给出稀疏约束共轭梯度法求解高分辨率 Radon 变换的算法,用高分辨率抛物线 Radon 变换来压制多次波;王维红等(2006)研究了线性同相轴波场分离的高分辨率 τ－p 变换法。张军华教授(2005)深入讨论了抛物线 Radon 变换压制多次波时参数选择的问题。长安大学在 Radon 变换方面有过多年的研究。2001 年,戴华林的硕士论文《快速高分辨率抛物线拉东变换》,研究了频率域高分辨率 Radon 变换的算法效率方面的问题;2002 年,包乾宗的硕士论文《变偏移距 VSP 上下行波分离》,用频率域阻尼最小二乘法 Radon 变换来做变偏移距 VSP 波场分离方法研究;2005 年,陈见伟的硕士论文《用高分辨率双曲线 Radon 变换实现波场分离》,用时间域双曲线 Radon 变换实现时间域高分辨率 Radon 变换,然后进行相关波场的分离工作。此外,国内其他高校也在 Radon 变换方面取得了不错的效果,如 2008 年,巩向博的硕士论文《高分辨率 Radon 变换及其应用》,引入了二维蒙版滤波的方法压制截断效应,使得资料在 Radon 域取得了较高的分辨率。

2.4　　井下微地震事件定位方法

2.4.1　　速度模型建立及校正

如果没有精确的速度结构,即使微地震数据质量再好,成像质量也会非常差。无论是只有最少的速度资料(只有偶极声波测井或常规测井曲线),还是拥有详尽的速度资料(射孔时间、VSP、井间测量图件、三维工区等),监测作业方都需要提供最好的速度模型并得到最精确的微震波位置。

速度结构是微地震成像全部过程中最重要的部分。即使其他的条件都是最优的,一个不好的速度模型也将会导致微震事件定位不准确,定位误差可达几百英尺。通常,建立一个好的速度模型是从偶极声波测井开始,从偶极声波测井可以获取 P 波和 S 波的速度,而且分辨率很高。然而,这些速度并不是用于微震分析的正确数据。它们是在钻井(监测井可能为一定程度上废弃的老井)时沿井孔坚硬层段的垂向速度,但我们需要的是地层的近水平速度。这些水平速度可能与测井得来的速度有 10% ~ 20% 的差异,并且直接应用测井获得的速度通常会产生很差的结果。

建立速度模型的第二步是利用任何位置已知的震源来校正水平速度。这里的震源一般是指人工震源,包括射孔、导爆索爆炸和投球打滑套,这三种震源的强度逐级递减,尤其是投球打滑套事件,一般情况下地面监测检测不到投球事件,因而无法用来校正速度模型。

因为检波器必须通过射孔或导爆索爆炸来定向,这一过程可以进一步用来校正速度模型,尤其是当实际激发时间可通过恰当地监测引火线来确定时。虽然这一步骤对获得微地震波传播路径的准确速度非常有用,但它通常也不能产生足够宽的射线路径排列以描述所有需要的层位(所有的包括震源位置和检波器位置以及所有上述两者之间的层位)。

一个其他的步骤可用来进一步优化速度模型。在这个步骤中,激发时间未知,但如果激发点的位置是已知的,那么就可以建立寻找可正确定位微震事件的速度结构的步骤,同时也可最小化计算和观测旅行时之间的差异(通常被称为不匹配或残差)。震源可以为射孔或不能定时的导爆索爆炸、放置密封圈或任何其他已知的可被监测的活动。

在某些情况下分析中可能包括各向异性。要正确地实现它,所有层的各向异性参数必须是已知的,速度变化必须为各向异性的结果而不是岩性变化或其他原因造成的,偶极测井必须精确地代表当前的垂向速度。地质特征如断层和尖灭也可能对微震事件定位结果产生重大影响。

速度模型建立最开始需要处理工区一口井或邻近井的偶极声波测井,它能提供 P 波和 S 波速度。偶极声波测井提供优异的地层分辨率,但从它获得的速度可能不是十分精确,因而不能用来作微地震分析。例如,偶极声波测井通常可以在裸眼井中测得,同时还可能出现以下情况。

(1)显著的圆周应力集中(应力影响速度);

(2)相当大的流体侵入(饱和度影响速度);

(3)潜在的不同孔隙压力条件(例如监测油气递减时的裂缝);

(4)可能的频率效应(在比典型微地震波更高频率的情况下进行测井);

(5)可能的各向异性效应(偶极声波测井提供垂向速度,而水平速度对大多数成像项目来说更合适);

(6)测井公司未能识别 S 波初至频繁发生。

由于上述原因,需谨慎应用偶极声波数据。这就需要从测井服务公司获得偶极声波测井并用恰当的岩性测井曲线校正它,这样它就在深度域上是正确的了。然后,利用合适的 P 波和 S 波层速度将层段划分成层位。从 VSP 资料或井间层析成像获得的层状结构(如果可以获得)也与偶极声波测井结合使用。模型化的结构可能平整也可能倾斜，如果有足够的地质和地球物理信息，它甚至可能包括断层和尖灭。尽管大多数的处理是利用简单的分层速度模型，但是更详细的模型也会经常被使用。如果现场的地质模型表明存在重大的横向非均质性，那么就需要通过某些井的声波测井曲线进行插值以建立三维速度模型。尽管精确的模型通常是不可获取的，但各向异性也可被包括进来。通常，速度模型的限制不受制于通过三维或各向异性模型对初至时间的建模能力，而是受以下校正模型的能力的约束。

为了校正偶极声波测井数据，需要利用射孔计时方法来提取平均地层速度。射孔计时可直接获取精准的射孔爆炸时间(0 时刻)和每个接收器的波初至时间。因为必须监测射孔(或导爆索爆炸代替)以确定仪器方向，现在通常利用这一背负式计时操作来提供这一附加信息。

利用从偶极声波测井中获得的层状结构，可以对层速度进行一维反演。图 2-6 为射孔计时测量和相关射线路径到达几个接收器的示意图。可利用射线路径测得的层速度来精确地通过反演获得。然而，在许多情况下，只有一个射孔激发点且并不是所有的层速度都可以通过这种方式测得。在这种情况下，如果合适，任何获得的校正都可以应用于整个测井曲线。经过校正的偶极声波测井可以用来作初始分析。

上述方法实际上是利用 Vidale(1988)和 Nelson(1990)发明的方法进行微地震定

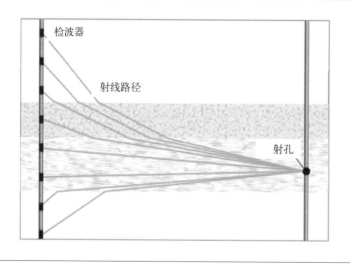

图2-6 射孔计时测量几何和射线路径示意(据 Warpinski，2009 修改)

位的。此方法利用正演模型从每个接收器至每个网格空间的格点来计算每个相位（P波和S波）的旅行时。然后它利用观测到的波初至,使用格点搜索法来寻找最匹配计算得到的旅行时的格点位置。

评价速度结构的第一步是对用来确定接收器方向和射孔计时的射孔或导爆索爆炸点进行定位。通常,经过校正的剖面足以将射孔激发点精确地置于它们的已知位置上。在这种情况下,经过校正的剖面可被直接用来进行微地震分析。然而,已知的射孔位置和计算得到的射孔位置经常会不一致。这种差异可能由于诸如不精确的井位（如无井斜测量）影响而引起,但更多的是由于初始速度结构误差所造成的。

为了解决这个矛盾,需要使用专有流程来优化速度结构。这种优化流程必须小心谨慎地进行,因为有许多可能的速度结构都可以正确地定位射孔位置,但它们可能不能提供对观测波至时间的高质量的完全匹配。校正流程对速度结构作了改进,它可以正确地定位射孔位置并提供最好的可能拟合。这个拟合过程就是"最小化残差"（Minimize the Residuals）,其中残差为观测到的旅行时与计算得到的旅行时的差值。

在最优化速度结构步骤中,在每一地层（每个相位也如此）中应用一个小的扰动速度,并确定残差和每个扰动位置的变化值,以此来建立一个扰动矩阵。这个分析过程评估扰动矩阵并选择一个层位变化值,这个层位变化值最大程度地同时满足了残差最小化和位置误差最小化的条件（已知的射孔位置和计算得出的射孔位置之间的误差）。这样就得到了一个新的速度结构,而且这个步骤以改善后的速度结构迭代运算,直到找到一个最优的位置。在处理过程的最后,射孔位置被成功定位,残差被减小,因此得到一个最佳的速度结构以正确地对射孔位置定位。

速度优化步骤中也包括校准速度模型,用以改善观测到的和计算得到的微震波初至时间的残差不匹配。如果未能在校准炮集上观测到清晰的S波,那么同时应用速度模型于校准炮和微地震波上可以帮助校准速度模型。最后优化得到的速度模型总会有一些相关的不确定性,这个可以用来测量微震波位置变化的敏感度,而位置变化是由速度模型中这些微小的不确定性因素造成的。

因此,速度优化方案可被用来寻找合适的速度结构,进而对已知位置的射孔或导爆索爆炸进行精确定位。另外,这一优化算法可一次同时优化几个射孔以获得最合适的速度结构,此速度结构可覆盖相当大的垂向范围（垂井中）或横向范围（水平井中）。

这样,各向异性(如果存在)效应可以被平均化。使用此方法得到的速度结构能够提供发生在射孔位置附近的微震波的精确位置,但离射孔点较远的微震波仍需要严格检验以识别其他速度效应,对射孔位置的优化处理可能尚未包括这些速度效应。

完成以上程序后,将会得到一个类似于图2-7中例子的速度模型。如图2-7所示为原始的偶极声波测井速度和新得到的速度结构。在已经进行过无数次成像测试的油气田,相同的速度剖面已经获得过多次,且不需要其他的速度研究。然而,大多数地层仍需要如此细致的分析以提取最精确的微震波位置。

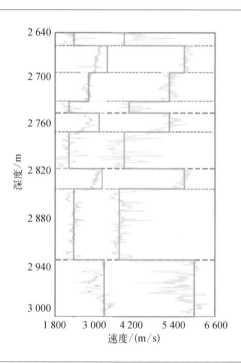

图2-7 最终速度结构与原始偶极声波测井对比(据 Warpinski, 2009 修改)

2.4.2 微地震事件定位

针对可检测到大量可见微震事件的井下监测的定位方法主要有以下三种。

(1)矢端图法:利用纵、横波到时差+纵、横波速度,仅用1个三分量检波器即可

实现定位;

　　(2) 三角测量法: 利用纵、横波到时差 + 纵、横波速度,需要多个三分量检波器;

　　(3) 相似叠加法: 地面监测可使用单分量(z)检波器,适用于大孔径地面排列,如FracStar。

　　目前,井下监测定位方法中应用最为广泛的是三角测量法,即通常所说的基于初至拾取的走时反演定位。具体的实现步骤阐述如下。

　　为获得震源位置而进行的数据处理,通常包括微震事件的探测、P 波和 S 波初至或能量的确定以及对相位极化的分析。任何系统的微震事件的探测能力对寻找和处理微震事件都是十分关键的,尤其是对最远的(通常也是最弱的)微震事件。地球物理文献中有各种各样的微震事件探测方案,处理策略也很多,它们基本可归入偏移的范畴。偏移处理包括利用正演模型来计算地震波旅行时或其他信息,然后将网格排列的偏移数据的能量叠加至与观测和计算数据最匹配的位置。这个处理过程普遍使用的方法是对事件定位使用格点搜索,因为格点搜索快速、灵活并且能确保找到绝对的最佳匹配位置。同时,也有许多其他解决问题的方法。

　　格点搜索法是一个非常简单的处理过程。假设速度结构是已知的,那么检波器和最远微震事件之间的体积可以被网格化,并且每个速度被分配给每一个格点。然后利用正演模型计算从每个检波器到每个格点的 P 波和 S 波旅行时,所有这些旅行时被存储在内存中。任何类型的正演模型,简单的(例如均质速度射线追踪)或者复杂的(全波编码),都适用于格点搜索。当实际初至被确定,测量值可与计算值在所有格点进行对比,最匹配的点就是微地震震源的最准确的位置。格点搜索法可包括极化(方向性),或者它可以单独分析(三维对二维分析)。但是,在这两种情况中,方向性由 P 波和 S 波极化特征分析确定,P 波粒子运动将指回震源,S 波与之正交。

　　何惺华于 2013 年发表的《基于三分量的微地震震源反演方法与效果》,利用井下多级三分量检波器资料来反演微震源位置的新方法。首先用射孔直达纵波水平分量来确定检波器的方位角;然后在三维空间逐点对检波器组计算直达波旅行时,通过沿直达纵波时距曲线进行能量叠加,反演得到微地震震源位置的分布范围;针对微震源反演中存在的多解性问题,利用微地震直达纵波水平检波器分量变换和检-震地理方位角的关系确定微震源的方位角;最后采用两种空间点集的统计方法来确定微震源点的位置坐标。这种利用直达波来定位的特殊方法也为微地震的监测定位研究开辟了新的方向。

同样针对微地震信号能量较弱导致的初至时间拾取困难的问题,宋维琪等提出了解域约束下的微地震事件网格搜索法、遗传算法联合反演(宋维琪等,2012)。在反演过程中,首先利用搜索算法得到粗网格解,然后对解的概率密度函数分布特征进行分析,确定真解的搜索区间(万永革等,1995),再针对真解(徐果明,2003)搜索区间利用遗传算法进行反演,实现了解域约束下的搜索算法和遗传算法的联合反演,该反演方法在运算速度、精度、效率方面较单一的搜索法或遗传算法有了较大的改善,使反演结果更加稳定、可靠。

参考文献

[1] 陈颙,于小红.岩石样品变形时的声发射[J].地球物理学报,1984,27(4):392 - 401.

[2] 刘百红,秦绪英,郑四连,等.微地震监测技术及其在油田中的应用现状[J].油气藏评价与开发,2005,28(5):325 - 329.

[3] 刘建中,王春耘,刘继民,等.用微地震法监测油田生产动态[J].石油勘探与开发,2004,31(2):71 - 73.

[4] 张山,刘清林,赵群,等.微地震监测技术在油田开发中的应用[J].石油物探,2002,41(2):226 - 231.

[5] 刘继民,刘建中,刘志鹏,等.用微地震法监测压裂裂缝转向过程[J].石油勘探与开发,2005,32(2):75 - 77.

[6] 刘建安,马红星,慕立俊,等.井下微地震裂缝测试技术在长庆油田的应用[J].油气井测试,2005,14(2):54 - 56.

[7] 王惠清,刘进军,周高鹏,等.微地震方法监测水力压裂改善措施效果[J].新疆石油天然气,2004,16(4):41 - 42.

[8] 杜文军,雷湘鄂,黄江.储层压裂微地震的 3 种监测方式[J].石油天然气学报,2010(6):303 - 305.

[9] 谢宋雷,桂志先,赵成,等.水力压裂诱生微震资料处理方法[J].石油天然气学报,2009,31(4):81 - 82.

[10] 陈伟.微地震波场分离技术研究[D].北京:中国石油大学,2009.

[11] 王爱国.微地震监测与模拟技术在裂缝研究中的应用[D].北京:中国石油大学,2008.

[12] 宋维琪,吕世超,郭晓中,等.提高微地震资料信噪比的频率域极化滤波[J].石油物探,2011,50(4):361 - 366.

[13] 吴治涛,李仕雄.STA/LTA 算法拾取微地震事件 P 波到时对比研究[J].地球物理学进展,2010,25(5):1577 - 1582.

[14] 叶根喜,姜福兴,杨淑华.时窗能量特征法拾取微地震波初始到时的可行性研究[J].地球物理学报,2008,51(5):1574－1581.

[15] 陈爱萍,邹文,何光明,等.基于分维和相关性的自动初至拾取技术及应用[J].物探化探计算技术,2009,31(2):100－107.

[16] 姚姚.用人工神经网络实现同相轴自动拾取[J].石油地球物理勘探,1994,29(1):111－116.

[17] 潘树林,高磊,邹强,等.一种实现初至波自动拾取的方法[J].石油物探,2005,44(2):163－166.

[18] 潘树林,高磊,周熙襄,等.基于单道边界检测和样条插值的初至波自动拾取[J].石油物探,2006,45(3):245－249.

[19] 宋维琪,吕世超.基于小波分解与Akaike信息准则的微地震初至拾取方法[J].石油物探,2011,50(1):14－21.

[20] 张军华,赵勇,赵爱国,等.用小波变换与能量比方法联合拾取初至波[J].物探化探计算技术,2002,24(4):309－312.

[21] 张唤兰,朱光明,王云宏.基于时窗能量比和AIC的两步法微震初至自动拾取[J].物探与化探,2013,37(2):269－273.

[22] 吕世超,宋维琪,刘彦明,等.利用偏振约束的能量比微地震自动识别方法[J].物探与化探,2013,37(3):488－493.

[23] 曹景忠,汪惟成,展文宇.Tau-P变换及其初步应用[J].石油地球物理勘探,1985,20(4):363－376.

[24] 吴律.论Radon变换在地球物理勘探中应用的可能性[J].石油地球物理勘探,1985,20(3):235－241.

[25] 李彦鹏,马在田.坐标拉伸后的线性拉冬变换法波场分离[J].石油地球物理勘探,1998,33(5):611－615.

[26] 牛滨华,孙春岩,张中杰,等.多项式Radon变换[J].地球物理学报,2001,44(2):263－271.

[27] 孙显义,陈可为,许世勇.采用τ-q变换法进行纵、横波波场分离[J].大庆石油地质与开发,2002,21(4):76－77.

[28] 刘喜武,刘洪,李幼铭.高分辨率Radon变换方法及其在地震信号处理中的应用[J].地球物理学进展,2004,19(1):8－15.

[29] 王维红,刘洪.抛物Radon变换法近偏移距波场外推[J].地球物理学进展,2005,20(2):289－293.

[30] 张军华,吕宁,田连玉,等.地震资料去噪方法综合评述[C]//中国石油学会西部地区第十三次物探技术研讨会.2005.

[31] 戴华林.快速高分辨率抛物线拉冬变换[D].西安:长安大学,2001.

[32] 包乾宗.变偏移距VSP上下行波分离[D].西安:长安大学,2002.

[33] 陈见伟.用高分辨率双曲线Radon变换实现波场分离[D].西安:长安大学,2005.

[34] 巩向博.高精度Radon变换及其应用研究[D].长春:吉林大学,2008.

[35] 何惺华.基于三分量的微地震震源反演方法与效果[J].石油地球物理勘探,2013,48(1):71－76.

[36] 宋维琪,杨晓东.基于射线追踪的微地震多波场正演模拟[J].地球物理学进展,2012,27(4):1501.

[37] 1

[38] 万永革,李鸿吉.遗传算法在确定震源位置中的应用[J].地震地磁观测与研究,1995,16(6):1－7.

[39] 徐果明,姚华建,朱良保,等.中国西部及其邻域地壳上地幔横波速度结构[J].地球物理学报,2007,50(1):193－208.

[40] Albright J N, Pearson C F. Acoustic emissions as a tool for hydraulic fracture location: Experience at the Fenton Hill Hot Dry Rock site [J]. Society of Petroleum Engineers Journal, 1982, 22(04):523－530.

[41] Audigane P, Royer J J, Kaieda H. Permeability characterization of the Soultz and Ogachi large-scale reservoir using induced microseismicity [J]. Geophysics, 2002, 67(1):204－211.

[42] Baskir E, Weller C E. Sourceless reflection seismic exploration [C]//Geophysics. 8801 S YALE ST, TULSA, OK 74137: SOC EXPLORATION GEOPHYSICISTS, 1975, 40(1): 158 – 159.

[43] Beylkin G. Discrete radon transform [J]. IEEE transactions on acoustics, speech, and signal processing, 1987, 35(2): 162 – 172.

[44] Carswell A, Tang R, Dillistone C, et al. A new method of wave field separation in VSP data processing [M]//SEG Technical Program Expanded Abstracts 1984. Society of Exploration Geophysicists, 1984: 40 – 42.

[45] Chapman C H. Generalized Radon transforms and slant stacks [J]. Geophysical Journal International, 1981, 66(2): 445 – 453.

[46] Cary P W. The simplest discrete Radon transform [J]. SEG Technical Program Expanded Abstracts 1998. Society of Exploration Geophysicists, 1998: 1999 – 2002.

[47] Durrani T S. The Radon transform and its properties [J]. Geophysics, 1984, 49(49): 1180 – 1187.

[48] Earle P S, Shearer P M. Characterization of global seismograms using an automatic-picking algorithm [J]. Bulletin of the Seismological Society of America, 1994, 84(2): 366 – 376.

[49] Foster D J, Mosher C C. Suppression of multiple reflections using the Radon transform [J]. Geophysics, 1992, 57(3): 386 – 395.

[50] Harding A J. Slowness—time mapping of near offset seismic reflection data [J]. Geophysical Journal International, 2010, 80(2): 463 – 492.

[51] Hampson D. Inverse velocity stacking for multiple elimination [M]//SEG Technical Program Expanded Abstracts 1986. Society of Exploration Geophysicists, 1986: 422 – 424.

[52] Jupe A, Jones R, Wilson S, et al. The role of microearthquake monitoring in hydrocarbon reservoir management [C]//SPE Annual Technical Conference and Exhibition. Society of Petroleum Engineers, 2000.

[53] Moldoveanu-Constantinescu C, Sacchi M D. Enhanced resolution in Radon domain using the shifted hyperbola equation [M]//SEG Technical Program Expanded Abstracts 2005. Society of Exploration Geophysicists, 2005: 2277 – 2280.

[54] Ng M, Perz M. High resolution Radon transform in the tx domain using "intelligent" prioritization of the Gauss-Seidel estimation sequence [M]//SEG Technical Program Expanded Abstracts 2004. Society of Exploration Geophysicists, 2004: 2160 – 2163.

[55] Nelson G D, Vidale J E. Earthquake locations by 3 – D finite-difference travel times [J]. Bulletin of the Seismological Society of America, 1990, 80(2): 395 – 410.

[56] Phinney R A, Chowdhury K R, Frazer L N. Transformation and analysis of record sections [J]. Journal of Geophysical Research: Solid Earth, 1981, 86(B1): 359 – 377.

[57] Rutledge J T, Phillips W S. Hydraulic stimulation of natural fractures as revealed by induced microearthquakes, Carthage Cotton Valley gas field, east Texas [J]. Geophysics, 2003, 68(2): 441 – 452.

[58] Rothert E, Shapiro S A. Microseismic monitoring of borehole fluid injections: Data modeling and inversion for hydraulic properties of rocks [M]//SEG Technical Program Expanded Abstracts 2002. Society of Exploration Geophysicists, 2002: 1754 – 1757.

[59] Segall P. Earthquakes triggered by fluid extraction [J]. Geology, 1989, 17(10): 942 – 946.

[60] Smith M B, Holman G B, Fast C R, et al. The azimuth of deep, penetrating fractures in the Wattenberg field [J]. Journal of Petroleum Technology, 1978, 30(02): 185 – 193.

[61] Schuster C L. Detection within the wellbore of seismic signals created by hydraulic fracturing [C]// SPE Annual Fall Technical Conference and Exhibition. Society of Petroleum Engineers, 1978.

[62] Song F, Kuleli H S, Toksöz M N, et al. An improved method for hydrofracture-induced microseismic event detection and phase picking [J]. Geophysics, 2010, 75(6): A47 − A52.

[63] St-Onge A. Akaike Information Criterion Applied to Detecting First Arrival Times on Microseismic Data [J]. Seg Technical Program Expanded Abstracts, 2011: 4424.

[64] Stoffa P L, Buhl P, Diebold J B, et al. Direct mapping of seismic data to the domain of intercept time and ray parameter—A plane-wave decomposition [J]. Geophysics, 1981, 46(3): 255 − 267.

[65] Sacchi M D, Ulrych T J. High-resolution velocity gather and offset space reconstruction [J]. Geophysics, 1995, 60(4): 1169 − 1177.

[66] Thill R E. Acoustic methods for monitoring failure in rock [C]//The 14th US Symposium on Rock Mechanics (USRMS). American Rock Mechanics Association, 1972.

[67] Takanami T, Kitagawa G. Estimation of the arrival times of seismic waves by multivariate time series model [J]. Annals of the Institute of Statistical Mathematics, 1991, 43(3): 407 − 433.

[68] Tatham A S, Shewry P R, Miflin B J. Wheat gluten elasticity: a similar molecular basis to elastin? [J]. FEBS letters, 1984, 177(2): 205 − 208.

[69] Treitel S, Gutowski P R, Wagner D E. Plane-wave decomposition of seismograms [J]. Geophysics, 1982, 47(10): 1375 − 1401.

[70] Thorson J R. Velocity-stack and slant-stack stochastic inversion [J]. Geophysics, 2012, 50(12): 2727.

[71] Vidale J. Finite-difference calculation of travel times [J]. Bulletin of the Seismological Society of America, 1988, 78(6): 2062 − 2076.

[72] Wolhart S L, Odegard C E, Warpinski N R, et al. Microseismic fracture mapping optimizes development of low-permeability sands of the Williams Fork Formation in the Piceance Basin [C]// SPE Annual Technical Conference and Exhibition. Society of Petroleum Engineers, 2005.

[73] Warpinski N R, Griffin L G, Davis E J, et al. Improving hydraulic frac diagnostics by joint inversion of downhole microseismic and tiltmeter data [C]//Paper SPE 102690 presented at 2006 SPE Annual Technical Conference and Exhibition, 2006.

[74] Warpinski N. Microseismic Monitoring: Inside and Out [J]. Journal of Petroleum Technology, 2009, 61(11): 80 − 85.

[75] Wang Y. Multiple attenuation: coping with the spatial truncation effect in the Radon transform domain [J]. Geophysical Prospecting, 2003, 51(1): 75 − 87.

[76] Yilmaz O, Taner M T. Discrete plane-wave decomposition by least-mean-square-error method [J]. Geophysics, 1994, 59(6): 973.

[77] Zhou B, Greenhalgh S A. Linear and parabolic τ − p transforms revisited [J]. Geophysics, 1994, 59(7): 1133 − 1149.

[78] Zhou X, Guo W, Du J, et al. The geochemical characteristics of radon and mercury in the soil gas of buried faults in the Hohhot district [J]. Earthquake, 2007, 27(1): 70.

第 3 章

地面微地震监测

微地震地面监测是指观测系统布设在地面或近地面,对微地震事件进行监测。根据观测系统检波器的布设方式,地面监测又可以分为地面排列观测和地面埋置观测。前者常见的有星形排列,后者则特指近地表监测(Near-surface monitoring)或浅地表监测(Shallow-surface monitoring)。微地震监测领域的著名学者 Shawn Maxwell(2010)在其著作中通常将地面排列观测和地面埋置观测统称为地面监测(Surface monitoring)来与井下监测(Downhole monitoring)相区别。

3.1   地面微地震监测的发展历史

井下监测一直被认为是一种较可靠的监测方式,但要求压裂井附近必须有监测井,空间横向定位分辨能力也不够理想,并且存在占用井资源、生产成本高及施工复杂等缺点,其发展空间在一定程度上受到了限制(Gharti,2010;Pettitt 和 Reyes-Montes,2009;Reyes-Montes 和 Pettitt,2009)。随着地面检波器性能的提高和信号处理技术的发展,在地面监测压裂微地震将是一种发展趋势。

20 世纪 70 年代,美国油服公司和研究机构陆续开展了水力压裂地面微地震监测,但限于当时的仪器尤其是检波器性能,能量微弱且频率较高的微震在地表没能被有效监测到。由于地面微地震监测的失败,这些机构转而在微震震源附近监测并记录这些信号,这项技术就是现在水力压裂裂缝监测更为普遍的监测方式——井下监测。到 80 年代中期,井下监测已被石油工程界的专家所认可。然而,井下监测技术发展到今天,其成本巨大及监测条件难以满足等缺点限制了它在油气田,尤其是井网稀疏、处于开发初期的油气田压裂裂缝监测中的应用;而随着检波器性能的提升以及微震数据处理方法的创新,人们的目光再次转向了微地震地面监测。

90 年代,Kiselevitch 等(1991)研究出地面微地震监测方法,并将其称为"地震发射层析成像(Seismic Emission Tomography,SET)"。Kiselevitch 利用发射层析成像技术成功勘探到了冰岛地热田。2004 年,美国 Barnett 页岩气井增产改造储层时首次用地表检波器排列发射层析成像技术监测水平井水力压裂并获得巨大成功(图 3 - 1)。至

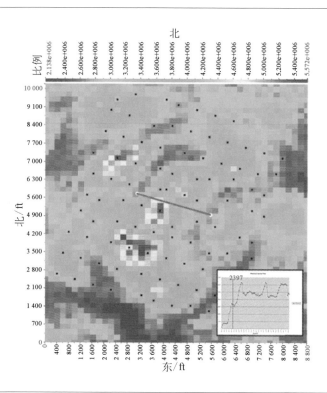

北

图 3-1 Barnett 页岩气
水平井水力压裂地面微
地震监测发射层析成像
（据 Lakings，2006）

东/ft

此，微地震地面监测技术走向实用阶段，并开始为石油工业界专家所认可。

随着微地震技术在油田压裂中的应用越来越广泛，相继出现了一些可以生产成套监测设备和进行压裂施工的单位，其中包括美国的 Mciroseismic 公司、南非的 ISS 公司等，它们在将微地震监测技术与实际应用相结合方面做出了重大的贡献。其中 MicroSeismic 公司采用地表单分量检波器进行地面监测。检波器阵列数量多达上千甚至上万，并且开发了 FracStar 星形检波器排列方式。南非的 ISS 公司用井中加地面三分量检波器监测，通过在地表及近地表浅钻孔中布置高密度监测台阵进行监测，兼顾了成本和信号质量。

回顾井下监测和地面监测的技术发展历程，我们可以清晰地看到微地震监测经历了从地面监测到井下监测再到地面监测这一过程（图 3-2）。当前，油气行业正在越来越多地开展地面监测的研究和试验。

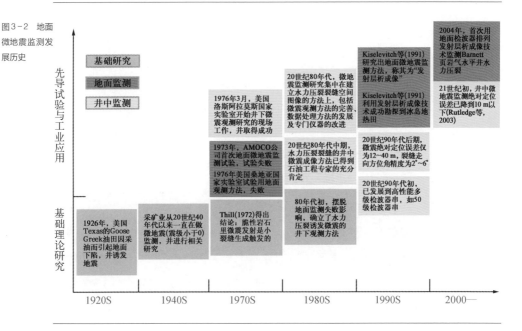

图3-2 地面微地震监测发展历史

3.2 地面监测可行性论证

微地震地面监测的发展史同时也是微地震地面监测的可行性证明史。开展微地震地面监测面临以下三个很重要的问题。

（1）地面噪声水平较高，地面检波器排列可以监测到微震事件的有效信号吗？

（2）地面检波器单道记录的微震信号通常在信噪比以下，有效信号淹没在噪声里，那么，通过特殊的数据处理方法拾取微震信号可行吗？

（3）如果地面微地震监测是可行的，其定位精度或者分辨能力如何？

只有解决以上这些问题，才能打消人们对地面监测可行性的质疑，也就有可能说服油气工业的决策者采用这项技术。

20世纪90年代以来，随着检波器等硬件制造水平的大幅度提高以及计算机处理能力的增强,微地震监测领域的专家重新审视了 70 年代所做的失败的地面监测案例。他们意识到当今的工业制造水平已经能够制造合适的检波器,用于在地面记录水力压裂诱发的微震事件,所以上述第一个问题已经不是问题,从而他们将研究重点转移至裂缝成像数据处理方法、资料解释方法以及相关理论上来。新的数据处理方法的发明不仅证明了微地震地面监测是可行的,同时也在不断提高地面监测定位的精度。

Kiselevitch 等在 1991 年发明了发射层析成像处理方法并应用此技术成功地勘探到冰岛一处地热田。Kuznetsov 等(2006)和 Kochnev 等(2007)发明了与 Semblance 方法相似的大时窗叠加方法来监测几秒内的固定目标深度的增强能量。Chambers 等(2009)利用与油藏深度相同的一系列导爆索爆炸来激发微震,地面检波器排列由 1 000 个垂直检波器组成,排列作星形分布。实验中,预处理后的微地震剖面在不同信噪比情况下微震信号 P 波波至的可见性不同,信噪比降低至 0.15 或以下,微震信号 P 波初至不可见,这意味着无法准确拾取 P 波初至进行反演定位。然而,通过道叠加,他们在信噪比分别为 1.5、0.15、0.1 的情况下获得了清晰的射孔震源位置。同时,他们也发现,噪声水平增大仅影响成像聚焦度,不影响能量聚焦位置。他们所开展的工作证明偏移类处理方法可以被用来处理地面检波器排列记录的微震数据,并能成功地对原始数据里信号太弱以致不可见的微震事件进行定位成像。

3.3   地面监测数据采集

地面监测数据采集主要是指确定检波器测线长度、检波器个数、检波器埋置深度、时间采样率、覆盖面积、仪器记录参数等采集参数,来保证监测效果。监测所用观测系统与压裂破碎时的释放能量相关,与压裂的目的层岩性和压裂时的施压大小有关系。在实践中,各监测公司又有各自的监测施工标准,详细规定了上述主要施工参数,地面监测的详细施工标准参考东方物探公司技术规程。

3.3.1　观测系统设计原则

如何根据实际情况选择合适的观测系统参数,在成本与结果准确性之间达到平衡一直是地面微地震监测需要解决的基本问题。针对地面网格或稀疏台网观测系统,Chen(2006)利用数值模拟分析方法分析了观测系统参数对定位精度(水平和垂直位置精度)的影响。

分别利用 6、10 和 13 个检波器做实验,通过比较定位精度在垂直和水平方向上的误差,得到的结论是随着检波器数量增加,定位精度得到提高。利用同样的方法,通过改变检波器排列覆盖面积、检波器高程、检波器部署方位、检波器位置等观测系统参数进行数值模拟分析的结果表明,最优观测系统需要满足以下几个原则:

(1)检波器排列范围应覆盖目的层压裂可能范围;

(2)垂直于压裂目标段正上方布设较多检波器;

(3)检波器数量增加,定位精度提高——在精度和成本上平衡;

(4)检波器覆盖方位越广,定位精度越高;

(5)检波器高差在 50~150 m,定位精度比同一水平位置较高。

结合数值模拟分析结果,应根据地质条件、信号信噪比情况、施工成本等因素选择合适的观测系统参数以节约施工成本并提高信号采集质量。

3.3.2　检波器排列方式

国内外进行的地面微地震监测实践中,地面检波器排列类型主要有三种:星形排列、网格排列和稀疏台网(图 3-3)。每种排列都发展了与其相配套的数据处理方法,均能成功实现微震事件的精确定位。国外的地面微地震监测多采用前两种排列,其中应用网格排列时,检波器埋在地下一定深度处进行永久/长期监测。这两种排列施工技术要求较高,需要获得合理的分辨率以及合适的覆盖次数,因而成本也较高。我国地面微地震监测主要采用稀疏台网式布局,施工简单,成本较低。南非 ISS 国际公司在矿山微地震监测工程中也采用这种稀疏台网式布局。这三种排列的详细

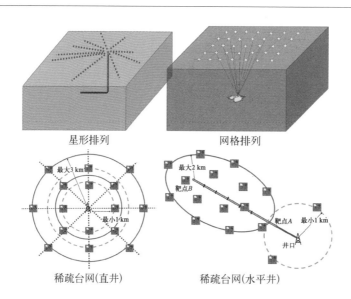

图3-3 地面微地震
监测主要检波器排列
方式

星形排列　　　　网格排列

最大3 km

最小1 km

稀疏台网(直井)

最大2 km

靶点B

靶点A　最小1 km

井口

稀疏台网(水平井)

对比见表3-1。另外值得一提的是,法国 Magnitude 公司发明并由美国 NanoSeis 公司广泛应用的 Patch Acquisition(大面积组合检波器排列)地面微地震监测观测系统。Patch 观测系统使用的也是星形排列类似的检波器,但检波器排列方式结合了上述三种主要排列的特点,将在下面详述。

目前,世界地面微地震监测领域出现了一个令人瞩目的趋势,即由大量检波器组成的星形排列正逐渐被稀疏网格永久排列和稀疏台网排列取代,少量检波器及特殊排列观测系统是地面监测的未来发展方向。

检波器在地表的埋置深度主要有两种配置:地面和近地面浅层。地面埋置检波器在地面挖坑(通常在3 m 以内)埋置。一般星形排列和稀疏台网采用这种方式埋置检波器以节省一次性施工成本。近地面浅层(3 m 至数百米)更常见于网格型永久监测,具体的埋置深度视监测区背景噪声水平和土壤状况而调整。

1. 星形排列

自从 Duncan 和 Lakings 等(2006)做了相关工作后,很多工作人员对水力压裂表面排列监测作了报告。几乎所有的地面排列都部署成星形,换句话说,地震检波器通常是呈线性垂直检波器组,就像轮子中心的钢丝一样分布在要处理井的井口。这种模

表3-1 地面微地震监测三种常见观测系统对比

观测系统	星 形 排 列	网 格 排 列	稀 疏 台 网
检波器要求	垂直或三分量;每条测线上检波器数量多(一般1 000道以上),总数可达6 000~24 000个检波器	三分量;一般50台左右或更多	三分量;一般50台左右或更多
地面布设要求	测线长度一般为压裂目的层深度的2倍,可达2~10 km;检波器覆盖地表面积大	以井口为中心,网格状布设;检波器埋深可达几百米	距井口半径3 km以内
观测优缺点	可观察波初动变化,有助于求解震源机制;可有效采样地面噪声,便于处理中叠加去噪处理;缺点为数据处理成本较高	降低地表噪声的影响,对微震数据足够采样;缺点为记录数据不能提供更多震源机制方面的信息	既有效避开噪声源,也对微震数据足够采样;缺点为记录数据不能提供更多震源机制方面的信息
数据处理方式	偏移叠加类处理	部分叠加;能量扫描	部分叠加;能量扫描
经济性评价	需要20~30人的作业队伍连续施工几天,成本如小型三维地震勘探	钻浅井工作量较大,10人队伍几天完成	4~6人队伍一天完成布设

式提供了地面噪声最佳采样,该噪声是由在井口处的压裂泵产生的,通过模拟允许噪声衰减(也就是说,一个地震检波器组的固有反应由其长度决定)或者数字滤波(即频率-波数)形成。地震检波器的采样频率由主要噪声的明显速度而决定。通常情况下,星形排列的直径是目标深度的2倍,因此可能跨越2~10 km。因此,第一个实际性的考虑是勘探要获得地面排列的许可。每个台阵的位置精度必须达到亚米级。最后,典型的1 000道排列(由6 000~24 000个地震检波器组成)需要20~40名工作人员耗费数天的时间。

星形排列主要针对油气藏开发中后期,井网密度较高,尤其是一个钻井平台具有多分支水平井(丛式钻井)的情况,不需要昂贵的监测井而仅通过一次性部署星形排列,完成对多口水平井的同步压裂的同时监测,这样部署大量检波器排列的成本可以均摊到多口水平井上,从而降低其单井施工成本。

MicroSeismic公司的FracStar地表监测排列使用一个容易部署在地表的、可收回的放射状地震检波器台阵,有效地监测分布在广阔地域中的水平井钻井和丛式钻井。FracStar可收回式台阵一般由在井眼周围呈放射状分布的10~12条线构成,监测面积达到 12～40 km²，可提供整个井场及外围地区的全部微震图像。数以千计的地震检波器分布在这些放射状支线上。由于许可或地理条件的限制，支线的位置不一定呈线性，通常会有一定的偏移。观测站可使用标准缆线技术或无线方式部署，从而尽可能地缩短野外作业时间并减少成本。台阵能够提供矩震级约 -3.0 的微震事件的图像。MicroSeismic 公司凭借专利处理技术，使其对地面噪声如泵作业、地面交通、下雨和强风有高度的应变能力。

在最初的几年，由于星形排列采集的数据量相当于一个小型的三维地震，从而给数据传输及处理带来极大挑战，以致无法进行微地震实时监测，这也是星形排列最为人诟病的地方。但 2014 年，MicroSeismic 公司研发并在现场部署新的数据现场处理单元(Field Processing Unit，FPU)，通过卫星将数据实时传至公司位于休斯敦的分析人员。2014 年，MicroSeismic 公司通过这种实时监测技术为中国石油监测了两口水平井的水力压裂(Kratz，2014)。

另外，值得一提的是，星形排列在水平井监测中可以将测线部署成垂直交叉网格以覆盖水平段，目前国内水力压裂微地震监测中已经应用这种从星形排列变通过来的观测系统。

部署星形排列观测系统之前，需要详细论证成像孔径、接收点密度、采样率等采集参数，具体如下。

(1) 成像孔径即采用 Kirchhoff 偏移叠加处理时聚焦"光圈"的大小，应当能使最低频信号从最深震源到最近采集站和最远采集站行程的差至少达到 1/2 个波长，这样才有可能发生振幅抵消，得到相干相加的效果。长期的地面采集实践积累的经验是使星形排列的臂长约等于储层深度或者穿过井口的整条测线长度为储层深度的 2 倍。这里需要注意的是，这一经验长度是针对地下每个可能发生微震事件的位置，而不是井口，可以先确定可能发生微震事件位置的最大矩形范围，以该矩形的四个顶点为中心画圆，圆的半径为储层的深度，星形排列测线的两端的检波器应覆盖由四个圆的圆周构成的大圆。

(2) 接收点密度即采集站之间的间距，应当能使最高频信号从最浅震源到两个相邻的采集站行程的差(或采集站间距)不大于半个波长，这样定位时才不至于发生假频。实践中，采集站的最大间距一般小于 30 m。

（3）时间采样间隔应满足下式：

$$dt = \frac{1}{2f_{max}} = \frac{1}{2 \times 100} = 0.005 \text{ s}$$

式中，dt 为时间采样间隔，s；f_{max} 为需要保护的信号最高频率，Hz。

上式表明，采样率不大于 5 ms 即可，实践中一般设置为 2 ms 采样。

2. 网格排列

在地面压裂井周围网格状布置一组检波器，对压裂过程中裂缝张开形成的微地震事件进行接收，通过对信号的处理进行微地震震源定位，由微地震震源的空间分布描写人工裂缝的轮廓，描述裂缝的长度、方位、产状及参考性高度。

该方法存在水力压裂诱发微地震信号能量太弱，地面检波器接收的信号中看不到微破裂有效信号的初至，以及地面监测不能实时传输、处理和解释数据和现场不能及时提供监测结果等缺点。

网格排列多应用于油气田永久监测中，实际应用中，检波器通常埋置于 10 m、100 m 甚至几百米深的浅井中，是一种浅地表（shallow-surface）或近地表（near-surface）监测。其针对油气藏开采开发初期井网密度低、地表高差大、近地表衰减严重（山地、黄土塬等）而地面星形排列无法满足数据采集要求的地质特征，对单个或多个油井排油区进行长期开采监测成像，可实现多区、多井同时监测。该永久台阵可做重复压裂监测，由于其监测范围广，具有规模经济性，所以是一种全天候监测、多井监测或油气田全寿命周期监测的理想选择。因为同一台阵可监测多口井，所以相较于其他任何一种微地震数据获取技术来说可大大降低成本。

迄今为止，MicroSeismic 公司已经部署了超过 50 个 BurriedArray 系统，监测了两个大洲的 230 口井的 15 000 多个压裂段。MicroSeismic 公司的 BurriedArray 网格排列根据确定的噪声特性，在不同的深度安装单分量和三分量检波器多级组合。台阵密度根据微震的可探测性变化，从每平方英里①2 个至 8 个不等。浅埋的检波器通常可将表面噪声降低 20 分贝以上，容许更大的台阵间距，从而降低成本。BurriedArray 监测面积可以超过 1 300 km²，使用与其网格排列相适应的 PSET（Passive Seismic Emission

①　1 平方英里（mi²）= 2.590 平方千米（km²）。

Tomography)技术反映井处理过程中裂缝延伸结果,同时也可以确定震源机制。BurriedArray 可由电池、太阳能和风能供电,能够 24 h 运行且可以随时开启或关闭。该系统可以深度定制,并且覆盖高达 500 mi² 的区域。目前,世界上最大的正在运行的长期监测近地表阵列由美国 MicroSeismic 公司于 2016 年 1 月建成。该 BurriedArray 用来监测 Louisiana 州 Haynesville 页岩地层的完井作业,包括 99 个台阵,覆盖 15 mi²。自 2010 年部署以来,该 BurriedArray 仍在运行,并且已经为 3 个不同的油气勘探开发公司进行了水力压裂作业监测,迄今已经监测了 10 口井的共 129 个压裂段。目前,该系统的所有者及运营者为 Sabine Oil & Gas 公司,主要用来监测众多油气井的重复压裂活动。

美国 Spectraseis 公司提供的地面微地震监测服务采用标准的网格排列。在加拿大 British Columbia 东北部 Montney 页岩区带的 2 口相邻水平井拉链式(zipper frac)交替水力压裂中,部署了一个由 200 个宽频三分量检波器组成的标准网格排列。检波器灵敏度为 1 500 V/(m/s),带宽 0.025 ~ 100 Hz,检波器间距 250 m。经过 5 ~ 90 Hz 的带通滤波,在与水平井轨迹垂直的一条测线上,可观察到明显的 P 波和 S 波初至(Birkelo 等,2012)。

国内水力压裂地面微地震监测实践中也有标准网格排列的成功案例。图 3 - 4 是国内网格排列的应用实例。中石化华北石油局在实施 DP43 六井式水平井组水力压裂地面微地震监测时,50 个三分量数字检波器以六井组井口为中心组成网格排列,分布在北偏西方位的 5 条测线上,线间距 500 m,测线上检波器间距 400 m,形成 3 600 m(Inline)×2 000 m(Xline)覆盖面积为 7.2 km² 的观测系统。Inline 线长 3.6 km,为压裂目的层盒 1 气层垂深(2 534 m)的近 1.5 倍,可以满足对各压裂段的全方位观测要求。各检波器埋置于深度为 4 m 的钻孔中,避免风吹草动、交通、井台以及雨滴带来的噪声。

地面埋置检波器为三分量数字检波器,带宽 0 ~ 800 Hz,垂直分量和水平分量灵敏度分别为(400 ± 7.5%)mV/(cm/s)和(400 ± 10%)mV/(cm/s)。埋置检波器时,所有检波器统一定向,x 水平分量朝向地理正东方向。采用 1 ms 采样率实时记录压裂时产生的微地震信号,并由电缆实时传输至中央处理单元进行实时处理。检波器在压裂开始前 30 min 开始记录背景噪声,其分析结果用于确定数据处理方案。微地震事件将引

图3-4 地面检波器排列(黄色大头针代表地面检波器位置;不同颜色的实线代表不同水平井轨迹在地面的投影,其中相同颜色的两井将实施同步压裂)

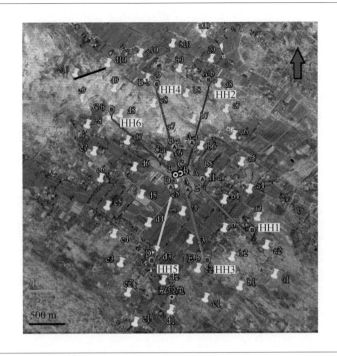

起所有检波器记录的地震道振幅突然增大或出现尖脉冲,而随机噪声仅会影响其中一个或多个检波器(图3-4)。

3. 稀疏台网(环状)

除星形排列和网格排列以外,国内地面微地震监测服务公司还部署有稀疏台网(环状)排列,站点个数一般不超过100个。这种排列主要针对油气藏开发初期,井网密度极低、深井监测难以实施的情况,为上述网格排列变种。其优点是成本极低、观测系统布设灵活、多方位观测方式提高空间预测精度等。

如图3-5所示,直井监测中,环绕井口在地面沿环状布设多个检波器,外圈半径最大2 km,内圈半径至少1 km;水平井监测中,以压裂段中心点在地表的投影为中心,沿环状布设多个检波器,外圈半径最大2 km,内圈半径至少1 km,由于噪声水平较高,距离井口较近的检波器(小于1 km)被视为无效的检波器,其数据不能用来参与震源定位,但可用于噪声分析。

在国内页岩气开发微地震监测实践中,中石化物探中原分公司依据贵州省黔东南

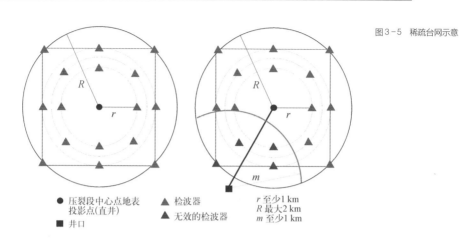

图3-5 稀疏台网示意

州岑巩页岩气采区天星1井压裂工作的需要,于2014年6月对天星1井进行了水力压裂地面微地震监测,观测系统采用稀疏台网布局,共布设了46个检波器(图3-6)。压裂过程中,共记录40个可见微震事件;经过带通滤波等去噪处理后,更多弱事件可用

图3-6
天星1井水力压裂地面微震稀疏台网观测系统(黄色大头针代表检波器,绿色井字代表天星1井井口位置)

于初至拾取并进行走时反演。图3-7为44个三分量检波器记录的其中一个水力压裂诱发微震事件的波形。该事件P波和S波初至清晰可见,P波和S波振幅均较强,S波频率低于P波。

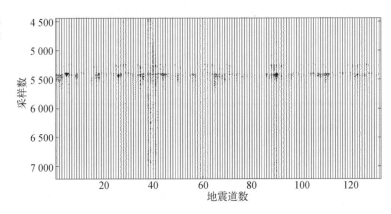

图3-7 地面监测记录的天星1井水力压裂诱发微震事件波形

4. 大面积组合排列

在微地震地表监测领域,Magnitude 公司发明的大面积组合采集(Patch Acquisition)方法独树一帜,不同于 MicroSeismic 的星形阵列、FracStar 和 Spectraseis 公司的稀疏网格阵列。Patch 观测系统结合了上述三种主要排列的特点:检波器使用的也是星形排列类似的检波器;多个检波器在一个较小范围内排列成规则的网格,形成一个检波器组合 Patch;多个检波器组合 Patch 的分布又类似于稀疏台网那种传统的不规则地震台网(图3-8)。目前,美国 NanoSeis 公司主推该采集技术,并利用其窄波束扫描(Narrow Beam Scanning)技术处理 Patch 观测系统采集的微地震数据。

Patch Acquisition 参数如下:

(1) 600 个检波器(24×25);

(2) 相邻 Patch 间距 150 m×150 m;

(3) 48 道;

(4) 每道记录 12 个检波器组成的 U 形排列;

(5) 检波器间距 6 m。

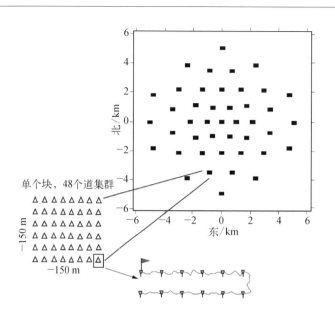

图 3－8　大面积组合 Patch Acquisition 检波器排列方式（据 Roux，2014 修改）

3.3.3　地面接收信号特征

对地面微震资料和噪声特点的深入了解是微震资料去噪的基础，只有充分了解微震有效信号与噪声在不同时空域的差别，才能根据差异设计出适合微震资料的去噪方法，从而达到有效削弱噪声的目的。

地面微震资料总体特征是噪声种类多样且能量强、资料信噪比低，这导致绝大多数有效信号淹没于噪声之中，这给资料的处理带来了较大困难，为了能较好地完成微震资料处理任务，下面首先对微震资料的特点进行分析。

1. 波形特征

地面检波器接收到的微震波形包括直达波、反射波、绕射波等。但在实际资料处理解释中主要利用的是微震资料的直达波，即从地下震源点出发，经过地层传播直接被地面检波器接收到的地震波。图 3－9 为大庆油田宋深 103H 井水力压裂过程中采

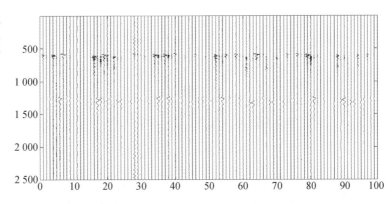

图3-9 地面监测记录的宋深 103H 井水力压裂诱发微震事件波形

用地面稀疏台网排列观测系统(共 40 个检波器,其中 33 个检波器记录到该事件)记录的一个水力压裂诱发微震事件的波形。该事件 P 波和 S 波初至清晰可见,P 波和 S 波振幅均较强,S 波频率低于 P 波。

2. 频率特征

对于水力压裂诱发微震信号的频谱,目前还没有统一的定论。随检波器性能的不断提高,压裂过程中记录的可记录微震信号频谱范围也在不断地变化。Nelson 等(2001)根据实验室不连续裂缝扩展实验指出,裂缝发生微震的频谱范围可达到 30 ～ 30 000 kHz,这是目前为止给出最宽的频谱范围。但总的来说,微震频谱低频以 100 Hz 为界,高频在 1 000 Hz 以上是大家所公认的。

对于地面接收的微震信号而言,传播过程中由于地层的吸收作用,高频成分受到很大程度的衰减,导致观测到的微震信号主频明显降低。国内外学者对星形排列的地面微地震资料进行频谱分析的结果表明,微震背景噪声频谱有效频带范围大概在 10 ～ 50 Hz;微震射孔资料频谱有效频带范围大概在 10 ～ 60 Hz;而微震有效信号频谱有效频带范围大概在 20 ～ 100 Hz。尽管微震有效信号频谱偏高,但微震有效信号与噪声的频带在很大范围内是重叠的,这也决定了单独采用频域滤波实现微震资料的信噪分离是不切实际的。

3. 地面噪声特征

不同于井下微地震资料,地面微地震资料噪声干扰较复杂,既包括地震勘探常见的工业干扰、绕射干扰、声波干扰,又包括自身独特的噪声干扰,如机械振动干扰、钻井干扰等。数据处理难点为将包含微地震信号信息的波场分量与地面产生的噪声尤其是人工噪声相互分离(Hanssen 和 Bussat,2008)。地面噪声源包括汽车、钻井作业、压裂、管道、气体压缩机、油气井生产装备、风等(Birkelo 等,2011)。这些噪声按照频率带宽可大致分为两类:宽频瞬变噪声,由交通、动物、爆炸或物体坠落产生;窄频稳定噪声源,由机器、流水或建筑、桥梁结构化共振产生(Nagaraf,2009)。

图 3 - 10 为典型的单一检波器三分量记录道频谱分析结果。地面检波器记录的微地震数据频宽为 1 ~ 75 Hz,并且具有频率越高、振幅越小的特征。

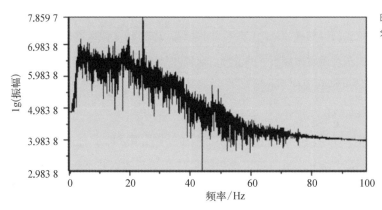

图 3 - 10 单一检波器三分量记录道振幅谱

1)工业干扰

工业干扰是微震记录中最常见的干扰之一。工业干扰通常会影响几十道甚至上百个地震道。对工业干扰的分析可知,通常在输电线下方几道的记录受交流电干扰较强,并且受干扰的地震道自始至终都存在工业干扰信号。这种噪声能量较强、频率稳定[通常在(50±3)Hz],具有较强的周期性。

2)脉冲噪声

微震记录中的脉冲噪声是由野外施工中机械振动或人为振动产生的干扰。脉冲噪声的特点是能量强、分布没有特定规律。脉冲噪声的存在可对后期叠加定位产生较大影响,它对有效信号有较强的压制作用,将产生虚假振幅,造成同相轴扭曲,影响定位精度。

人步行或物体坠落是典型的窄频稳定噪声源,图3-11中红色虚线矩形框内为人步行经过检波器时引起的振动。可以看出,人步行引起的噪声几乎为固频信号,形成单一频率的尖脉冲。

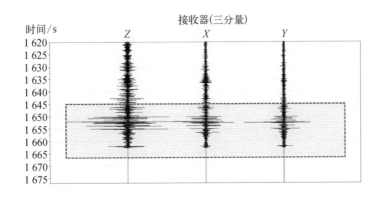

图3-11 人步行噪声波形

3) 设备干扰

在压裂设备中压裂设备是连续运转的,因此微震资料受到设备噪声的影响是不可避免的。设备噪声能量较强,在单道记录中具有较强的周期性,多道记录之间存在一定的相关性,总体呈现双曲线分布规律。在实际的微震资料中,设备干扰分布较广,由于其能量较强、持续时间较长,在很大程度上降低了微震资料的信噪比。因此,采用有效手段削弱微震资料的设备噪声,对提高微震资料信噪比和微震事件的定位精度具有重要的意义。

由于压裂施工现场施工车辆、泵、发电机以及施工人员走动是很大的噪声源,因此在井场周围较近距离内的检波器将被上述人工噪声严重污染,采集的信号不适合用于反演定位。本研究在采用星形检波器排列记录导爆索爆炸信号以用于校正速度模型时记录了井场噪声。图3-12为星形排列一条测线记录的信号,测线长5 km,道间距25 m,共200个单分量检波器。最中间的地震道对应的检波器位于井场中心,井场的噪声以典型的面波(红色虚线椭圆内强振幅形成的同相轴)方式传播,向两侧逐渐衰减,在距离井场1 km左右的距离消失。因此,检波器应布置在距离井场1 km以外的区域,既保证可以接收到有效信号,又能有效避免井场噪声污染有效信号。

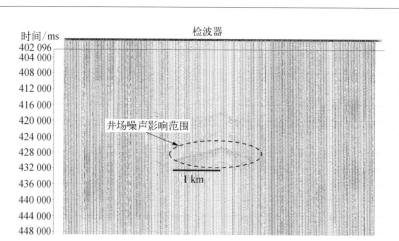

图3-12　星形排列一条测线记录的信号（红色虚线椭圆内为井场的噪声，其以典型的面波方式传播，向两侧逐渐衰减，在距离井场1 km左右的距离消失）

4）强线性干扰

倾斜的强线性干扰在微震资料中也比较常见，但分布并不广泛，只在少数地震道中存在，产生原因可能与现场施工环境有关。强线性干扰的特点是能量较强、持续时间较长，视速度有一定的规律性。

5）其他干扰

地面微震资料除含有上述典型噪声外，也含有声波干扰、多次波干扰、风吹草动以及随机汽车经过造成的微震干扰等。这些干扰共同作用极大地降低了微震资料的信噪比。微震资料去噪的任务就是在尽量保证有效信号不受损害的基础上，根据各种噪声的特点，采用合理的去噪手段削弱各种噪声干扰，以提高微震资料信噪比。

汽车噪声为典型的宽频瞬变噪声，图3-13为汽车经过检波器附近时地面检波器记录的三分量数据。从图3-13可以看出，汽车引起的地面震动主要以面波形式传至检波器，使两个水平分量x和y记录道上具有几乎相同的波形特征；垂直分量z记录道记录的地震信号振幅比水平分量大，这是因为汽车引起的地面垂向振动比水平向振动更为强烈。另外，汽车由远及近再驶至远处，振动也经历由弱到强再到弱的过程，地震波振幅也具有由小到大再到小的特征。这种形似"纺锤体"的汽车噪声振幅和频率具有类似多普勒效应的特征，这在原始记录中很容易识别出来。

图3-13 汽车噪声
波形

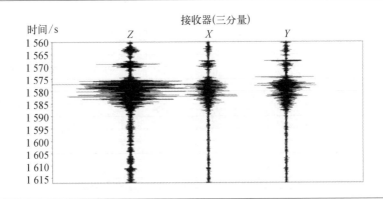

3.4　地面监测数据处理

地面微地震监测数据处理流程与常规二维或三维地震数据的处理流程类似。野外压裂现场采集的微地震数据经过预处理、静校正、动校正、噪声压制等流程处理之后,可用来进行微地震事件定位。定位的主要步骤包括弱信号提取、极性处理和震源扫描叠加定位等关键环节,这些环节对质量控制的要求极高(图3-14)。地面微地震监测数据处理流程中,速度模型的建立和校正是整个微地震成像过程中最重要的部分。接下来详细介绍上述处理流程中的关键步骤。

3.4.1　预处理

微震资料预处理是微震资料处理前的准备工作,是微震资料处理中非常重要的基础性工作。地面微震资料与传统地震资料的差异性决定了地面微震资料的预处理除了采用常规预处理步骤外,还要进行其他一些辅助处理才能使微震资料符合后期分析处理的需要。微震资料的预处理主要包括解编、数据剪辑、去直流分量、振幅处理、单

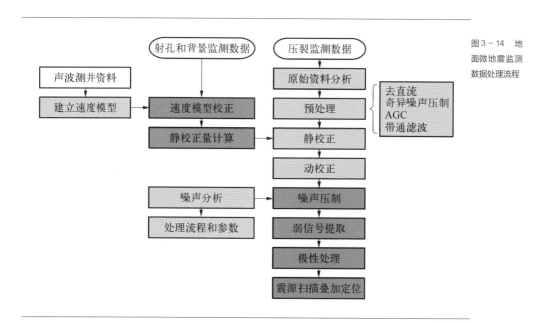

图3-14 地
面微地震监测
数据处理流程

道归一化、增益等。

1. 去直流分量

微震资料去直流分量即去均值处理,是在单道微震记录上进行。该方法首先求出单道微震记录的平均值,然后用单道微震记录的每个记录值减去单道记录的平均值,最后用得到的差值代替原始记录值,从而完成去直流分量处理。其目的在于实现道内振幅的均衡处理。

2. 振幅处理

这里的振幅处理主要是指道间的振幅处理,即在去直流分量的微震资料基础上进行的,其目的在于进一步去除微震资料中的异常值,并对多道记录的振幅进行均衡处理。首先求出微震剖面中所有记录点的绝对值之和,随后求出微震剖面所有记录点绝对值的平均值,最后通过一定的判断准则,将记录点绝对值大于一定阈值的点充零。

3. 单道归一化

微震资料的单道归一化是将单道微震记录中每个点的记录值除以该道所有记录点数值绝对值的最大值。其目的在于保持单道微震记录各点数值相对大小不变的情况下,将微震剖面所有记录值归于 0~1,从而使微震信号可以正常显示、信号与噪声特点得到更好的体现。

3.4.2　静校正

由于地面微地震监测检波器布设在地表,微地震有效事件的初至会受到地表起伏和低降速带厚度变化的影响。这些影响不利于微地震资料提高信噪比的处理效果(王彦春等,1998;王克斌、王顺根,2001),还会影响最终微地震有效事件定位结果的精度。目前,在国内外相关研究中,地面微地震资料的静校正量要靠射孔事件的信息来求取。射孔事件是射孔弹在已知位置进行强能量激发产生,并由地面微地震资料采集系统接收到的地震信号。射孔事件能量要比大部分微地震事件的能量强,在记录资料中易于识别,所以其初至走时大多可以拾取,这与井下微地震监测方法相同。不同的是,由于井下微地震资料的信噪比较高,几乎在每一个记录道上都能准确地拾取到射孔事件的相应走时,而地面微地震资料的信噪比很低,微地震信号能量弱,并不是每个记录道上都能拾取到准确的初至走时。

针对地面微地震监测缺乏近地表速度资料和由于信噪比较低使得各条测线上初至走时拾取不全的问题,姜宇东等(2013)研究了利用射孔资料、声波测井资料及微地震事件监测资料进行地面微地震资料静校正的方法。讨论了初至拾取方法,对于不连续道的初至拾取,提出了用引导道方法拾取射孔事件和射孔点附近强微地震事件在各条测线的初至;通过声波测井资料建立基准面以下地层的初始速度模型,计算射孔事件的理论走时,进而求取初始静校正量;针对浅部和深部地层速度变化对初至影响程度的不同,设计了浅部二维速度模型和深部一维速度模型,根据射孔事件的实际初至运用反演方法校正初始速度模型,再用反演校正后的速度模型来正演射孔事件理论走时,求取总静校正量。由速度模型正演得到的理论走时和事件实际走时的残差作为剩余静校正量,高程静校正量与剩余静校正量之和即为总静校正量。

3.4.3 滤波去噪

由于地面微地震资料信噪比远远低于井下监测微地震资料,因此,分析各种噪声影响因素、噪声源并对其进行滤波处理,是地面微地震监测数据采集和处理流程中十分关键的步骤。

地面微地震监测最常见的噪声源有以下几种。

(1)压裂车:压裂车启动时,产生一定的干扰波,且频率与微地震频率相近,因此这个过程产生的噪声信号通常为固定的低频率信号。压裂过程采用陷波滤波器的方法去除这一干扰。

(2)风:风相对压裂微震信号而言,高频的成分多,所以我们采用低通滤波器,滤除这一频率成分。

(3)人:人走动信号与压裂微震信号差别不大,由于采用分布式观测,人走动信号只能出现在某一道上,其他道不可能出现,这属于非正常信号,程序不能求出有效震源位置,所以被自动忽略。采用低通滤波对位置信号进行滤波处理,滤除最大能量所对应频率点三倍以上的频率成分(姜宇东等,2013;王健,2012)。

野外采集的三分量微地震资料,通常能量弱、信噪比低、频率高、震源未知、波场复杂。常规的极化滤波方法通常选择一个固定方向作为极化滤波因子的期望方向,致使在处理复杂的微地震波场时该方法不能很好地分离出明显偏离期望方向的有效波场。朱卫星等(2010)改进极化滤波算法,将极化滤波因子的期望方向选为波的跟踪分量的方向,对微地震信号进行跟踪分量滤波,最大限度地逼近波的真实偏振方向,处理后的结果最大程度地减小了信号的畸变,可以满足微地震信号处理的要求。

F. A. Famoush 等(2012)提出一种 $\tau-p$ 域的去噪方法来抑制地面微震资料中的倾斜干扰。该方法利用的是微震有效信号与线性干扰在 $\tau-p$ 域分布特征的差异进行滤波。通常情况下,倾斜干扰映射到 $\tau-p$ 域变为以点形式分布的信号,而微震有效信号映射到 $\tau-p$ 域变为以抛物线规律分布的信号。这样,在 $\tau-p$ 域根据信噪分布规律设计合理的滤波器来去除点信号,再通过 $\tau-p$ 反变化将信号变到 $F-X$ 域就得到了去噪后的微震资料。然而,地面微震资料噪声往往较为复杂,一些噪声通过映射后同样呈抛物线规律分布,这给噪声的去除带来一定困难。因此,如何有效区分分布规律相近的有效信号与噪声是 $\tau - p$ 域去噪取得较好效果的关键。

姜宇东等（2013）提出基于曲波变换的地面微震资料去噪方法。曲波变换是在小波变换基础上发展起来的一种多尺度变换。该方法利用了曲波变换方向性滤波效果较好的优点进行去噪。该方法首先通过曲波变换得到微震资料在不同尺度和不同方向的曲波系数，然后通过计算曲波系数统计量确定自适应阈值，采用软硬阈值折中的方法对地面微震资料进行处理，从而完成微震资料的去噪。在该方法中选择合适的阈值和阈值函数对去噪效果有较大影响。因此，如何根据微震资料的具体情况自适应地选择阈值是下一步需要考虑的问题。

上述方法都是针对微震资料某一方面特征提出的，具有一定的局限性。实际生产中的地面微震资料噪声复杂，资料信噪比较低，若直接采用上述方法对资料进行处理，往往得不到理想的去噪效果。鉴于此，胡永泉（2013）在前人取得的成果基础上，深入研究了一系列适合于地面微震资料的去噪方法，并力求方法的高效性与适用性。他提出并实现了基于单道 SVD 的微震资料去噪方法。该方法克服了传统 SVD 去噪方法仅对水平地层具有较好去噪效果的缺陷，其去噪思路也有别于通过拉平弯曲同相轴进行去噪的常规 SVD 改进方法。该方法针对单道微地震资料噪声周期性较强的特点，通过对由单道微震记录组成的分解矩阵进行奇异值分解，选取适当奇异值进行矩阵重构，从而来达到去除周期噪声的目的。该方法在压制噪声的同时还保证了有效信号具有较强保真性，有效地提高了微震资料的信噪比。同时，胡永泉改进时变斜度/峰度法采用长短两时窗内信号的时变斜度/峰度差作为滤波因子，进一步消除噪声非对称性或非高斯性对去噪效果的影响，以达到突出有效信号、提高微震资料信噪比的目的。改进时变斜度/峰度法是一种适合于地面微震资料的有效去噪方法。另外，其改进的能量比法采用两个末端相同的时窗（一个固定时窗，一个长度可变时窗）依次滑过单道微震记录，用两时窗的能量比值作为滤波因子对微震记录进行去噪，从而达到突出有效信号、压制噪声的目的。

3.4.4　　　　有效信号提取

不同于常规地震资料，地面监测微地震资料信号能量较弱，完全淹没于噪声之中。

第 3 篇

若直接将常规地震资料处理方法应用于地面监测微地震资料,往往无法获取能量较弱的微地震信号,这将直接影响微地震事件的识别与震源定位的效果。因此,寻找合适的方法识别微地震资料中较弱的有效信号是地面监测微地震资料处理与解释的关键。

地面微地震记录有效信号在时间采样方向具有局部脉冲的特点。根据频带宽度的不同所呈现的地震波形可以是单相位波形也可以是多相位波形(Liu 等,2011;Reface 等,2008;Strobbia 等,2009),并且地震波振幅在其初跳响应达到最大值之后迅速衰减;在空间方向随离开震源方向,其振幅逐渐衰减。地面微地震实际记录的信号是有效信号和各种噪声的叠加结果,信号分离的难易程度由信噪比决定,大部分地面微地震信号的信噪比较低,特别是当有效信号较弱时,被完全淹没在噪声中。目前,讨论研究的弱信号监测问题(Mancini 等,2010;Mougenot 等,2011;Kendall 等,2005)大都是针对具有周期或准周期重复性的有效信号的监测进行的,而对于微地震信号,在时间方向类似随机脉冲的弱信号的监测问题就变得更加困难。

有效信号提取和噪声压制都是根据有效信号和噪声的差异特征(Franco 和Musaccio,2001;梁军利、杨树元,2007;何大海等,2008)设计不同方法进行处理的。例如,随机噪声压制是根据其自身的白谱特点通过谱的差异设计相应的方法进行去噪处理,去除局部强干扰是根据能量突变的特点设计相应方法进行处理,去除相关噪声尤其是水平相关噪声是根据视速度特点,等等。地面微地震资料有效信号提取的难点是如何去除各种类型的相关噪声,如机器噪声、人工干扰、浅层各种散射波等(辛春雨等,2009)。国内外多位学者(Harris 等,1991,Candy 和 Followill,1989;Vincent 等,2006)利用多固定源建模方法剔除这些相关噪声,取得了一定的成果,但应用效果却不理想。实践证明,这些多个固定源产生的噪声大都具有局部随机变化的特点,因此很难建立某种固定的噪声模型,当多个固定源产生的相关噪声相互干涉叠加后,便产生了一种更加复杂的类似随机噪声的相关噪声。另外,地面微地震信号由于传播距离远,到达地面后有效信号十分微弱。针对这些特点,宋维琪等(2013)结合微地震信号高阶累积量统计特征分析,考虑到有效信号和噪声在时空方向的不同分布特征,研究了时间和空间两个方向地面微地震信号的四阶累积量估计方法;考虑到贝叶斯估计方法对于弱信号估计的优势,研究了基于贝叶斯框架的四阶累积量的自适应算法,将信号四阶累积量的联合概率密度函数作为原信号的概率密度函数进行最大后验概率估计,建立了地面微地震资料四阶累积量贝叶斯估计方法;提取弱信号的同时不可避免会提取到弱的无用相关信号,使得弱有效信号不易识别,根据区域相关噪声在时间方向具有区域均匀分布而有效信号具有局部分布的特点,提出进一步采用自适应减法剔除贝叶斯估计结果中的这种区域性相关噪声。通过系列方法的分析研究,形成了地面微地震有效信号的有效提取方法。利用该方法对实际资料进行处理,取得了较好的效果。

高阶统计量也是识别微地震资料中较弱的有效信号的有效方法之一。高阶统计量是近二十年发展起来的一种新的信号分析和处理技术,是描述随机过程高阶(二阶以上)统计特性的一种数学工具,包括高阶矩、高阶累积量和高阶谱。它从二阶统计量(功率谱、自相关等)存在的问题出发,能够提供比二阶统计量更为丰富的信息。相对于二阶统计量而言,高阶统计量有以下三方面的优点:① 对高斯有色噪声恒为零;② 含有系统的相位信息;③ 可用于检测和描述系统的非线性特征。这些优点使得高阶统计量已成为信号处理强有力的工具,在很多领域得到了广泛应用。然而,由于高阶统计量计算量较大,再加之地震数据的海量性,高阶统计量在地球物理勘探领域中的应用逐渐受到限制。鉴于此,许多专家学者都在研究高阶统计量的降维处理,通过求取高阶统计量的特殊切片或特殊点来反映地震信号的特征,从而提高计算效率。冯智慧等(2001)提出基于互四阶累积量一维切片的地震信号初至自动拾取方法;赵清明等(2004)提出基于四阶累积量一维切片的谱线增强方法;王书明(2006)应用时域时变斜度峰度法识别噪声背景下的微弱信号。胡永泉(2012)在分析微地震资料特点和前人研究成果的基础上,提出了一种改进的时变斜度峰度方法,该方法利用长、短时窗内记录的非对称性和非高斯性差异,通过削弱时窗内噪声非对称性和非高斯性影响,达到突出有效信号的目的。理论模型和实际资料的处理分析结果表明,相对于传统的时变斜度峰度法,改进的时变斜度峰度法能更好地压制噪声干扰,突出有效微地震信号,最终提高微地震资料的信噪比。

3.4.5　震相识别

在微地震监测过程中,微地震信号是与大地噪声同时进入检波器的。在噪声背景中检测出信号是微地震监测过程中的一个重要部分。如果能够将微地震事件在地震信号中自动准确地检测出来,就可以大大提高后续的数据处理工作的效率。因此,快速、高效的微地震识别技术在微地震实时监测过程中就变得非常有必要。在地震数据分析中,震相识别是进行震源定位、震源破裂过程等研究的基础。以下具体介绍目前常用的震相自动识别方法,包括时域分析法、频域分析法、模式识别法。

1. 时域分析法

1965 年,Vanderkulk 等首次提出 STA/LTA 方法,它是最早出现并且到现在仍然十分流行的,通过时间域上的瞬时能量比来进行震相识别的一种方法。这种方法的原理是通过对地震记录上的一个测试点计算长时窗(LTA)和短时窗(STA)的能量比值来反映地震信号的能量变化,如图 3 – 15 所示。

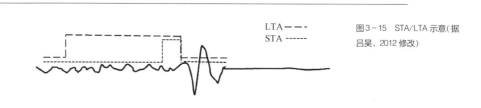

LTA —－－
STA ------

图 3 – 15　STA/LTA 示意(据吕昊,2012 修改)

根据不同的计算方式,STA 和 LTA 的计算方式可以分为标准 STA/LTA 和递归 STA/LTA。STA/LTA 方法是目前微地震事件判定中非常常用的一种方法,虽然该方法具有实现简单、有效事件识别速度较快、适合地震数据的实时处理的特点,但该方法的缺点是误检较多。当信号信噪比较低的时候识别效果较差。

2. 频域分析法

1) Fourier 变换方法

在地震数据记录中,有效地震事件与其他背景噪声的频谱各不相同,因此,频域分析的基本思想就是在地震数据的记录中识别标志地震事件的特殊频谱部分。当在地震数据中检测到地震事件对应的频谱分布,那么这个标志着地震能量频谱的起始位置就可以看作是这次地震事件的到时。频谱分析包括多种方法,其中最主要的有 Fourier 变换、Walsh 变换和最大熵谱等。

1977 年,Shensa 首次将快速 Fourier 变换应用于震相检测中。他在快速 Fourier 变换的基础上提出了最大偏移检测法、均偏移检测法和平均功率检测法三种利用能量谱密度方法对地震震相进行检测,但这几种方法的计算复杂度较高,在实际应用中计算速度较慢。1981 年,Goforth 和 Herrin 提出了基于 Walsh 变换的震相识别方法,大大提高了计算速度。

2) 小波变换主成分分析法

Fourier 谱分析方法是建立在稳态信号处理基础上的,仅仅能够给出信号的频率信息,由于地震信号的非稳态特点,所以它在分析地震信号频谱时存在很大的缺陷。1982 年,Morlet 等首次将小波变换引入地球物理研究领域。随着近年来小波变换的不断发展,它已成为一种非常有效的处理时变信号的方法。由于小波变换在时域、频域都具有非常好的局部化特性,现已广泛应用于图像处理、信号分析等研究方面。

目前,通过小波变换方法来进行震相识别也取得了很好的识别效果。Anant 等(1997 年)提出了小波变换主成分分析法,刘希强等对该算法进行了进一步的研究。该算法的基本思想是地震信号经过小波变换的多尺度分解后,其信号的主要特征会分别存在于多个尺度内,所以经过多尺度分解后,P 波的线偏振性也会出现在这些相应的尺度内。经过小波变换之后,地震数据的信号信息如偏振等,就包含在小波变换系数中。由于不同尺度的小波变换系数在地震信号中的特征各不相同,因此,对这些小波变换系数进行主成分分析后,就可以了解不同尺度的小波变换系数在地震信号中的不同特征,从而可以得到不同尺度下地震波中纵波与横波的识别因子。利用这些识别因子就可以对纵波与横波的初至进行定位,进而得到纵波与横波具体的初至时间。

3) 小波包变换的时频分析法

小波变换方法具有自适应性强的优点,它可以根据分析对象对相关参数进行自动调整,从而能够对震相进行准确识别。但随着尺度逐渐增大,小波变换相应的正交基函数的频谱局部性变差,因此使用小波变换对信号进行精细分辨就会受到一定的限制。刘希强等进行了一系列研究工作,并提出了基于小波包变换的弱震相识别方法。小波包变换是对小波变换的发展和完善,它拥有比小波变换更好的定位特性。小波包变换可以反映能量在不同尺度下的变化情况,当有一个新的震相到达的时候,地震信号就会发生突变或渐变,从而导致信号的频率出现高值异常的变化。所以,从时频灰度分布图上就可以确定信号时频分布的异常变化特征,从而能够确定震相到时。

频率域震相识别具有较高的识别精度,并且对信噪比较低的信号也能够进行有效识别,但是频率域分析方法的计算复杂度较高,而且在计算时对数据记录的长度也有一定的要求。因此,在微地震实时监测系统中,频率域分析方法的应用并不多。

3. 模式识别法

模式识别是人工智能和机器学习中非常重要的一个研究领域,其基本思想是将数据的特征属性作为输入参数,经过分析处理后对数据分类结果进行预测。目前它主要包括两种方式:监督分类和无监督分类。模式识别的基本流程如下。

(1) 从训练数据中提取特征值;

(2) 选择合适的特征值作为输入参数;

(3) 通过学习机对输入参数进行训练学习,进而生成分类器;

(4) 将等待分类的数据特征值输入学习机进行分类识别工作。

1992 年,刘启元等提出频率域地震事件实时监测的模式识别算法。该算法在1993 年曾用于 GDS - 1000 数字地震仪的自动触发系统。地震信号的模式识别可以粗略地定义为从采集的地震信号中提出具有代表意义的特征属性,然后根据这些特征属性判断信号的分类。1997 年,Xu 等提出了一个基于人工神经网络的地震事件检测算法。研究结果表明,基于人工神经网络的地震监测方法优于仅基于 STA/LTA 的传统算法。

3.4.6　　　振幅叠加

振幅叠加的基本原理是:当两道信号具有相同的到时(相位)时,如果将它们叠加,则信号得到加强;在相位不同时进行叠加,则信号减弱。多道信号的叠加也是如此。图 3 - 16 为振幅叠加示意图。

在微地震观测实验中,数据采集台网能够将微地震信号记录在一段时窗内,微地震事件震源位置与发震时间是未知的。将有可能发生微地震事件的目标区域按精度要求划分成小的体元。在这里认为每一个体元都是一个潜在可能的微震震源位置。

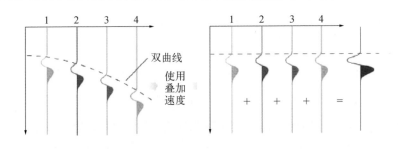

图3-16 振幅叠加示意

根据逆时偏移原理,将微地震发生的位置看作一个绕射点,那么所有数据道所采集到的数据信号通过在时间方向上的逆向传播,必然会在震源位置处发生聚集。

因此可以通过遍历目标区域内的每个体元,通过振幅叠加法判断该体元是否是一个真正微震事件发生的位置。微震信号到达各个检波器的时间随着传播距离的不同而不同。借用逆时偏移法原理,如果将这个时间差异减去,那么就可以看作各个检波器在同一时刻接收到的该次微震信号。然后当将所有的检波器采集到的数据信号叠加起来时,这一时刻的总振幅就会得到大大加强。而在非震源点,所做的时间修正只能增强一个不存在的微震,然而由于当前体元位置没有发生微地震事件,那么检波器采集到的数据信号在偏移之后获得的信号相位不完全一致,因此叠加后振幅不会获得很大增强,甚至还会减弱或正负抵消。这样就不必像传统微震震源定位那样需要在每一个检波器的信号里分别寻找微震信号,而只需监视目标区域的能量聚集情况,找到高能量点,进而就可以找到震源。这种方法的特点是,可以并且必须利用较多的检波器,合理布置检波器位置,以得到足够的视角和到时差,这样才能在震源点得到较强的振幅叠加结果,而在非震源点的能量聚集就会变得较弱甚至因相位差别而抵消,因此在处理非常微弱、信噪比较低的微地震事件时,也能获得比较理想的结果。

3.5   地面微地震事件定位方法

微地震定位技术有三种基本方法,分别是 P 波定位法、地震波射线法、P 波射线传播方向交汇点法。由于在地震波中 P 波传播速度最快,且其初至时间易于识别,因而在一般情况下宜采用 P 波定位法(姜秀娣等,2005;马德堂、朱光明,2003)。采用 P 波定位法定位微地震时,假设 P 波的传播速度已知,矿体是均匀速度模型,并同时要将监测台站布设在至少 4 个以上不同地点(潘科等,1997)。根据各个监测台站坐标和 P 波到达台站的时刻列出方程组,并通过最小二乘法求解,即可得到震源的坐标和发生时刻。目前应用较为普遍的利用监测台站地表阵列来监测微地震的技术,被称为"地震发射层析成像",最早应用于 1991 年,Kiselevitch 等定义了一种通过将时移信号规范化为平均时间信号的方法,所用到的时移是阵列中地震台站间的旅行时间的差,这是 P 波定位法的最早应用。

在某些微地震监测过程中,微地震事件的监测台站可能会少于 4 个。当监测台站为单台站时,可通过地震波射线法得到震源位置,根据 P 波和 S 波的走时差和速度差求出监测台站与震源之间的距离,再根据台站所接收到的地震波,测出东西、南北、垂直三个方向的 P 波初动振幅,然后根据公式求得震源方位角,也可以形成对微地震震源的定位(赵国敏等,1994)。

当微地震监测台站数超过 2 个而少于 4 个时,可采用 P 波射线传播方向交汇点法进行定位。该法可对微地震事件震源做出快速有效的评估,这对于现场施工决策的有效制定有一定的帮助。P 波射线传播方向交汇点法不仅能在监测台站少于 4 个的情况下迅速估计出震源的平面位置,同时还可被用来对 P 波定位法的结果进行比对检验。首先求得每个监测台站的震源方位角,并做出每个台站的 P 波射线传播方向,两个监测台站的 P 波射线就会交汇在一点,该点即是震源位置(张中杰、何樵登,1989)。

上述微震源反演方法都是从直达波初至的旅行时入手,依据记录上直达波同相轴旅行时反演出微震源的位置,然而由于微地震的能量微弱,要找到微地震的直达波初至并拾取旅行时很困难,因此反演误差较大且多解。基于三分量的微地震反演(何惺华,2013)对于三维空间的每个格点,逐点计算直达纵波时距方程,再根据对任意时刻沿直达纵波初至后给定时窗内三个分量能量叠加的极大值,确定微震源的位置与距离范围,因而无须检索同相轴与拾取初至时间,解决了因微地震能量微弱而导致的拾取旅行时困难的问题。此方法利用微地震直达纵波水平分量的坐标变换得到微震源纵波矢量方位角,结合震-检地理方位角,确定微震源分布的方位,克服了微震源反演的多解性问题。最终通过采用能量重心法和平均点距法等空间点集统计方法,确定微震源点的精确位置坐标。其优点在于解决了传统方法反演误差较大且存在多解的问题,其缺点在于适用范围较窄,相对误差受介质反演速度影响较大,一旦反演速度脱离某一特定值,其相对误差就会增大。

McMechan 于 1982 年提出可以将偏移法应用于地震源成像(McMechan 等,1985),他指出在反射数据的偏移模型中,可以将反射或衍射当作次级声源的空间分布,并称之为爆炸反射模型,在地震或微震数据中,沿着破坏面的源会成为主要源而并非次要源,这些震源的波场延拓和成像条件仍适用于成像的概念。1985 年他将此技术应用于加利福尼亚长谷的微震震源成像中,将 120 台便携式地震仪铺设在 12 km 的测线上用来记录数据以定位微地震震源。

3.5.1   速度模型建立及校正

在进行地面微地震监测时,建立正确的速度模型是非常关键的,它的准确与否将直接影响微震反演定位的精度。速度是微震精确定位的关键参数,因此建立速度模型是微震数据处理必需的一个环节。根据工区条件和数据采集设备条件,有不同的速度模型建立方法,所得速度模型精度也各不相同。当工区地质条件较简单、目的层速度横向变化不大、速度各向异性较弱时,可以用声波测井资料建立速度模型,但这种方法给出的井间速度仅仅是推断值;当地下结构稍复杂些,就会带来较大的误差,因此这种方法多在水力压裂微地震监测的施工设计阶段使用。一般来说,为建立速度模型首先要在水力压裂前作辅助放炮,即在压裂井中目的层人工激发地震波,在监测点中记录,然后根据监测点的地震记录,读取纵横波初至时间,由于震源位置和接受点位置都已知,按直射线假设便可计算出压裂井和监测点间的平均速度,从而建立起速度模型。

下面对如何建立比较准确的速度模型进行概述,首先根据多种资料建立初始速度模型,然后通过射孔反演校正初始速度模型,最后得到比较准确的速度模型。

1. 利用地质资料建立速度模型

可以通过地质分层等资料对目的层进行划分,基本方法是将相同地质年代的地层划分为同一速度层,或者通过将岩性相同或相近的地层划分为同一速度层。按以上原则通过地质资料将目的层段划分为若干段不同深度的分层,然后再通过测井资料算出每一深度段的对应层速度,速度模型基本完成。

使用该方法建立速度模型的优点是速度模型精度较好、随机误差小,非常适合于地下地层较为平整单一的地区。但该方法效率较低,不适合建立较大规模的速度模型,且该方法对地质资料的质量要求较高。

2. 利用声波测井资料建立速度模型

在常规地震中,要通过做速度分析等处理得到工区的准确的速度谱,然后通过VSP、声波测井资料对速度谱速度标定最终建立速度场,可想而知速度在地震处理中的重要性。而在微震处理中,速度也是微震反演定位的重要参数。因此,必须根据工区的压裂井和监测井的声波测井资料推测出各个层段的纵波速度。在这里每个层段的速度是加权平均速度。

在实践中,一般情况下声波测井资料通常不包含从地面到埋深几百米的松软地层的速度信息,这是因为地表至低速带、黄土层等较浅地层没有进行声波测井,而对定位精度影响较大的低速带恰恰位于这个深度内。因此,需要综合区域地质资料、钻井钻遇黄土层厚度及地表岩性对应速度确定来拟合出该段地层较为准确的速度模型。不同岩性地表类型所对应的地表速度(速度模型起始速度)如表 3-2 所示。

表3-2 不同岩性地表速度

地 表 类 型	速度/(km/s)	地 表 类 型	速度/(km/s)
沙漠	0.35~0.75	黄土(平原)	1.0~1.2
黄土塬	0.5~1.2	湿砂(潜水层)	>1.5
戈壁	0.5~1.0	水层	1.4~1.5

3. 速度模型校正

射孔记录可以做射孔反演,因为射孔井段中心点坐标已知,通过初始速度模型和射孔记录就可以计算出射孔反演震源点坐标,然后通过这个坐标与已知的射孔井段中心点坐标相比较,计算两者的空间距离。如果其空间距离小于可接受误差,则初始速度模型可以接受,进而就可以用其进行后续流程微震反演定位,否则就要调节速度模型中纵横波速度大小(一般是调节纵波速度,然后通过前面拟合出的纵横波速度关系式计算其对应的横波速度),直至计算出的射孔反演震源点与射孔点实际值空间误差小于允许误差即可(毛庆辉,2012)。由于地面监测和井下监测速度模型校正的算法相同,因此利用射孔记录校正速度模型的详细步骤可参考本书第2章第2.4.1节"速度模型建立及校正"。

这里需要着重指出的是,地面监测无论采用星形排列还是稀疏台网或标准网格,都存在检测不到可见射孔事件的可能性。Rutledge 等(1998)描述了井下监测检测不到在干井中进行的射孔,却检测到了在充满流体的同一口井中进行的射孔。而地面监测能否检测到可见的射孔事件更是难以预测,实践中也不能保证水平井每一段的射孔事件都被地面检波器探测到。Chambers 等(2010)报道了地面检波器排列监测不到高能量导爆索爆炸事件却能检测到较低能量的导爆索爆炸事件。在北美的一些盆地,地面检波器排列通常可监测到数量不等的微震事件,却检测不到射孔事件或导爆索爆炸事件,即使叠加处理也不能检测到后者。

造成上述现象的原因在于 100 Hz 以下的频率范围内,微震事件的振幅通常比射孔或导爆索爆炸事件的振幅更强。一方面,射孔(或导爆索爆炸)持续时间仅有几毫秒,导致大部分能量以 100 Hz 以上的频率辐射。另一方面,微震事件通常为 2 个岩块剪切错动造成的剪切破裂事件,通常振幅谱较为平缓,频宽可低至 0 Hz。因此,100 Hz 以上的微震事件的振幅通常比射孔(或导爆索爆炸)事件振幅弱,而 100 Hz 以下的微震事件的振幅通常比射孔(或导爆索爆炸)事件振幅强。另外,由于高频信号比低频信号衰减更快,地面(近地面)检波器可能无法检测到射孔(或导爆索爆炸)事件却可以检测到低频的微震事件信号。考虑到辐射能量的频率分布由震源的持续时间控制,我们可以通过延长爆炸时间即延迟单个爆炸来设计更容易检测到其信号的导爆索(Einspigel、Eisner,2012)。

3.5.2 地震发射层析成像

无论是井下监测还是地面监测,震源定位是微地震监测数据处理的关键问题。同型波时差法和纵横波时差法是微地震震源定位中常用的两种基本方法,具体的数据处理又分为基于直达波质点运动的矢端图法和基于直达波初至时间的三角测量法(Maxwell,2010)。这两种方法要求准确拾取 P 波或 S 波波至。井下微地震监测震源定位一般采用多道同型波初至提取时差求解法进行震源定位。这种震源定位方法需要信号高信噪比,能准确提取微地震信号初至时间。原理上,地面微地震监测也可以采用此方法进行震源定位,但是地面监测到的微地震信号数量少、信号弱、受干扰严重,所以此方法并不适用于地面微地震监测。

目前,大部分微地震事件定位方法都是借用大型地震通过全球地震监测台网数据进行定位的方法。这些方法都需要从监测站采集到的地震数据中对 P 波或 S 波的波至时间进行拾取。但在实际操作过程中,特别是在地面监测的方法中,由于检波器放置在地面,相对于地表噪声而言,微地震信号太小以至于不能获得可靠的地震波初至时间。因此,必须采用其他的方法进行定位。当前,国外的微地震事件地面监测主要采用寻找地下能量发射最大值的位置,作为微地震事件震源点。这种方法即所谓的地震发射层析成像,它是适用于地面微地震监测低信噪比情况的源定位方法。

地震层析成像是指利用大量地震观测数据反演研究区域三维结构的一种方法。地震层析成像从其诞生到现在已经 30 多年了,它的英文"tomography"源于希腊语"tomos",本意是断面或切片,但现在使用的术语"tomography"普遍指获取三维图像的过程。其原理类似于医学上的CT,但地震层析成像比医学上的 CT 技术更复杂。地震观测技术的迅速发展为地震层析成像提供了大批高质量的地震观测数据。1975 年左右,地震学家们开始讨论由大量数据以及其他许多不确定因素,包括存在多种数据误差、解的不唯一性在内的地球内部成像问题。Aki 和 Lee 等(1976)利用区域台阵的三维成像,以及 Dziewonski 等(1984)对全球大尺度上地幔速度结构的勾画成为成像研究中开拓性的工作。过去 30 年中,各类层析成像方法及技术的发展异常迅猛,取得了一系列重大进展。近年来,国际上利用地震层析成像技术在孕震机制、火山活动、板块动力学、地幔柱、洋中脊、地幔流等研究中,都取得了许多重要成果(和锐等,2007)。

地震层析成像方法不需要在每一个监测台站所采集的数据中进行波至的拾取。它通过将输入的地震波数据叠加后寻找可能的微地震事件发生的位置以及发震时间,该方法适合于布置大量的地面或井中检波器进行监测。

在微地震监测中,每一个微地震事件都被记录在一个相应的时间段内。假设微地震事件引发的声波发射振幅都很小,即有点震源事件。微地震事件的发震时刻与震源位置都未知,但可以通过在采集到的数据道上应用绕射叠加的方法获得。首先,将地下空间划分为一定密度的网格点,每一个网格点作为可能存在的震源点。假设地下地层速度模型已知,就可以通过射线追踪的方法计算每一个网格点到每一个监测台站的走时。将所记录到的地震记录作为输入数据,将每一道的振幅按照每一个网格点的走时曲线叠加起来。由于微地震事件的发震时间未知,叠加过程必须在输入数据的所有时间窗上进行。这就意味着,将地震数据在时间窗内按照走时曲线进行偏移,然后在每一个时间步上将每一道监测数据叠加起来,这个叠加结果就是可能震源位置的成像函数。在每一个网格点上重复这一过程后,得到了一整个空间的成像函数。微地震事件的震源位置就对应于成像函数中的最大值的位置。

地面微地震监测与 SET 成像示意如图 3 - 17 所示。在监测目标区域上方地面埋置检波器排列,将成像目标区域做网格划分,根据地层速度模型计算出每个网格到地面各站点的理论走时,再根据地面接收到的信号计算每个网格的成像值(王维波等,2012)。

图 3 - 17 地面监测与
SET 示意(据王维波等,
2012 修改)

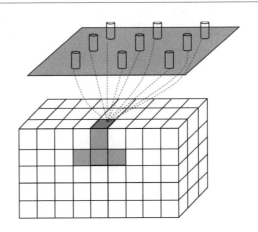

SET 成像值的一种计算方法是根据一个时窗内的信号段计算每个网格的Semblanc 参数(S),某个网络点的 G_{ijk} 的 S 参数计算公式如下:

$$S_{ijk} = \frac{\sum_{n=1}^{N} a_{ijk}(t_n)}{M \times \sum_{n=1}^{N} b_{ijk}(t_n)} \qquad (3-1)$$

其中

$$a_{ijk}(t_n) = \Big[\sum_{m=1}^{M} \beta_{ijkm} X_m(t_n - \tau_{ijkm}) \Big]^2 \qquad (3-2)$$

$$b_{ijk}(t_n) = \sum_{m=1}^{M} [\beta_{ijkm} X_m(t_n - \tau_{ijkm})]^2 \qquad (3-3)$$

式中,S_{ijk} 为网格点的 S 参数值;N 为所取时间窗内信号的数据点个数;M 为监测站点的个数;X_m 为第 m 道的信号;τ_{ijkm} 为网格点 G_{ijk} 到第 m 个站点的理论走时;β_{ijkm} 为网格点 G_{ijk} 到第 m 个站点的波前扩散因子。

从计算公式来分析,S 参数实质上是一种相似性参数。在震源与接收点距离不是很远时,一个震源点释放的地震波信号由地面各站点接收后虽然有时差、振幅差或畸变,但是具有内在相关性。S 参数的计算是在某个网格点对波形数据根据理论走时进行偏移和叠加后计算的一种能量,S 值最大的网格点即可认为是震源点,故也称为能量扫描法。值得一提的是,该方法在国外文献中也被称为相似加权叠加(Semblance-weigted stacking)方法,即计算得到的相似系数以不同的幂次(1~4)乘以线性叠加值获得最终的叠加能量(Eaton 等,2011;Zhang 和 Zhang,2013)。

震源具体识别过程如下(吕昊,2012)。

(1)定义一个三维目标区域,即可能有微震发生的区域。

(2)根据定位需要的分辨率将目标区域划分为许多大小相同的体元。计算每一个体元到各个检波器的距离,然后通过地震波的传播速度得到对应于每一个检波器的走时。

(3)将每一个检波器采集到的信号按照其对应走时的负数在时间轴上进行移动,对所有检波器采集到的地震信号相对于同一体元做同样的处理。

(4)将这些平移过的数据线进行叠加,得到相对于这个体元的一条叠加后的数据线,这种处理方法的目的是消除当前体元到每个检波器的走时偏差,如果该体元发生了一个微震事件,那么每一个检波器可以认为同时接收到该次微震信号,所有检波器的波形叠加后可以将微震信号放大若干倍,大大提高了信号的信噪比;反之,如果该次微震事件不是在当前体元位置处发生,那么在对地震信号进行偏移后也不会产生所有检波器同时接收到该次地震信号的效果,所以在将所有检波器的信号进行叠加后,振幅也不会获得很大的加强。

(5) 遍历了所有体元后,在整个的三维目标区域内可以获得一个四维数组(x, y, z, t),其中 x, y, z 为对应体元序号,t 为检波器接收到地震信号的时间,数组中每一个值代表了不同体元位置在不同的时刻的振幅叠加结果。

(6) 对叠加后获得的四维数组空间进行扫描,如果在某一时刻有微震事件发生,那么在这个四维数组的对应位置上将会有一个高能量点作为局部极大值出现。于是我们要在这个四维空间里寻找大于预定阈值的局部极大值并排序。从最大的一个局部极大值开始,对每一个局部极大值通过洪水填充算法进行处理,以判断是否为真实震源。

经过洪水填充算法的计算后可以在当前局部极大值的位置处生成一个能量包络,对这个区域的形状进行研究。如果这个区域的直径小于一个预定的值,则认为该点附近能量聚集足够好,即为一个合格的微震震源点,并且选取能量包络的中心为当前微地震事件的震源位置。

为了提高算法的稳定性,汇总由同一个微震引起的多个局部极大值所形成的能量包络,综合它们的位置坐标来确定最终的震源位置。

另外,由于在低信噪比的情况下,找到的局部极大值的数量很多,为了提高计算速度,在这里另建立一个标记数组,在能量叠加数组的扫描过程中,将已经被扫描过的位置进行记录。如果某个局部极大值位置在前面的处理过程中已经被扫描过一次,则以后不再理会。

近年来,地震层析成像方法已成功地应用于水力压裂地面微地震监测和井下微地震监测中。美国 MicroSeismic 公司(MSI)早期曾采用 9 个三分量监测站点对一口深 3 200 m 的气井进行裂缝监测。也有报道称采用 16 个单分量站点对一个地热藏进行监测,2004 年 MSI 在 Barnett 页岩气田对一口深 2 400 m 的水平井采用 97 个三分量检波器进行压裂裂缝监测。Chambers 等(2010)采用 8 条分支的星形结构共 800 道进行地面微地震监测成像能力试验。MSI 现在一般采用上千道 FracStar 星形结构或者

BurriedArray 埋置阵列进行油气井压裂地面微地震监测,与这两种观测系统相适应的专利微震震源定位方法,即被动地震发射层析成像,这种方法采用波束定向来收集和叠加输出结果。这一技术的独特之处在于其深度偏移算法,采用这种算法可更全面、更精确地给出实时的油藏图像。井下监测方法因受孔径所限,无法提供这种级别的勘察。

3.5.3   基于多分量干涉成像的震源定位方法

地震干涉成像是利用相关运算后的地震记录对地下反射体或震源进行成像的一类方法。由于该类方法在偏移成像前对地震道集记录进行了相关运算,因此也被称作互相关偏移。

随着近年来非常规油气资源的勘探与开发,需要对压裂过程诱导的微地震事件进行定位,来监测压裂状态、分析裂缝属性以及反演震源机制等。由于微地震信号能量弱、信噪比低,通常不适宜直接拾取初至,因此传统的基于走时反演的定位方法受到很大限制。

基于多分量地震干涉成像的震源定位方法不需要进行初至拾取,也不需要波场分离,而是直接对原始多分量地震记录作互相关运算后进行偏移,最后将各分量偏移结果叠加,从而实现对震源位置的定位。

利用地震干涉法对原始地震记录进行互相关计算后,得到反映走时差信息的互相关道集记录。再对互相关道集乘以包含走时差信息的偏移核函数,最后将所有互相关道集的偏移剖面进行叠加,便得到真实震源位置的最终成像剖面。该方法不仅适用于只有纵波或横波的波场,对未进行波场分离的多分量弹性波场也适用。

李磊等(2014)应用该方法进行了模型实验。实验模拟采用二维各向同性水平层状模型,模型大小为 500 m × 500 m,界面深度分别为 100 m 和 200 m,纵波速度分别为 2 000 m/s、2 500 m/s 和 3 000 m/s,纵横波速比取 1.67。利用交错网格的有限差分法模拟地震记录。空间步长为 2.5 m,时间步长为 0.5 ms,震源采用 60 Hz 雷克子波模拟,为垂直方向激发的集中力源。地面布置 101 个间距为 5 m 的检波器。从模型实验的结果可以看出,对于各向同性的水平层状介质,基于多分量波场的地震干涉定位方法对单个震源和多个震源均可以实现准确定位,且最大定位误差控制在 3 m 之内,很好地满足了对定位精度的要求。验证了基于多分量波场干涉成像定位方法的可行性。

数值实验表明,该干涉成像定位方法具有无须拾取初至、有效压制噪声、适应一定的速度不均匀性及对多个震源多次激发仍能准确定位的优点;缺点是该方法不能直接确定震源的激发时刻。由于减少了波场分离的步骤,该方法在保证定位精度的同时提高了定位的效率。

3.5.4　微地震事件反演定位

高精度的反演研究,目前还主要以时差反演为主,通过模型校正和反演方法的研究来提高定位精度,其中又分为 P 波时差反演和 P - S 波时差反演(Willis 等,2005; Chunduru 等,1997)。

常规地震反演中,共轭梯度法、模拟淬火法、遗传算法等线性或非线性算法都能够取得较好的反演效果。但是,在微地震反演中,由于信号的信噪比低,加上浅地表各种噪声的干扰,难以拾取准确的初至,使得通过单纯地移植这些反演方法无法取得满意的效果。一般来讲,线性反演方法速度快、效率高,但易于局部收敛,对设定的初值要求高。非线性方法全局搜索能力较强,但是算法设计比较复杂,导致反演参数越多反演速度越慢(Phillip,1998)。

对于地面微地震反演,由于实际接收到的检波器信号中有些道的同相轴信息基本缺失,使得能够用于反演的道非常少;其次,对于变量的一阶导数的求取也非常困难,主要是由于目标函数值对于参量的扰动非常不敏感,使得求导运算十分复杂。此外,不同变量的扰动,对于目标函数值的影响也不同,例如对于相同的变化量 Δx,变量层速度 v 或水平距离 r 对目标函数的影响完全不同,使得迭代过程十分烦琐。遗传算法是一种非线性反演方法,其独有的个体、种群概念保证了搜索的路径是多维的,可以避免单维搜索陷入局部极值。但是,遗传操作过程中主要算法参数的选择对于反演的影响很大,既影响反演速度,又影响反演精度。也就是说,在微地震事件反演中,如果任意定义反演的搜索范围,任意定义选择算子、交叉算子、变异算子、适应度函数、种群大小、遗传代数等,那么遗传算法反演的效率与精度都将发生很大的变化,也增大了反演结果的不稳定性。下面介绍几种应用较为普遍的微地震反演定位方法。

1. 波形反演

如今,微地震反演定位主要基于射线追踪的走时反演,国内外在微地震波形反演方面的研究甚少。随着微地震研究和应用的不断发展(Levander,1988; Li,1991; Wolhart 等,2006),在油田勘探、开发领域要求微地震不但可监测裂缝的分布,还要对裂缝的属性进行表征(Phillip 和 House,1998; 宋维琪等,2008;徐果明,2003)。另一方面,由于微地震走时初至受噪声等干扰的影响,难以拾取准确的初至,因此基于射线追踪的走时反演的定位精度不高。为了提高定位和裂缝属性特征解释精度,充分利用微地震波形信息进行波形反演具有很重要的现实意义。为了使反演寻优方法快速高效,并且同时满足全局最优要求,宋维琪等(2013)针对水平层状速度模型微地震波动方程的正演问题,利用矩阵方法建立并形成了 P 波、S_V 波波场模拟的递推方法,并把单纯形反演用于地面微地震资料的波形反演。针对微地震事件发生时间的不确定性特点,引用单纯形的空间拓扑理念,得到的单纯形寻优方法适应性好,寻优速度快。需要指出的是,单纯形替换法其本质仍然属于局部最优的反演方法,如果初始参数选取不当,容易陷入局部极值,因此在实际操作中需要取多组不同的初始解进行尝试,多次尝试后使目标函数最小且稳定收敛的解便是所求最优解。另外,当待反演的参数增加到一定维数时,单纯形替换法求得的最优解质量有所下降。理论模型和实际资料试验结果表明,波形反演结果的定位精度高于射线追踪走时时差反演定位精度。

2. 等效速度反演

地面微地震监测资料相邻道走时曲线时差很小,用于模型校正后的反演不够敏感,影响反演定位精度。为此,宋维琪等(2012)探索了针对地面监测微地震事件,利用射孔点微地震记录建立等效初始速度模型,通过扰动速度模型找到最佳微地震事件的等效速度,进而对该微地震事件进行定位的方法。整个扰动过程采用快速模拟退火算法(VFSA),具有较高的计算效率,并且在寻找全局最小点时不会陷入局部极小。该方法解决了地面微地震监测资料相邻道走时曲线时差很小、用于模型校正后的反演不够敏感、影响反演定位精度的问题,并且通过理论模型验证了其有效性;对实际射孔资料进行等效速度反演,其定位结果与实际射孔位置一致,进一步验证了该方法的可靠性;实际微地震资料反演定位结果与预期结果一致,表明了地面监测微地震事件的等效速度反演定位方法的可行性。但该方法的应用具有一定的限定条件,一是地层速度的横向变化不能太大;二是在给定初始速度模型的条件下,速度的扰动范围不能过大,比较适用于相对反演定位。

3. 贝叶斯反演

地面微地震监测星形的观测方式和资料信噪比低的特殊性(Dumay 和 Fournier,1988;De Meersman 等,2009),尤其是由于有用信号十分微弱,使得拾取的初至信息不准确,以往确定性的线性或非线性反演方法几乎不能取得可靠的反演结果。贝叶斯反演方法是将先验信息和后验信息结合起来的推理估计方法,可以更好地融合多方面先验信息实现后验信息的最佳估计。

参考文献

[1] 王彦春,余钦范,李峰,等. 交互迭代静校正方法[J]. 石油物探,1998(2):63 - 70.

[2] 王克斌,王顺根. 利用扩展广义互换折射波静校正方法解决 MX 地区资料的野外静校正闭合差[J]. 石油物探,2001,40(2):126 - 130.

[3] 姜宇东,宋维琪,郭晓中,等. 地面微地震监测资料静校正方法研究[J]. 石油物探,2013,52(2):136 - 140.

[4] 王健. 基于油井压裂微震监测的震源定位精度研究及检波器网络优化设计[D]. 长春:吉林大学,2012.

[5] 朱卫星,宋洪亮,曹自强,等. 自适应极化滤波在微地震信号处理中的应用[J]. 油气藏评价与开发,2010,33(5):367 - 371.

[6] 姜宇东,宋维琪,郭晓中,等. 地面微地震监测资料静校正方法研究[J]. 石油物探,2013,52(2):136 - 140.

[7] 胡永泉. 地面微震资料去噪方法研究[D]. 成都:西南石油大学,2013.

[8] 梁军利,杨树元. 一种基于非周期随机共振的微弱信号检测方法[J]. 网络新媒体技术,2007,28(11):1121 - 1126.

[9] 何大海,赵文礼,梅晓俊. 基于随机共振原理的微弱信号检测与应用[J]. 机电工程,2008,25(4):71 - 74.

[10] 辛春雨,刘凤侠,张宇. 结合数字滤波技术的随机共振弱信号检测[J]. 吉林大学学报理学版,2009,47(2):358 - 361.

[11] 吕世超,宋维琪,刘彦明,等. 利用偏振约束的能量比微地震自动识别方法[J]. 物探与化探,2013,

37(3)：488－493.

[12] 冯智慧,刘财,冯晅,等.基于高阶累积量一维切片的地震信号初至自动拾取方法[J].吉林大学学报：地球科学版,2011,41(2)：559－564.

[13] 赵清明,陈西宏,张敏.基于四阶累积量一维切片谱线增强方法[J].弹箭与制导学报,2004(S5)：236－238.

[14] 王书明,朱培民,李宏伟.地球物理学中的高阶统计量方法[M].北京：科学出版社,2006.

[15] 胡永泉,尹成,潘树林,等.改进的时变斜度峰度法微地震信号识别技术[J].石油物探,2012,51(6)：625－632.

[16] 刘启元,R.Kind.远震接收函数及非线性复谱波形反演[C]//中国地球物理学会学术年会.1992.

[17] 姜秀娣,刘洋,魏修成,等.一种同时反演纵波速度和泊松比的方法[J].地球物理学进展,2005,20(2)：314－318.

[18] 马德堂,朱光明.弹性波场P波和S波分解的数值模拟[J].石油地球物理勘探,2003,38(5)：482－486.

[19] 潘科,肖立萍,肖健,等.P波定位方法的研究及软件编制[J].防灾减灾学报,1997(1)：69－76.

[20] 赵国敏,张中杰.线性连续变化非弹性介质中震波射线轨迹与走时研究[J].华北地震科学,1994(2)：49－54.

[21] 张中杰,何樵登.含裂隙介质中地震波运动学问题的正演模拟[J].石油地球物理勘探,1989,24(3)：290－300.

[22] 何惺华.基于三分量的微地震震源反演方法与效果[J].石油地球物理勘探,2013,48(1)：71－76.

[23] 毛庆辉,陈传仁,桂志先,等.水力压裂微震监测中速度模型研究[J].工程地球物理学报,2012,9(6)：708－711.

[24] 和锐,杨建思,张翼.地震层析成像方法综述[J].CT理论与应用研究,2007,16(1)：35－48.

[25] 王维波,周瑶琪,春兰.地面微地震监测SET震源定位特性研究[J].中国石油大学学报(自然科学版),2012,36(5)：45－50.

[26] 宋维琪,刘军,陈伟.改进射线追踪算法的微震源反演[J].物探与化探,2008,32(3)：274－278.

[27] 宋维琪,陈泽东,毛中华.水力压裂裂缝微地震监测技术[M].北京：中国石油大学出版社,2008.

[28] 徐果明.反演理论及其应用[M].北京：地震出版社,2003.

[29] 宋维琪,王新强,高艳可.地面监测微震事件等效速度反演定位方法[J].石油物探,2012,51(6)：606－612.

[30] Anant K S, Dowla F U. Wavelet Transform Methods for Phase Identification in Three-Component Seismograms [J]. Bulletin of the Seismological Society of America, 1997, 87(6): 1598－1612.

[31] Aki K, Lee W H K. ARRAY USING FIRST P ARRIVAL TIMES FROM LOCAL EARTHQUAKES [J]. Journal of Geophysical research, 1976.

[32] Birkelo B, Cieslik K, Witten B, et al. High-quality surface microseismic data illuminates fracture treatments: A case study in the Montney [J]. The Leading Edge, 2012, 31(11): 1318－1325.

[33] Birkelo B, Goertz A, Cieslik K. Locating high-productivity areas of tight gas-sand reservoirs using LF seismic surveys [C]//73rd EAGE Conference and Exhibition incorporating SPE EUROPEC 2011. 2011.

[34] Chambers K, Kendall J M, Brandsberg-Dahl S, et al. The detectability of microseismic events using surface arrays [C]//Workshop on Passive Seismic, EAGE A. 2009, 25.

[35] Chen S C, Marino V, Gronthos S, et al. Location of putative stem cells in human periodontal ligament [J]. Journal of periodontal research, 2006, 41(6): 547－553.

[36] Candy J V, Followill F E. Multichannel noise cancellation: A seismic application [J]. Mechanical Systems & Signal Processing, 1989, 3(3): 213－228.

［37］ Chambers K, Kendall J, Brandsberg - Dahl S, et al. Testing the ability of surface arrays to monitor microseismic activity ［J］. Geophysical Prospecting, 2010, 58(5): 821 – 830.

［38］ Chunduru R K, Sen M K, Stoffa P L. Hybrid optimization methods for geophysical inversion ［J］. Geophysics, 1997, 62(4): 1196 – 1207.

［39］ Duncan P, Lakings J. Frontier Exploration Using Passive Seismic ［C］// Eage Passive Seismic Workshop - Exploration and Monitoring Applications. 2006.

［40］ Dumay J, Fournier F. Multivariate statistical analyses applied to seismic facies recognition ［J］. Geophysics, 1988, 53(9): 1151 – 1159.

［41］ De Meersman K, Kendall J M, Van der Baan M. The 1998 Valhall microseismic data set: An integrated study of relocated sources, seismic multiplets, and S-wave splitting ［J］. Geophysics, 2009, 74(5): B183 – B195.

［42］ de Franco R, Musacchio G. Polarization filter with singular value decomposition ［J］. Geophysics, 2001, 66(3): 932 – 938.

［43］ Dziewonski A M. Mapping the lower mantle: determination of lateral heterogeneity in P velocity up to degree and order 6 ［J］. Journal of Geophysical Research: Solid Earth, 1984, 89(B7): 5929 – 5952.

［44］ Einšpigel D, Eisner L. Detection of perforation shots in surface monitoring: the attenuation effect ［M］//SEG Technical Program Expanded Abstracts 2012. Society of Exploration Geophysicists, 2012: 1 – 5.

［45］ Eaton D W, Akram J, St-Onge A, et al. Determining microseismic event locations by semblance-weighted stacking ［C］//Proceedings of the CSPG CSEG CWLS Convention. 2011.

［46］ Farnoush Forghani-Arani, Mark Willis, Seth Haines, Mike Batzle, Jyoti Behura, and Michael Davidson (2012) Noise suppression in surface microseismic data by $\tau - p$ transform. SEG Technical Program Expanded Abstracts 2012: 1 – 5. doi: 10.1190/segam2012 – 1483.1

［47］ Gharti H N, Oye V, Roth M, et al. Automated microearthquake location using envelope stacking and robust global optimization ［J］. Geophysics, 2010, 75(4): MA27 – MA46.

［48］ Goforth T, Herrin E. An automatic seismic signal detection algorithm based on the Walsh transform ［J］. Bulletin of the Seismological Society of America, 1981, 71(4): 1351 – 1360.

［49］ Hanssen P, Bussat S. Pitfalls in the analysis of low frequency passive seismic data ［J］. First Break, 2008, 26(6).

［50］ Harris D B. Seismic noise cancellation in a geothermal field ［J］. Geophysics, 1991, 56(10): 1677 – 1680.

［51］ Kiselevitch V L, Nikolaev A V, Troitskiy P A, et al. Emission tomography: Main ideas, results, and prospects ［J］. SEG Technical Program Expanded Abstracts 1991. Society of Exploration Geophysicists, 1991: 1602 – 1602.

［52］ Kuznetsov O L, Chirkina L N, Belova G A, et al. Seismic location of emission centers—A new technology for monitoring the production of hydrocarbons: 68th Conference & Technical Exhibition, EAGE ［C］//Extended Abstracts B. 2006, 18.

［53］ Kochnev V A, Polyakov V S, Goz I V, et al. Imaging hydraulic fracture zones from surface passive microseismic data ［C］//EAGE/SEG Research Workshop on Fractured Reservoirs-Integrating Geosciences for Fractured Reservoirs Description 2007. 2007.

［54］ Kratz M D. Real Time Microseismic Monitoring in China: A Case Study ［C］. GeoConvention 2014.

［55］ Kendall R, Jin S, Ronen S, et al. An SVD-polarization filter for ground roll attenuation on multicomponent data ［M］//SEG Technical Program Expanded Abstracts 2005. Society of Exploration Geophysicists, 2005: 928 – 931.

[56] Kiselevitch V L, Nikolaev A V, Troitskiy P A, et al. Emission tomography: Main ideas, results, and prospects [J]. SEG Technical Program Expanded Abstracts 1991. Society of Exploration Geophysicists, 1991: 1602 – 1602.

[57] Lakings J D, Duncan P M, Neale C, et al. Surface based microseismic monitoring of a hydraulic fracture well stimulation in the Barnett shale [M]//SEG Technical Program Expanded Abstracts 2006. Society of Exploration Geophysicists, 2006: 605 – 608.

[58] Liu X, Liu X. Weak Signal Detection Research Based on Duffing Oscillator Used for Downhole Communication [J]. Journal of Computers, 2011, 6(2): 359 – 367.

[59] Levander A R. Fourth-order finite-difference P-SV seismograms [J]. Geophysics, 1988, 53(11): 1425 – 1436.

[60] Li Z. Compensating finite-difference errors in 3 – D migration and modeling [J]. Geophysics, 1991, 56(10): 1650 – 1660.

[61] Maxwell S C, Rutledge J, Jones R, et al. Petroleum reservoir characterization using downhole microseismic monitoring [J]. Geophysics, 2010, 75(5): 75A129 – 75A137.

[62] Mancini F, Fairhead S, King A. Data quality uplift from a dual-azimuth acquisition offshore Libya [M]//SEG Technical Program Expanded Abstracts 2010. Society of Exploration Geophysicists, 2010: 11 – 15.

[63] Mougenot D, Cherepovskiy A, Junjie L. MEMS-based accelerometers: Expectations and practical achievements [J]. First Break, 2011, 29(2): 85 – 90.

[64] Morlet J, Arens G, Fourgeau E, et al. Wave propagation and sampling theory—Part I: Complex signal and scattering in multilayered media [J]. Geophysics, 1982, 47(2): 203 – 221.

[65] McMechan G A, Luetgert J H, Mooney W D. Imaging of earthquake sources in Long Valley caldera, California, 1983 [J]. Bulletin of the Seismological Society of America, 1985, 75(4): 1005 – 1020.

[66] Maxwell S, Calvez J L. Horizontal vs. Vertical Borehole-based Microseismic Monitoring: Which is Better? [C]// 2010.

[67] Nelson R. Geologic analysis of naturally fractured reservoirs [M]. Gulf Professional Publishing, 2001.

[68] Nagaraj N, Vaidya P G. Multiplexing of discrete chaotic signals in presence of noise [J]. Chaos: An Interdisciplinary Journal of Nonlinear Science, 2009, 19(3): 033102.

[69] Pettitt W, Reyes-Montes J, Hemmings B, et al. Using continuous microseismic records for hydrofracture diagnostics and mechanics [J]. SEG Technical Program Expanded Abstracts 2009. Society of Exploration Geophysicists, 2009: 1542 – 1546.

[70] Phillip W S, House L S. Micro-seismic mapping of a Cotton Valley Hydraulic Fracture using decimated downhole arrays [C]//International Exposition and Sixty Eighth Annual Meeting. 1998, 9: 13 – 18.

[71] Reyes-Montes J M, Pettitt W, Haycox J, et al. Microseismic analysis for the quantification of crack interaction during hydraulic stimulation [J]. SEG Technical Program Expanded Abstracts 2009. Society of Exploration Geophysicists, 2009: 1652 – 1656.

[72] Refae A, Khalil S, Vincent B, et al. Increasing bandwidth with single sensor seismic data – the Lehib oilfield case study [J]. first break, 2008, 26(2).

[73] Rutledge J T, Phillips W S, House L S, et al. Microseismic mapping of a Cotton Valley hydraulic fracture using decimated downhole arrays [M]//SEG Technical Program Expanded Abstracts 1998. Society of Exploration Geophysicists, 1998: 338 – 341.

[74] Strobbia C, Glushchenko A, Laake A, et al. Arctic near surface challenges: The point receiver solution to coherent noise and statics [J]. first break, 2009, 27(2): 69 – 76.

[75] Shensa M J. The Deflection Detector-Its Theory and Evaluation on Short-Period Seismic Data [R].

Texas Instruments Inc. Dallas Equipment Group, 1977.

[76] Vincent P D, Tsoflias G P, Steeples D W, et al. Fixed-source and fixed-receiver walkaway seismic noise tests: A field comparison [J]. Geophysics, 2006, 71(6): W41 – W44.

[77] Vanderkulk W, Rosen F, Lorenz S. Large aperture seismic array signal processing study [J]. IBM Final Report, ARPA Contract Number SD-296, 1965.

[78] Willis R B, Fontaine J S, Paugh L O, et al. Geology and Geometry: A Review of Factors Affecting the Effectiveness of Hydraulic Fracturing [C]//SPE Eastern Regional Meeting. Society of Petroleum Engineers, 2005.

[79] Wolhart S L, Harting T A, Dahlem J E, et al. Hydraulic fracture diagnostics used to optimize development in the Jonah field [C]//SPE Annual Technical Conference and Exhibition. Society of Petroleum Engineers, 2006.

[80] Xu W, Wang D, Zhou Z, et al. Fault diagnosis of power transformers: application of fuzzy set theory, expert systems and artificial neural networks [J]. IEE Proceedings-Science, Measurement and Technology, 1997, 144(1): 39 – 44.

[81] Zhang W, Zhang J. Microseismic migration by semblance-weighted stacking and interferometry [M]// SEG Technical Program Expanded Abstracts 2013. Society of Exploration Geophysicists, 2013: 2045 – 2049.

第4章

地面监测和井下
监测对比

4.1　　观测系统参数对比

地面监测对井下监测的最大优势是适用范围广泛,而井下监测一般情况下很难找到合适距离的监测井,且监测距离受到限制。国外通过多年的监测实践,得到各种岩性的储层的最大实际监测距离:地热监测中花岗岩 >1 500 m;页岩 750 ~ 900 m;砂岩350 ~ 450 m;碳酸盐岩约 300 m;煤层约 250 m。除了监测井以及监测距离受到限制以外,井下监测和地面监测在视角限制、排列孔径、覆盖范围、探测能力、检波器类型等方面都存在显著差异,详见表 4 - 1。

表 4-1　地面监测
与井下监测对比

监测方案	井 下 监 测	地 面 监 测
观测井	需要	不需要
视角限制	视角范围有限	视角范围大
排列孔径	较小	较大
覆盖范围	较小	较大
去噪	不易去噪,最好源头避免噪声	多站接收,叠加后去噪效果明显
探测能力	较强	与井下监测能力相当或弱(取决于实际条件)
解释成果	满足工业需求	比井下监测提供更多信息
检波器类型	三分量检波器	普通检波器或三分量检波器

4.2　　实际接收信号对比

针对同一口井的水力压裂,地面监测(包括近地表监测)检测到的微地震事件的数量远小于井下监测检测到的微地震事件,也就是说,地面监测定位的微地震事件仅仅是井下监测定位的微地震事件的一个子集。地面监测和井下监测检测到的微地震事件不仅在数量上存在差异,在信号主频、信号衰减等方面也存在很大差异。下面重点阐述两个监测实验检测到的微地震信号的特征对比。

4.2.1　信号频谱对比

任何地区,或大或小、或多或少都有地下的断层运动与岩石破裂。地下岩石破裂包括天然地震和水力压裂等人工活动引起的破裂。一般我们可以感觉到的最小地震大小为 3 级($M=3$)。在大多数情况下,地震的大小为 $M<2$,即微地震。水力压裂、增减注水(气)压力、钻井、油气抽取等生产活动可引起大量的微地震。

水力压裂时,大量高黏度高压流体被注入储层,可使孔隙流体压力迅速提高。一般认为高孔隙压力会以下两种方式引起岩石破坏。

(1)高孔隙流体压力使有效围应力降低,直至岩石抵抗不住被施加的构造应力,导致剪切裂缝产生;

(2)如孔隙流体压力超过最小围应力与整个岩石抗张强度之和,则岩石便会形成张性裂缝。

水力压裂作业初期,由于大量的超过地层吸收能力的高压流体泵入井中,在井底附近逐渐形成很高的压力,其值超过岩石围应力与抗张强度之和,进而便在地层中形成张性裂缝。随后,带有支撑剂的高压流体挤入裂缝,使裂缝向地层深处延伸,同时加高变宽。这种加压的张开的裂缝,在它周围的高孔隙压力区引起剪切破裂。

岩石破裂时发出地震波(图4-1),这时储存在岩石中的能量以波的形式释放出来。由于岩石的这种破裂规模有限,释放出的能量很小,故产生的地震波是很微弱的,震级在0级以下(频率200~2 000 Hz)。

图4-1　水力压裂诱发微地震示意

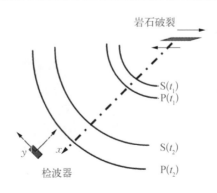

普遍认为,水力压裂诱发的微震中绝大多数(尤其是其中较大者)是由岩石的剪切破裂引起的,而不是张性破裂引起的。

就目前仪器装备水平讲,水力压裂诱发微震的频带在 100 ~ 1 500 Hz,有时因仪器性能、观测距离以及地区地层等不同而有所差异,但低频以 100 Hz 为界几乎是所有文献公认的,高频成分在 1 000 Hz 以上也是无疑的。

图 4 - 2 是一个距离压裂井较近的井下检波器记录的水力压裂诱发微震事件的三分量波形及对应时频谱,该频谱使用复 Morlet 小波(cmor3 - 3)变换生成。可以看出,该事件的 S 波频率在 1 000 Hz 左右,P 波频率略高于 S 波频率;事件的低频成分约为 500 Hz。然而,由于监测距离较远,并且微震信号具有频率越高衰减越快的衰减特征,

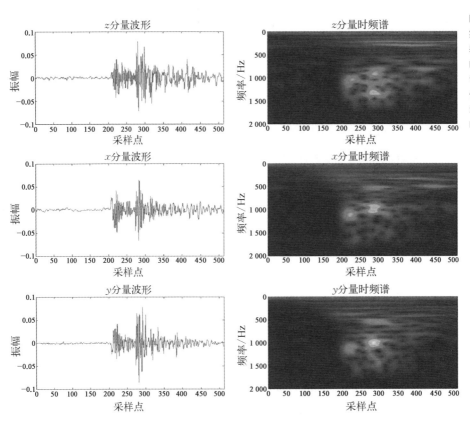

图 4 - 2
实验室声发射实验记录的水力压裂诱发微震事件的三分量波形及对应时频谱

在实践中井下检波器记录的微震事件的频率远低于实验室声发射实验记录的频率,一般情况下,P 波频率在 100 ~ 400 Hz,S 波频率比 P 波频率稍低(图 4 - 3)。值得一提的是,井下监测记录的射孔事件信号的频宽(图 4 - 4)与压裂诱发微震事件的频带类似,两者的最大区别在于前者 P 波能量强,S 波相对很弱甚至淹没;后者 S 波能量强,P 波能量弱甚至淹没在背景噪声中。

在地面微地震监测实践中,检波器一般放在地表或埋深极浅,这样压裂目的层距地表的距离高达 2 000 ~ 3 000 m,微震事件信号纵向和横向传播距离可以达到井下监测距离的 2 ~ 5 倍;而由于地层对地震波的吸收作用,以及在穿越地表以下低速带(或黄土层)时地震波高频部分衰减严重,地面检波器接收信号的经验带宽值为 0.1 ~ 60 Hz,

图 4 - 3
井下检波器
记录的典型
水力压裂诱
发微震事件
的三分量波
形及对应时
频谱

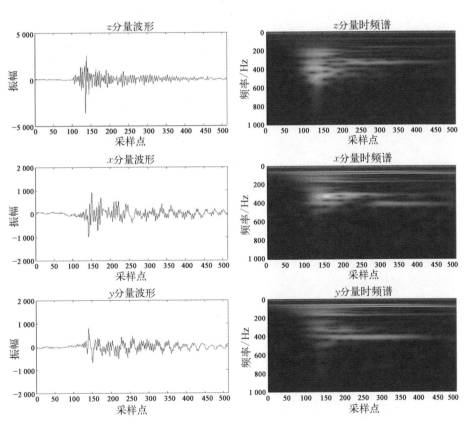

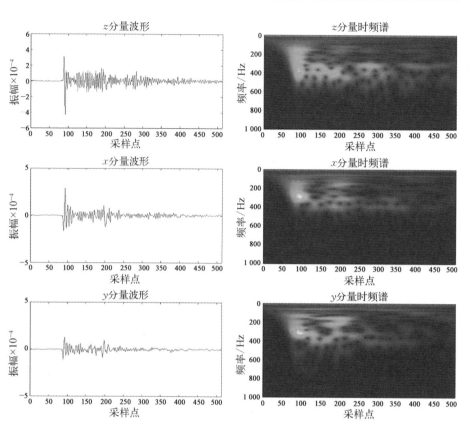

图 4 - 4
井下检波器
记录的射孔
事件的三分
量波形及对
应时频谱

与 3D 地震带宽类似,在黄土塬等疏松介质较发育的情况下,微震信号的频率更低,并且具有频率越高、振幅越小的特征。在水力压裂地面微地震监测的长期实践中,本书作者统计分析了 100 余口井的资料,对地面三分量检波器记录的水力压裂诱发微震事件的时频谱分析表明微震事件的频率范围远低于 100 Hz(井下微震事件频率下限),频宽一般分布在 10 ~ 60 Hz。图 4 - 5 和图 4 - 6 分别为利用短时傅立叶变换获得的大庆油田宋深 103H 井(火成岩致密油井)和贵州省天星 1 井(页岩气井)水力压裂诱发微震事件的时频谱,前者 P 波和 S 波频率分别约为 10 Hz 和 7 Hz,后者 P 波和 S 波频率分别约为 30 Hz 和 25 Hz。针对地面监测记录的微震事件的时频谱统计分析表明,国内鄂尔多斯盆地和松辽盆地等近地表发育有一定厚度的黄土塬或黄土层的地区,微震

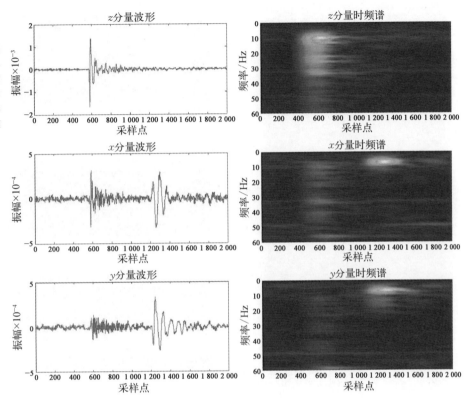

图 4 - 5
地面检波器
记录的宋深
103H 井水
力压裂诱发
微震事件的
三分量波形
及对应时频
谱

事件频率一般低于南方山地地形如贵州和重庆涪陵页岩气开发地区的微震事件频率。当然,造成这一现象的原因不仅仅包括近地表岩性,还包括储层岩性、震源机制等因素。

基于上述时频分析,地面监测宜采用低频三分量检波器,实践证明采用低频检波器采集微震信号是可行也是正确的。

目前,国内被长期实践证明有效的地面埋置检波器为三分量数字检波器,带宽 0 ~ 800 Hz,垂直分量和水平分量灵敏度分别为(400 ± 7. 5%) mV/(cm/s) 和(400 ± 10%)mV/(cm/s)。埋置检波器时,所有检波器统一定向,x 水平分量朝向地理正东方向。采用 1 ms 采样率实时记录压裂时产生的微地震信号,并由 WIFI 实时传输至中央处理单元进行实时处理,可满足水力压裂地面微地震实时监测的要求。

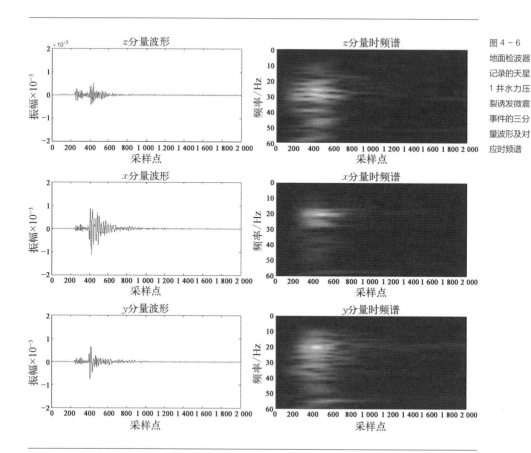

图 4 - 6
地面检波器
记录的天星
1 井水力压
裂诱发微震
事件的三分
量波形及对
应时频谱

4.2.2　信号衰减

　　微地震监测领域的学者专家们做了很多次井下和地面监测的对比试验。但大多数试验中,由于井下监测和地面监测使用相互独立的采集仪器,导致两种记录系统的GPS 授时不一致,因而后续不同流程的数据处理结果不具备可比性。2012 年,Maxwell等针对真实垂深约为 1 000 m 的较浅的 Fayetteville 页岩储层压裂部署了三种观测系统,即井下监测、地面监测和近地表监测来对比分析微地震信号。实验中,井下检波器置于水平井的水平段和垂直段中,检波器排列具有大孔径,从储层至地面的特征;地面排列包括两种,即星形排列和使用单分量、三分量及宽频地震仪的 Patch 排列;近地表监测中,检波器置于 5 口直井中;实验中所有的采集系统授时严格同步,克服了授时不准的缺点(Peyret 等,2012)。

数据处理结果显示三种观测系统都检测了清晰可见的微地震事件。这里的"可见"定义为信噪比大于 1。由于井下监测的检波器覆盖了储层深度直到地面的整个深度,因此该实验能够分析微地震信号的衰减规律。

检波器上被观察到的微震信号强度受震源强度或矩震级和旅行距离的影响。地震动强度随距离增大而降低。垂向传播导致信号损失,波形也会因为阻抗反差界面的反射和模转换变得更为复杂。井下大孔径排列的检波器记录显示随深度变浅,信号主频降低,这就是地面监测检波器接收到的信号主频要远远低于井下检波器接收到的信号的原因。

4.3   检波器硬件对比

在一般的微地震监测实践中,在地面用单分量检波器,在井下用三分量检波器。

单分量检波器灵敏度高,密封性好,一般在土壤层打孔 1 ~ 2 m 深后埋入并覆土压实。具有被测参数振幅和频率响应好、灵敏度高、抗干扰能力强的优点(王维波,2011)。

三分量检波器是多波勘探时使用的特种检波器。与单分量的常规地震检波器不同,每个检波器内装有三个互相垂直的传感器,以记录质点振动速度向量的三个分量,用于同时记录纵波、横波、转换波。三分量检波器具有以下特点:

(1) 500 Hz 内线性的频率和相位响应;

(2) 极低的噪声(−147 dB);

(3) 很高的动态范围(大于 105 dB);

(4) 高矢量保真度;

(5) 直接的数字输出;

（6）无漏电和工业电感应；

（7）在垂向上没有倾斜限制（±180°）；

（8）保证水平方向的一致性，操作简单。

4.3.1　　井下检波器参数

目前，应用于井下微地震监测的检波器为 OYO Geospace 公司的 OMNI2400 全方位检波器，它集成于 GeoRes Downhole System 中。OMNI2400 的特征如下。

（1）独有的全方位检波器设计可获得理想的矢量保真响应；

（2）高输出灵敏度［1.32 V/(in/s)[①]］；

（3）额定温度 200℃；

（4）特别适合多分量、高分辨率地震和微地震数据记录与监测。

被广泛应用于井下微地震监测的 OYO Geospace 公司的 GeoRes Downhole System（GeoRes Image ST－D 井间地震采集仪器）指标如下。

（1）多达 96 道［当采样率为(1/4)ms 时］；

（2）灵活的层距：3 m，5 m，6 m，9 m 和 15 m；

（3）24 位井下数字化；

（4）超高采样率：(1/4)ms，(1/2)ms，1 ms，2 ms，4 ms；

（5）超低本底电子噪声；

（6）超高速光缆数据传输可连续地实时记录(12 Mbps)；

（7）强共振(>650)井下 DDS－250 三分量检波器梭。

高输出双元全方位检波器 Omni2400 可获得任何方向的准确速度。

另外，由于井下监测作业环境为高温高压，因此在井下对检波器外壳有以下特殊要求：

（1）由于井深大多在 3 500～4 000 m，井温低于 120℃，检波器外壳要承受 4 000 m

---

① 1 英寸(in) =0.025 4 米(m)。

深的压力,密封性能良好;

(2)为了防止泥浆的腐蚀作用,外壳应作防腐蚀处理,以便延长使用寿命。

4.3.2 地面检波器参数

国内地面微地震监测实践中,BGT-11型微地震监测仪应用较为广泛,它适用于地面网格排列,其检波器主要工作参数如下。

(1)垂直分量单支: 频率(4.5±0.5)Hz,阻尼0.68±10%,灵敏度(400±7.5%)mV/(cm/s),电阻(890±5%)Ω,失真度小于0.2%。

(2)水平分量单支: 频率(8±0.5)Hz,阻尼0.7±10%,灵敏度(400±10%)mV/(cm/s),电阻(395±5%)Ω,失真度小于0.2%。

每件为三分量检波器,每分量串联3支,灵敏度达120 mV/(cm/s)。连接记录仪器线应当有屏蔽功能。线内屏蔽网应连接外金属筒。由检波器输出三组线,分别对应三个分量。

国内主流地面微地震监测仪的主要工作参数如表4-2所示。

表4-2 国内主流地面微地震监测仪主要工作参数

名　称	参　数	名　称	参　数
通道数	3(三分量)	输入信号分辨能力	3 μV
采样率/道	1 ms,2 ms,4 ms,8 ms可设置	幅度一致性	≤1% FSC
A/D转换器	24 位	各通道同步时间误差	≤0.1 ms
固定增益	340 倍或680 倍	失真度	≤0.5%
通频带	DC-400 Hz	道间串音,压制	79 dB
动态范围	110 dB	数据格式	可转换为SEG-Y
平均功耗	3 W	工作温度	-20~60℃
电池(持续时间)	7.5 VDC(>50 h)	存储温度	-40~85℃

对于星形排列等地面监测方式,普遍使用 Sercel 公司的 428XL 等检波器串。

另外,斯伦贝谢公司于 2014 年 2 月 4 日发布了 MS Recon 高精度微地震地面采集系统,可在地表和近地表条件下对水力压裂作业的微地震事件进行监测。斯伦贝谢公司在该系统中使用了其专利检波器加速器和超低噪电子配件,有效扩大了微地震信号探测范围,较常规系统能采集到更多的微地震波,可更好地了解水力压裂作业情况。该公司在美国得克萨斯州页岩区的一口水平井中对该系统进行了测试,结果表明,新系统的信噪比是常规系统的两倍以上,且对较小微地震波的响应更灵敏。

关于井下和地面监测用检波器的制造商及产品型号、参数,详见附录 3。

4.4　　定位精度对比

4.4.1　　定位精度

从地表至油气储层,通常是 0 ~ 4 000 m 的范围,纵波速度约为 1.5 ~ 3.5 km/s。因而即使使用 4 ms 样点间隔,也仅会导致 6 ~ 14 m 的误差,这与台站 GPS 定位误差类似。目标体扫描点的最小间隔应限制在这个尺度之内。信号的主频范围关系到信号的固有分辨率,即破裂信号中含有的最小尺度的构造变化,可在 3D 空间中取 1/4 信号波长估计该固有分辨率。一个典型的开发区内微震事件的震级为 −0.5,震中距为 3 km,深度为 4 km。分析表明,这类小破裂的信号频率范围为 5 ~ 80 Hz。即使提高噪声谱的振幅,上述范围也并没有大的变化。如果取纵波平均速度为 2.5 km/s,则分辨率范围为 8 ~ 125 m(沈深等,2009)。值得一提的是,MicroSeismic 公司利用其专利技术 PSET 算法可将水平及垂直向误差限制在 ±(3 ~ 15)m,具体数值依赖于信号质量和微震震级。

4.4.2　定位精度影响因素

影响微地震监测定位精度的因素包括观测系统、采样间隔、初至精度、速度模型精度、定位方法(Ulrich,2009)、反演算法的适用性、正演算法的精度等方面(Stoffa 等,1991；Pei 等,2009；Engell,1991)，任何一个环节的精度都会直接或间接地影响定位精度。国内外学者非常强调定位精度的重要性及定位的不确定性(Eisner、Peter,2009)，尹陈等(2013)从定性和定量两方面分析初至、速度模型及定位方法定位精度影响的具体因素，为高精度微地震定位体系的建立提供了可能的方法和指导。精准的速度模型固然可以提高微地震监测定位精度，但信噪比、初至时间和方向分量也是影响微震震源定位精度的重要因素。下面具体阐述这些影响因素。

1. 观测系统

观测系统对定位精度的影响主要是指数据检波器对地耦合和采集站 GPS 授时和定位精度。微地震监测中一般都假定检波器对地耦合良好，也即采集的数据是有效的，但这并不排除处理的数据中有耦合不好的检波器接收的数据。采集站 GPS 授时影响数据处理中各地震道准确的初至时间拾取。采集站 GPS 定位误差一般小于15 m，这种精度满足对微震震源定位的精度要求，但 GPS 定位误差在数据处理中由于选择台站数目和位置的不同，可能会有误差累加效应。

2. 微地震信号初至对定位精度的影响

微地震定位精度与 P 波和 S 波的初至有着紧密联系(Bailey 等,2008；Zimmer 等,2007)，初至的拾取主要利用 P 波和 S 波的能量特性(Munro,2005；吴治涛、李仕雄,2010)或自回归算法(Leonard,2000)拾取 P 波、S 波初至。由于微地震信号起跳较为复杂，波至延续度较长，对于自动拾取的初至往往存在拾取精度问题(Bai 等,2000；Cichowicz,1993)。李辉等(2007)利用小波技术及偏振分析进行微地震 P 波、S 波震相识别及初至拾取，但仍存在拾取精度的问题。实际资料表明，对典型的信噪比较高的微地震波，自动拾取的结果与手工拾取的结果基本一致；对量纲为 1 大振幅的微地震波，到时自动拾取结果的可靠性要高于手工拾取，对信噪比较低和到时点不清晰的微地震波自动拾取的可靠性相对较低。拾取精度往往取决于自动初至拾取技术及判断准则，通过可靠的判断准则和人机交互拾取提高拾取精度和定位精度，因此可认为该类误差是可控的,并将其归类为可控误差。

3. 速度模型引起的定位误差

关于数据处理方法和过程对定位精度的影响,国内外学者讨论的焦点在于速度模型误差造成的定位不准确度。目前的微地震监测速度建模主要应用单井声波测井资料建立 1D 速度模型或应用三维地震速度场、VSP 资料进行速度建模。以此种方法建立的速度模型不考虑层状地层的横向各向异性。国内微地震监测服务商目前普遍采用以上方法。而国外微地震监测服务公司如 MicroSeismic 和 Pinnacle 公司利用上述方法建立速度模型后,再利用射孔信号或导爆索触发地震波(相当于已知准确位置的震源)校正速度模型,并在此过程中利用迭代算法不断校正,最后获得最优的速度模型。微地震监测定位中,速度模型的准确性对定位精度起着至关重要的作用。速度模型引起的定位误差主要有以下几方面。

(1)岩石物理参数对 P 波和 S 波速度的影响

根据射孔资料校正的速度模型是地层在压裂施工作业前的静态表现。随着压裂施工的进行,地层中逐渐形成裂缝网,使得地层的压力、等效密度、体积模量、剪切模量都发生一定的变化。当新激发的微震穿过压裂液及压力改变区域时,因地层岩石物理属性的改变而导致传播速度的变化。而前期根据射孔资料校正的速度可能已不再适应该微震事件的定位而导致定位误差。随着压裂施工的进行,地层的体积模量、剪切模量、围压、孔隙压力、有效压力、密度处于一个动态的变化中,对于一个微地震事件难以做到用实时的速度模型反演定位,因此将其归为系统误差。

(2)速度各向异性的影响

致密砂岩气和页岩气往往具有较强的各向异性特征。在实际处理过程中,因将地层考虑为各向同性介质进行定位,从而导致因速度各向异性产生定位误差。该误差往往引起某个方向的定位误差或 x,y,z 三个方向的定位误差。该误差可利用各向异性速度模型而减弱,因此,将该误差归为可控误差。

(3)地层倾角引起的速度模型误差

对于页岩气或致密砂岩气藏,在压裂井与监测井段范围内地层起伏变化较小。在进行区域速度模型建立中,将其考虑为水平层状速度模型(Lomax 等,2000)并利用射孔资料校正,即用层状速度模型 $v(z)$ 近似代替真实速度模型 $v_{\mathrm{dip}}(x,y,z)$。而微震信号传播是基于实际地层速度模型 $v_{dip}(x,y,z)$ 从而产生定位误差。该类误差可通过地震地质特征,建立相对准确的起伏速度模型而得到校正,因此,将这类误差归为可控误差。

（4）多段压裂的微震定位使用同一个射孔校正的速度模型

在速度模型对定位精度的影响中,很多学者重点论述分析速度各向异性、速度结构等因素对定位精度的影响,而往往忽略射孔校正的精细速度模型的区域局部性特征,这将导致位于不同区域的微地震事件定位误差迥异。

用于微震定位的速度模型都是经过射孔校正的精细速度模型（Pei 等,2009；Bardainne 和 Gaucher,2009）。该问题分为两类,一类是在多段压裂施工过程中,始终采用一个速度模型进行定位。另一种情况是,第一段压裂施工后因裂缝开启或闭合产生的微震震源的发震时间位于第二阶段的压裂施工时间段内,在处理中采用了第二阶段的速度模型将微震定位于非发震位置,最终导致定位误差。

受射孔的数量及记录信噪比的影响,基于射孔资料反演的速度模型不能完全表征整个区域的准确速度值,从而最终影响速度反演及定位的精度。压裂涉及区域微地震震源位置未知,这无疑使定位精度的验证变得极其困难。尹陈等（2013）通过速度模型与传播路径的旅行时关系公式推导得出基于射孔资料的精细速度模型反演误差产生的主要原因为射孔信号反演路径的特定性,而微地震事件定位精度与该事件和射孔信号在地层中的传播路径有着紧密的关系。结合理论数值模拟定量地分析了经过射孔资料校正的速度能够较高精度地反演射孔附近的微地震事件,而对偏离射孔位置较远的微地震事件将出现较大的定位误差。实际射孔资料的重定位及分段压裂微地震事件定位结果有效地验证了基于射孔校正的速度模型对微地震监测定位精度的影响,即定位误差随着微地震事件与射孔距离的增大而增大。

4. 定位方法产生的误差

高精度的定位结果不仅依赖于一个稳定可靠的定位方法和高精度的初至拾取,速度模型对定位精度也有非常大的影响（Wilson 等,2003；Brown,2009）,以至于后来发展了基于各向异性的定位方法（Bayuk,2009）以及基于波形特征的定位方法以提高定位精度,同时在一定程度上增大微地震事件的识别率。定位方法产生的误差主要来源于以下几方面。

（1）定位方法本身存在的误差

在微地震监测定位方法中,主要为基于射线追踪技术的反演理论。在基于反演理论的算法中,无论是遗传算法、网络搜索法等,都涉及一个目标函数及求解最优化矩阵的评判标准,其主要决定了定位的精度与速度。在反演算法中,一般是采用粗细网格相结合的解搜索法,虽然也采用了迭代误差的概率密度的统计,找出误差分布期望较大的区域再进行细网格搜索,但是这很容易限于局部极小值。在遗传算法中,往往需要给定一个初始值,若初始值偏差太大,即可能使得计算陷入局部极值,而得不到全局的最优解。总体而言,对于反演定位算法,其定位的精度与网格尺度、迭代次数、初始输入、最优解求解矩阵及评判标准等有着紧密的关系。这类误差与定位方法的选择有关,因此可将其归为可控误差。

（2）定位方位角产生的误差

对于微地震监测的反演算法,很多时候将地层考虑为水平层状介质,在该模型下,可反演出微震点相对于坐标原点的径向距离 r 及纵向坐标 z,然后根据 P 波或 S 波的偏振信息得到该微震的发生方位角 θ_a,若方位角存在误差 $\Delta\theta_a$,将导致定位误差。该误差因方位角的求取精度总是存在的,因此,将此类误差归为系统误差。

4.4.3　定位精度对比

国内外学者讨论的另一个焦点是地面监测与井下监测定位精度的高低。国外开展了一些实验比较了地面监测和井下监测同时监测的结果。Lakings 等（2006）观测到 Barnett 页岩井水力压裂所致微震事件趋势的一致性。Robein 等（2009）发现,由井下监测和地面监测分别独立定位成像的最强微震事件指向微震事件的相同震源机制。Eisner 等（2010）指出,最强微震事件的原始时间匹配（origin-time matching）,提供了对井下和地面监测同时化最可靠的方法,他们同时也展示了地面和井下监测对较强微震定位的详细对比。Eisner 在实验中对井下和地面监测的微震位置做了相对偏移,但定位的微震事件在东西方向上的顺序及它们的原始时间一致表明匹配正确,也就是说,地面监测得到的最西边的微震事件与井下监测得到的最西边的微震事件具有相同的原始时间,这一结果证明了地面监测与井下监测具有相同的定位精度。

另外,Leo Eisner 等(2010)通过对地面监测和井下监测数据集的对比研究证实:虽然地面监测定位和井下监测定位都具有与速度模型不精确相关的类似误差,但井下监测定位在合适的监测距离上获得的垂直方向上的精度优于地面监测定位精度(图4-7)。

图4-7 地面监测定位精度与井下监测定位精度对比(据 Eisner, 2010 修改)

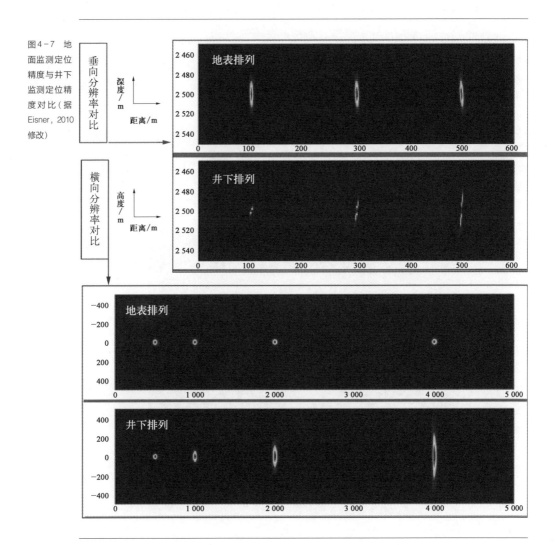

从图 4-7 可以看出,在垂直方向上,井下监测定位精度在一定监测距离内(小于 400 m)优于地面监测定位精度,但其在横向上变化大;而地面监测定位精度在横向上变化小,随着监测距离的增大,地面监测定位精度在垂直方向上会变得优于井下监测定位精度。在水平方向上,地面监测定位精度几乎不随监测距离增大而变化,并且在同一监测距离上定位精度均优于井下监测定位精度。

概括地说,地面监测定位精度通常在横向上优于井下监测定位精度,而井下监测定位精度则通常在纵向上优于地面监测定位精度。这个结论可以更直观地用人眼以不同角度辨识物体的空间尺寸来解释。如图 4-8 所示,从 12 楼俯视三辆汽车(类比地面微地震监测),只能确定三辆不同型号汽车的面积,而不能确定各辆汽车的高度。在地面侧视三辆汽车(类比井下微地震监测),可以确定各汽车的高度却不能确定其面积大小。

Leo Eisner 等(2009)综合研究了监测方式和速度模型两种重要误差源对定位精度的影响,得到的结论是: 采用深度和偏移距 1:1 的地面二维检波器排列监测获得的

图 4-8 对同一物体的人眼俯视(a)和侧视(b)

纵向定位误差大于 40 m 且易受速度模型影响;而横向定位精度通常小于 10 m 且不易受速度模型影响(表 4 - 3)(Eisner,2009)。

表 4 - 3 地面监测和井下监测定位精度对比

	垂直方向定位精度	水平方向定位精度	对速度模型敏感程度
井中单一垂直检波器排列	大多数情况下 1 ~ 10 m 误差	径向误差很小,方位误差几十米左右	垂直和水平方向定位都受速度模型影响(垂直方向受影响更大)
地面二维检波器排列(深度:偏移距 =1∶1)	大多数情况下几十米误差(>40 m)	任何方向误差都较小,大多数情况误差在 10 m 以下	垂直方向定位精度非常易受速度模型影响,水平方向定位精度几乎不受速度模型影响

4.4.4　定位精度提高方法

以上从初至误差、速度模型误差以及反演方法三个方面,定性和定量地进行了定位精度的影响因素及敏感性因素分析。在水平方向上,方位角的误差对定位的 x 和 y 方向精度具有较大的影响。而初至误差和速度模型误差,在水平方向和深度方向亦有较强的影响。微地震监测是一个是伴随着压裂施工的动态过程,这使得定位精度难以控制。因此,精度的控制必须加强处理过程中每一步的质量控制。

(1)微地震信号经过自动拾取之后,再进行人机交互编辑和调整,这能调整一部分因奇异值噪声造成的初至拾取误差,在一定程度上有利于提高定位精度。

(2)压裂伴随着地层岩石物理特性的改变,在压裂监测前有必要进行岩石物理分析,充分考虑地层压力、流体、支撑剂对地层的速度、密度的影响,建立可能的实时岩石物理模型有助于减小速度对定位精度的影响。

(3)微地震事件的震源定位是一个系统的过程,从信号的观测系统设计、压裂施工作业、预处理、精细处理到定位方法的选择等都直接影响到定位的精度,从而最终导致裂缝预测不准确进而对后期油气藏的开采和开发产生不良影响。

4.5　　　震源机制求解

矩张量反演是井下监测和地面监测求解震源机制通用的方法(矩张量反演将在第 5 章 5.3.2 节详细介绍,在此不再赘述)。但地面监测因其观测系统的特殊性,不需要做矩张量反演也可以求解震源机制。

地面观测系统尤其是星形排列 FracStar 观测系统可以覆盖整个压裂井储层的改造体积,正是由于大量检波器的多道接收覆盖范围如此之广,这种观测系统才可以分析沿一条测线的 P 波初动的变化并识别与该初动变化相关的断层面(图 4-9)。对于近乎垂直的断层,星形排列所有测线中与断层走向平行的位置检测到的 P 波初动的振幅为零,测线在该位置两侧的检波器检测的初至分别为正初动和负初动。

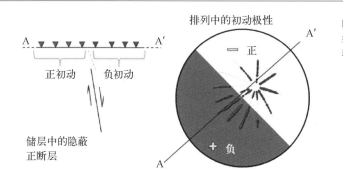

图 4-9　地面微地震检波器排列示意(据 Williams Stroud 和 Eisner, 2009 修改)

通常我们需要做震源机制矩张量反演来判断断层类型,但基于星形排列观测系统的上述特性,仅仅结合局部构造信息和背景应力张量(如果知道)就可以识别断层类型为正断层还是逆断层。更重要的是,星形排列只需要单分量(垂直分量)检波器,而不是井下监测所必需的三分量检波器(Williams-Stroud 和 Eisner,2009)。

4.6　　　井地联合监测

微地震监测技术就是通过观测、分析由压裂产生的微小地震事件来监测地下状态的地球物理技术。其监测方式主要有两种：井中观测和地面观测。井下微地震监测方式的横向定位分辨能力不足。在压裂井附近没有监测井或打井成本过高的情况下，进行地面排列观测是较为有效的办法。但地面微地震监测对纵向定位分辨能力略显不足，且接收到的信号信噪比较低。为此，Thornton 等（2013）应用地面、井中联合观测提高微地震定位精度。早期的井地联合监测试验中，地面监测效果并不理想。

1994 年，在美国 Carthage 气田进行了井地联合微地震监测试验。一个三分量检波器安置在井下 2 751 m 深度处，压裂井距监测井 393 m，在深度为 2 898 m 的致密含气砂岩中射孔压裂。在监测井与压裂井之间，距监测井约 61 m 处的地面上安置了另一个三分量检波器。井中检波器记录到的微震包括两部分：一部分是连成一片的能量水平近似相等的振动，这是各种原因（自然界的和油田生产活动）引起的微弱的连续发生的振动，形成一种微震背景；另外是一些分立的比微震背景强得多的尖陡信号。在压裂注水之前出现的尖陡信号，据分析是监测井和压裂井附近生产井（这些生产井距监测井数十米至数百米不等）天然气采出引起的微震；压裂井注入流体和支撑剂期间的尖陡信号，绝大多数是水力压裂诱生微震；而停泵后微震仍持续出现一段时间，其中的一部分是水力压裂引起微震，另一部分是生产井采气引起的微震。可以明显看出，水力压裂期间的微震强度较大，出现的频数也比压裂前和压裂后微震发生频数大得多。地面检波器记录到的微震，除了背景振动外，几乎没有明显可分辨的高于背景值的微震。地面检波器和井下检波器记录的地震特征也不相同（除仪器故障引起的振动外），这表明在地面无法记录到有足够能量的水力压裂诱生微震。研究表明，地面检波器记录到的背景振动实际上大多是泵的噪声等（Zhu 等，1996）。需要注意的是，人走动引起的干扰振动只在地面记录上出现，而在井中记录上并没有看到，这说明井中观测可以避免地面的一些干扰。

随着地面检波器制造技术进步以及更为合理的观测系统的出现，地面监测实验获得成功。TOTAL 于 2008 年在 Aguada Pichana 油田完成了独特的实验来验证其他能够用于致密气储层水力压裂成像的微地震设计（图 4-10）。实验包括压裂井中的同井监测、邻井监测、浅井中的监测以及地表密集网络监测，并对比了不同压裂段的监测结果，最后的结论如下。

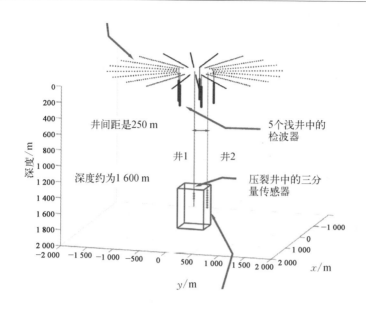

图 4 - 10 TOTAL 2008
年进行的井地联合监测
试验（据 Maxwell 等，
2011 修改）

井间距是250 m

5个浅井中的
检波器

井1　井2

深度约为1 600 m

压裂井中的三分
量传感器

（1）压裂井的同井监测失败，可能仅在不使用支撑剂的情况下才能成功；同井监测只有当压降时才能监测到事件。

（2）浅井监测没有说服力，需要改进测网及使用多分量检波器。

（3）邻井监测效果很好，但监测井与压裂井之间的距离应小于350 m。

（4）地面监测效果也很好，是邻井监测的最佳替代方案；需要更深入研究以提高事件可靠性、信噪比和定位精度；需要考虑震源机制；只能"近实时"处理。

最著名且在工业界影响最大的井地联合监测是由斯伦贝谢公司于2012 年在美国Fayetteville 页岩气田进行的实验。实验中部署了多种检波器排列，包括部署在水平井和直井中的检波器排列（井下监测）、部署在浅井中的检波器排列（浅井监测）、地面测线检波器排列以及单分量和三分量检波器的组合排列。其中，为了追踪微震信号从储层至地表的传播与衰减特征，特别部署了一个从井下一直延伸至地表的井下检波器排列。观测结果表明，无论是井下检波器还是地面检波器都记录了大量清晰可辨的微震事件。而上述特别部署的检波器排列亦用于分析信号衰减、震源辐射模式、信号在界面的分离等（Peyret 等，2012）。

综上所述,国内外已经公开发表的论文和报告表明北美和中国已经进行了大量的水力压裂地面和井下联合监测实验,数据分析结果一方面验证了地面监测尤其是星形排列观测系统可以获得和井下监测类似的精度和裂缝几何,从而证实了地面监测是可行的;另一方面也表明,地面监测接收到的有效微震事件显著少于井下监测所定位的微震事件,有时会造成同一口压裂井地面监测和井下监测结果存在巨大差异。

2009 年,对美国北达科他州 Williston 盆地 Nesson 背斜 Bakken 页岩三口水平井(Nesson State 41X-36、42X-36 和 44X-36)进行了地面和井下微地震联合监测。其中地面监测由美国 MicroSeismic 公司和 XTO 公司共同施工,采用 MSI 公司的星形排列进行数据采集,并使用其专利技术被动地震层析成像(Passive Seismic Emission Tomography,PSET)进行了微震定位。Schlumberger 公司进行了井下监测。

在 AAPG 2009 年年会的致密油气藏微地震裂缝成像分会上,MicroSeismic 公司 David Abbott 和 Schlumberger 公司的 Gary Forrest 分别做了技术汇报。汇报显示地面和井下监测结果差异很大(图 4-11、图 4-12)。

图 4-11 MicroSeismic 公司 NS44X 井水力压裂井下微地震监测结果(据 Abott 等,2009 修改)

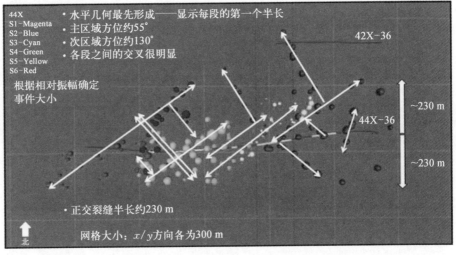

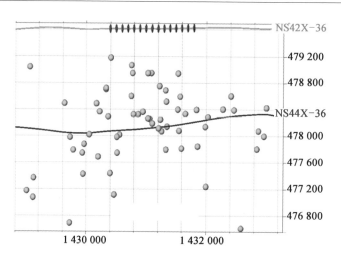

图 4 - 12　Schlumberger
公司 NS44X 井水力压裂
井下微地震监测结果
(Forrest 等，2010)

参考文献

[1] 王维波,春兰,桑宇,等. 气井压裂地面微地震监测系统开发及其应用[C]//油气藏监测与管理国际
　　　会议论文集. 2011.

[2] 尹陈,巫芙蓉,李亚林,等. 射孔校正速度对微地震定位精度的影响[J]. 地球物理学进展,2013,
　　　28(4): 1809 - 1816.

[3] 尹陈,刘鸿,李亚林,等. 微地震监测定位精度分析[J]. 地球物理学进展,2013,28(2): 800 - 807.

[4] 吴治涛,李仕雄. STA/LTA 算法拾取微地震事件 P 波到时对比研究[J]. 地球物理学进展,2010,
　　　25(5): 1577 - 1582.

[5] 李辉,戴旭初,葛洪魁,等. 基于互信息量的地震信号检测和初至提取方法[J]. 地球物理学报,2007,
　　　50(4): 1190 - 1197.

[6] Abbott D, Shaffer R, Williams-Stroud S C. Surface microseismic monitoring of hydraulic fracture
　　　stimulations, Bakken Formation, Nesson Anticline, Williston Basin, North Dakota, abstract [C]//
　　　American Association of Petroleum Geologists Annual Convention & Exhibition. 2009.

[7] Bailey J R, Smith R J, Keith C M, et al. Passive seismic data management and processing to monitor
　　　heavy oil steaming operations [C]//International Thermal Operations and Heavy Oil Symposium.
　　　Society of Petroleum Engineers, 2008.

[8] Bai C, Kennett B L N. Automatic phase-detection and identification by full use of a single three-
　　　component broadband seismogram [J]. Bulletin of the Seismological Society of America, 2000,
　　　90(1): 187 - 198.

[9] Bardainne T, Gaucher E, Cerda F, et al. Comparison of picking-based and waveform-based location methods of microseismic events: Application to a fracturing job [M]//SEG Technical Program Expanded Abstracts 2009. Society of Exploration Geophysicists, 2009: 1547 − 1551.

[10] Brown R L. Horizontal velocity measurements using microearthquake data [M]//SEG Technical Program Expanded Abstracts 2009. Society of Exploration Geophysicists, 2009: 1586 − 1591.

[11] Bayuk I O. Why anisotropy is important for location of microearthquake events in shale? [M]//SEG Technical Program Expanded Abstracts 2009. Society of Exploration Geophysicists, 2009: 1632 − 1636.

[12] Cichowicz A. An automatic S-phase picker [J]. Bulletin of the Seismological Society of America, 1993, 83(1): 180 − 189.

[13] Eisner L, Hulsey B J, Duncan P, et al. Comparison of surface and borehole locations of induced seismicity [J]. Geophysical Prospecting, 2010, 58(5): 809 − 820.

[14] Eisner L, Duncan P M, Heigl W M, et al. Uncertainties in passive seismic monitoring [J]. The Leading Edge, 2009, 28(6): 648 − 655.

[15] Engell-Sorensen L. Inversion of arrival times of microearthquake sources in the North Sea using a 3 − D velocity structure and prior information. Part II. Stability, uncertainty analyses, and applications [J]. Bulletin of the Seismological Society of America, 1991, 81(4): 1195 − 1215.

[16] Forrest G S, Olsen T, Kazantsev A S, et al. Using microseisms to monitor hydraulic fractures within the Bakken Formation of North Dakota [C]//SPE Unconventional Gas Conference. Society of Petroleum Engineers, 2010.

[17] Leonard M. Comparison of manual and automatic onset time picking [J]. Bulletin of the Seismological Society of America, 2000, 90(6): 1384 − 1390.

[18] Lomax A, Virieux J, Volant P, et al. Probabilistic earthquake location in 3D and layered models [M]//Advances in seismic event location. Springer Netherlands, 2000: 101 − 134.

[19] Lakings J D, Duncan P M, Neale C, et al. Surface based microseismic monitoring of a hydraulic fracture well stimulation in the Barnett shale [M]//SEG Technical Program Expanded Abstracts 2006. Society of Exploration Geophysicists, 2006: 605 − 608.

[20] Munro K A. Analysis of microseismic event picking with applications to landslide and oil-field monitoring settings [D]. Calgary: University of Calgary, 2005.

[21] Maxwell S C, Cipolla C L. What does microseismicity tell us about hydraulic fracturing? [C]//SPE Annual Technical Conference and Exhibition. Society of Petroleum Engineers, 2011.

[22] Maxwell S C, Cho D, Pope T L, et al. Enhanced reservoir characterization using hydraulic fracture microseismicity [C]//SPE Hydraulic Fracturing Technology Conference. Society of Petroleum Engineers, 2011.

[23] Maxwell S C, Raymer D, Williams M, et al. Tracking microseismic signals from the reservoir to surface [J]. Leading Edge, 2012, 31(11): 1300 − 1308.

[24] Peyret O, Drew J, Mack M, et al. Subsurface To Surface Microseismic Monitoring for Hydraulic Fracturing [C]//SPE Annual Technical conference and Exhibition. Society of Petroleum Engineers, 2012.

[25] Pei D, Quirein J A, Cornish B E, et al. Velocity calibration for microseismic monitoring: A very fast simulated annealing (VFSA) approach for joint-objective optimization [J]. Geophysics, 2009, 74(6): WCB47 − WCB55.

[26] Robein E, Cerda F, Drapeau D, et al. Multi-network Microseismic Monitoring of Fracturing Jobs-Neuquen TGR Application [C]//71st EAGE Conference and Exhibition incorporating SPE EUROPEC 2009.

[27] Stoffa P L, Sen M K. Nonlinear multiparameter optimization using genetic algorithms: Inversion of plane-wave seismograms [J]. Geophysics, 1991, 56(11): 1794 – 1810.

[28] Thornton M. Velocity uncertainties in surface and downhole monitoring [C]//4th EAGE Passive Seismic Workshop. 2013.

[29] Ulrich-Lai Y M, Herman J P. Neural regulation of endocrine and autonomic stress responses [J]. Nature Reviews Neuroscience, 2009, 10(6): 397 – 409.

[30] Wilson S, Raymer D, Jones R. The effects of velocity structure on microseismic location estimates: A case study [M]//SEG Technical Program Expanded Abstracts 2003. Society of Exploration Geophysicists, 2003: 1565 – 1568.

[31] Williams-Stroud S C, Eisner L. Geological Microseismic Fracture Mapping-Methodologies for Improved Interpretations Based on Seismology and Geologic Context [C]//2009 Convention, CSPG CSEG SWLS, Expanded Abstracts. 2009, 28: 501 – 504.

[32] Zhu X, Gibson J, Ravindran N, et al. Seismic imaging of hydraulic fractures in Carthage tight sands: A pilot study [J]. The Leading Edge, 1996, 15(3): 218 – 224.

[33] Zimmer U, Maxwell S C, Waltman C K, et al. Microseismic monitoring quality-control (QC) reports as an interpretative tool for nonspecialists [J]. SPE Journal, 2009, 14(04): 737 – 745.

第 5 章

微地震数据解释

通常,微地震数据处理及定位后的震源位置即事件点应该包含以下参数:日期(Date),时间(Time),段数(Stage),$x-y$ 坐标,深度(Depth),震级(Magnitude),置信度(Confidence),剪切方位(Shear Azimuth)。

在事件定位结果的基础上,绘制微地震监测的主要成果图,即诱发微地震震源分布俯视图和垂直剖面图。但这种静态图只是最基本的成果图,还需要对微震事件在时间域和空间域进行解释,深入了解多孔弹性介质的行为和属性,最终给出水力裂缝的裂缝位置、裂缝网络的几何尺寸、最大地应力方向、储层改造体积(SRV)、裂缝导流能力、评估压裂方案以及裂缝带与断层关系等参数。

通过有经验的压裂和油气藏地球物理工程师的大力配合,应用科学的工作方法以及配套的设备和软件,在压裂施工完成后即可提供压裂裂缝的高度、长度和方位角的初步结果。进一步细化速度模型,就可提供更精确的压裂裂缝几何形状的最终解释成果(关于水力压裂微地震监测标准提交成果详见附录4《CSEG 发布的关于水力压裂微地震监测标准提交成果的指导意见》)。

除了提供上述参数以外,微地震数据的精确解释可用来辅助诊断压裂故障。有时,在压裂作业中,开始注入支撑剂后,会出现滤砂现象,主要表现为地面压力开始上升。在此期间,在观察井附近发现地震波数目增加,由此可判断出发生堵塞的位置。此时,应立即停止注入支撑剂,并冲洗堵塞段,冲洗后再重新注入支撑剂。这时堵塞段被冲洗掉,裂缝得以继续延伸,裂缝末端会重新出现地震活动。

在解释微地震监测成果或使用解释后的微震成果时,我们一定需要明确的是,仅根据微地震事件定位结果进行水力压裂有效性的完整评价和裂缝网络的完全确定都存在一定的局限性。实际监测的数据表明微地震是一个高频、以剪切破裂为主且只占水力压裂破裂能量很小一部分的过程;而水力压裂实际上是一个缓慢、几乎无震的张拉破裂的地质力学过程。因此,为了能利用更多的微地震信息来评价水力压裂的有效性,需要准确地理解微地震与裂缝地质力学响应的关系(Maxwell 和 Cipolla,2011)。Warpinski(2014)的研究也表明,微地震监测并不能独立地完整描述水力压裂裂缝展布形态,地表应变监测、井中倾斜仪、光纤温度传感器及声学传感器等都可提供有用的辅助信息,并与微地震监测结合来揭示裂缝的复杂性和连通性等。微地震监测只能提供裂缝在激活和扩展过程中的信息,并不能表征裂缝的最终形态,而且实际监测到的微地震能量只是水力压裂过程释放能量极小的一部分,大部分裂缝破裂过程都被视作无震的(Maxwell,2011;Warpinski 等,2012)。就微震与裂缝地质力学响应之间的关系而言,微震和水力裂缝不是一一对应的,微地震事件点的集合不是水力裂缝的总和,也不是水力裂缝的一部分。

下面详细阐述微地震数据精细解释技术及流程。

5.1   微震事件时间-空间复杂度

不同沉积盆地的岩层处于不同的应力状态和流体压力中。它们的变化会形成新的裂缝网络。在水力压裂过程中,多孔弹性介质的应力变化不仅产生新的裂缝网络,还导致其在地层中生长发育。与此密切相关的现象是微震事件的发生。近年来,随着监测技术的日益成熟,将微震事件的位置信息、发生时间、震级和全波形存储于一个记录变得非常普遍。

和天然地震类似,微震活动具有时空递归的复杂性。一个复杂网络框架下的地震的统计研究已被用来阐明不同尺度下微震事件的递归行为。Vasudevan 等(2009)利用从在复杂网络产生的有向图来研究微震事件时空递归的统计信息。

按照 Davidsen 等(2008)和 Vasudevan 等(2010)对递归的定义,通过将每个微震事件连接至其递归,图 5-1 显示的多次压裂实验记录中的微震事件形成了生成有向图的基础。与任何事件相关的递归事件的距离间隔应形成与最短距离有关的破纪录(record-breaking)过程。

Vasudevan 等(2009)将一次多级压裂过程中发生的微震事件模拟成其时空递归的复杂网络中,他们使用图形理论来深入了解微震事件时空回放的统计和属性,并以此推断在改变后的压力下多孔弹性介质破裂的动态过程。

利用微震记录,Vasudevan 等(2009)提取了实验不同压裂段的事件数量及时空递归。在该研究中,他们假设位置和震级信息是完整且正确的。如果位置信息存在明显的错误,将影响概率密度函数曲线,而分布的形状将不会受到影响。具体该实验得出

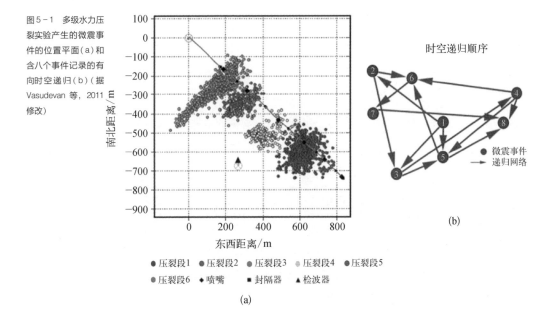

图5-1 多级水力压裂实验产生的微震事件的位置平面(a)和含八个事件记录的有向时空递归(b)(据 Vasudevan 等，2011 修改)

南北距离/m

东西距离/m

● 压裂段1　● 压裂段2　● 压裂段3　● 压裂段4　● 压裂段5

● 压裂段6　◆ 喷嘴　■ 封隔器　▲ 检波器

(a)

时空递归顺序

● 微震事件
→ 递归网络

(b)

的结论如下。

（1）构建和使用时空递归的复杂网络来了解诱发裂缝网络的特性是直观的，这样每个微震事件产生与其紧密相连的破裂几何形状。虽然我们不清楚每个微震事件准确破裂的几何形状，但其位置提供了诱发裂缝的复杂网络表示中节点的锚点。另外震级信息增加了每个节点在网络定义中的权重。

（2）定义的每个破纪录的递归都是复杂网络的边，视所有的边对网络动力学性质影响是一样的。然而，随着采集与处理技术的提高，边很可能增加权重。例如，每个边可以看作具有相关量级的应力矢量。

（3）微震时空递归的距离间隔概率密度函数曲线与沿 San Andreas 断层发生的天然地震的此类曲线相似。

（4）入度和出度的分布标记了泊松特性偏差，通常将它归因于裂缝随机网络。

（5）聚类系数剖面表明在复杂网络裂缝中一些位置比另外一些位置更能表明在孔隙压力诱发微震活动情况下的应力状态。

5.2　裂缝层析成像 TFI 技术

在微地震监测领域,"标准(Standard)"的解释成果为震源点,这个震源点可以是地震发射层析成像(SET)定位出的能量极大值,也可以是一个代表震源位置的事件点,这种成果表达方式被称为"盒子中的点(Dots in the Box)"。这两种表现形式都是间接代表水力裂缝的有机部分,需要进一步分析各震源点或事件点的相关性和时间顺序以勾勒出一条完整的水力裂缝,从而可以视为水力压裂微地震监测的间接成果。而 Global Geophysical Services 公司发明了裂缝层析成像技术(Tomographic Fracture Imaging^{TM} , TFI),微地震监测成果直接展示为水力裂缝的三维几何形态(Geiser 等,2012)。裂缝层析成像技术实质上是地震发射层析成像算法在三维空间的实现。

裂缝层析成像技术适用于地面网格排列或稀疏台网观测系统,一般在地面部署 300 台宽频单分量检波器,必要时可配合使用 60 台三分量检波器。裂缝层析成像技术的敏感性比传统微地震方法高出几个数量级,这是因为该方法注重每个体元随时间的累计信号,而不是试图辨别单一的微地震事件。和震源分析相比,该方法可以捕获更多的能量,主要原因如下。

(1) 拥有长周期的、长持续时间(LPLD)地震事件,而这些事件运用传统地震方法是检测不出来的(Das 等,2011; Zoback 等,2012);

(2) 从众多不可视为单个微地震的微小地震中捕获能量;

(3) 长时间的能量总和(几分钟到几个小时,甚至几天),而非仅仅分析微地震爆发时的主要能量。

验证裂缝层析成像技术的独立数据集包括:传统井下微地震数据、三维反射地震数据和一个在美国西弗吉尼亚州油藏特征描述实验中收集的大量数据集。西弗吉尼亚实验是在非常规油气叠合序列上进行的针对 15 口井的精细刻画工作。验证数据包括:常规井眼微地震数据、放射性裂缝示踪剂、化学裂缝示踪剂、井下成像、开关井生产测井、孔隙压力测量、地球化学识别及地球化学分析。结果显示,裂缝层析成像技术可以在几米范围内准确成像以及定位裂缝,能够精确预测油田范围内化学示踪剂的分布,精确识别较大传导性断层层位,从而可以为离散裂缝网络(Discrete Fracture Network, DFN)油藏模拟提供有效数据。

5.3 求解震源机制

压裂微地震监测技术除了研究震源定位技术之外,震源机制(focal mechanism)描述技术也日益被重视。当波场采样充足及数据质量容许时,微震结果的震源机制分析有助于解释裂缝的复杂性,尤其是压裂施工时多个已有裂缝方位被激活。震源机制分析提供诱发微震事件的裂缝破裂面的方位。震源机制对于了解压裂区的油气藏特征,例如天然裂缝发育特点、应力状态以及压裂裂缝破裂机制等有重要的指导作用,同时也是建立离散裂缝网格及估算有效压裂体积的重要参数。求解震源机制的方法主要有两种:利用 P 波信息进行震源机制反演和矩张量反演求解震源机制,具体介绍如下。

5.3.1 利用 P 波信息进行震源机制反演

对于地面监测的情况,普遍选择利用 P 波信息进行震源机制反演。尽管也可以综合利用 P 波和 S 波信息,但是地面监测的高覆盖次数、宽方位角以及大偏移距等特点,使得仅利用 P 波信息就可以得到稳定的震源机制解,同时也避免了 S 波波形提取的困难以及 S 波速度误差对反演结果的影响。但是,受地面监测资料低信噪比的影响,利用弱微地震信号进行震源机制研究有一定的困难,所以选取信噪比相对较高的强微地震事件进行震源机制反演是目前广泛采用的方法。Baig 等(2010)指出,弱微地震事件($M<0$)一般是由地层中天然裂缝的剪切-拉伸活动造成的,而强微地震事件($M>0$)则对应于已有断层的剪切运动。因此,在研究强微地震事件时,对震源做纯剪切(双力偶)源假设,并利用 P 波的辐射花样来反演震源机制解是合理的。

杨心超和朱海波(2014)通过模型算例对利用 P 波信息反演水力压裂裂缝参数方法的应用效果进行了测试。最后将该方法应用于中国某页岩气压裂井的地面微地震监测资料,并对该压裂井进行了单裂缝分析,最终得到了合理的单裂缝解释结果。

图 5-2 给出了从该工区的微地震记录中选取的一个信噪比较高的微地震事件,

在其初至 P 波波形上存在明显的极性反转现象,这说明该事件对应的是一个剪切错动或以剪切错动为主的压裂裂缝。用该方法反演得到了该压裂裂缝的方位角为 7.4°,倾角为 69.0°,滑动角为 93.2°。该裂缝的方位角反演结果与缝网主体发育方向相符,且倾角大小也符合 Fisher 和 Warpinski 所提出的压裂裂缝倾角与地层埋深的统计关系。图 5-3 给出的是从实际资料中提取的 P 波振幅相对大小与反演结果对应的理论振幅之间的对比,可以看到两者有较好的吻合关系。

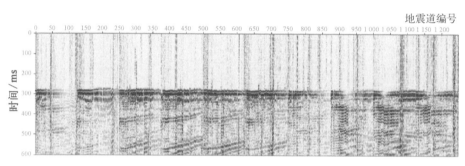

图 5-2
实际微地震
事件记录
(据杨心超
和朱海波,
2014 修改)

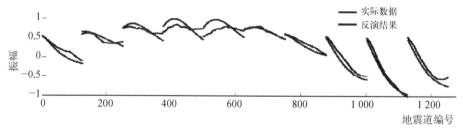

图 5-3
实际 P 波
振幅相对大
小与理论结
果对比(据
杨心超和朱
海波,2014
修改)

5.3.2　矩张量反演求解震源机制

微地震监测技术是水力压裂过程中了解压裂效果的一种非常重要的手段,通过对微地震事件的定位和能量大小估计裂缝发育的区域和几何形体。震源的矩张量反演是了解微地震事件相互作用与影响的重要研究工具,矩张量反演分析能够提供震源机制解,包括岩石破裂面的张裂和剪切滑动等属性,并获得破裂面的方向和倾角等参数,为水力压裂产生的复杂缝网的解释和进行有效压裂体积计算提供依据。

震源机制反演最初的研究工作集中在天然地震领域,Gilbert(1973)首次引入矩张量的概念,并开辟了用矩张量表示震源的研究工作的先河。在一阶近似的条件下,矩张量可以描述任意性质的震源。因此,许多学者开展了由地震波形资料反演地震矩张量的大量研究与应用试验。陈运泰等给出了线弹性条件下任意倾角的走滑和倾滑断层面在地表引起的位移场的解析表达式;陈培善等对断层的几何参数与矩震级之间的关系作了统计分析,获得了断层的长度、宽度、破裂面积、破裂长度与矩震级的关系;姚振兴等给出了利用 P 波记录资料通过波形拟合和反演确定地震矩张量的方法;姚振兴等还研究了时间域内有限地震断层破裂的正演和反演问题。

随着非常规油气藏的开发,特别是水力压裂技术的发展与应用,震源矩张量反演技术大量应用于微地震勘探中。Duncan(2005)开展了水力压裂的地面微地震监测方法研究;Baig(2010)等通过矩张量反演研究压裂裂缝的生长过程;Maxwell(2009)对比研究了微地震变形与地质力学应变,反演了微地震震源特性以及对有效压裂体积的解释。朱海波等(2014)采用广义反透射系数方法正演理论地震记录,用矩张量描述震源属性,求解观测记录和矩张量的线性方程组,反演出震源机制解,并得到水力压裂所产生裂缝的方位和倾角等参数,为压裂裂缝的解释和压裂效果评价提供了依据。理论模型和实际微地震资料的正、反演结果证明了该方法的有效性。

与震源的 P 波和 S 波振幅的准确估计和排列的稳定性问题(Eaton 和 Forouhideh,2011)的研究不同,微地震矩张量反演的研究重点在于微地震排列几何排布(Urbancic等,1993),由于地震矩张量提供了点震源的简明数学表示,因而可以用地震矩张量来描述微地震的震源机制,其提供了某一时刻的一系列没有净力矩的力偶的数学表述(倪江川等,1991),并可直接当作 P 波和 S 波的辐射特性(Gibson、梁世华,1993),从中可以获取地震波能量在震源附近的均匀介质中向外辐射的状态。从微地震观测得出的矩张量的准确值能提供不同模式的断裂的区分方法。

值得一提的是,Oye 等(2010)做了岩石破裂声发射实验,并将实验结果与谱元法(Spectral Element Method)合成数据作了比较并进行了矩张量分析。实验利用砂岩样,使用了 12 个单分量压电检波器,共振频率约为 1 MHz,采样率 10 MHz,检波器朝向岩样中心,监测的震级 < -4,震源尺度小于 0.01 m。Vosges 岩样高 127 mm,直径 50.8 mm,孔隙度约 21%,单轴压缩强度为 48 MPa,中间钻孔直径 5.2 mm。最终的网格化和谱元法分析表明:微地震事件与 X 射线 CT 图像匹配良好。

5.4   离散裂缝网络

离散裂缝网络(Discrete Fracture Network,DFN)模型是模拟和估计裂缝性储层流动性的有效方法(Dershowitz 等,1998;Karimi-Fard 等,2004;Lange 等,2004)。传统上,DFN 需要的裂缝数据包括亚米级,如取芯、岩性和成像测井,几十米的尺度如地震属性、几何分析以及构造的应变模型(Wu 等,2002;Jenkins 等,2009;Prioul 等,2009)。因为微震数据所描述的裂缝尺度介于储层的钻孔和地震属性尺度之间,所以对于压裂裂缝储层的裂缝特征提供了一个有价值的对比工具,并可以有效地约束对储层改造体积的估计。

微震约束 DFN 建模的步骤如下:

(1)根据原地应力场和成像测井数据建立天然裂缝的离散裂缝网络模型;

(2)用监测到的微地震数据建立水力裂缝模型从而对天然裂缝网络进行约束;

(3)结合水力裂缝和天然裂缝建立最终的离散裂缝网络模型;

(4)添加"凸包"确定支流,并根据最终的网络模型评估压裂效果。

Williams-Stroud 等(2013)利用油藏中产生的微地震事件生成了 DFN 模型,并利用微地震监测结果提供定量裂缝流动性(flow property)以作为油藏模拟的输入参数。研究中,储层产生较低地震能量,在压裂施工期间产生较低 S/N 的微震事件。产生的微震事件可能具有很大的不确定性,因此需要研究裂缝模型的不确定性的影响以确定油藏压裂的范围。裂缝位置和大小的不确定性通过根据油藏已知地质参数如由成像测井获得的裂缝方位和构造趋势来产生多个 DFN 算例来量化。在放大的流动性输出中,敏感参数在发送模型至油藏模拟之前被识别以减少生成模型的数量。之后,裂缝模型可通过历史拟合来验证,这允许利用对压裂油藏的总体积的更精确的估计来确定储量和指导加密钻井计划。

模拟的结果识别出与常规天然裂缝发育的储层裂缝建模有关的替代方法和假设,它们可提高微震事件约束的有效性。在具有较高裂缝位置和相对事件能量置信度水平的高信噪比的数据集中,裂缝可明确地被分配至单一事件的位置。可当作额外分量的包含代表天然裂缝网络的随机 DFN 能够允许生成在每个单元出现的裂缝的一个连续性质,同时由微震事件位置限定的 P32(单位岩石体积内的裂缝表面积)值较高。在该方法中,从测井和/或露头研究中得出的有效 P32 对约束背景天然裂缝的裂缝强度十分关键。或者,微震约束 DFN 分量的模拟区域可以赋予更大的裂缝或者裂缝可以赋予更大的孔径。

该研究模拟的结果显示,该模型是可信的和综合的油藏模型,其可用来评估中 Bakken 加密钻井潜力并预测未来井产量和行为。该方法结合现有的地质、工程和完井数据来约束并生成 DFN 模型以建立可能的未被井筒直接采样的裂缝网络。通过利用产量约束 DFN 模型,验证了预计的油藏性质,减少了地质模型的不确定性并增加了计算的 EUR 精确度。随着微地震监测结果质量和可获取性的增加,将来会有更多的机会进一步地发展这种建模方法。它也将创造更多深入了解油藏模拟的影响以开发出更具预测性和更精确的估计产量和储量的方法的机会。

5.5　　　震源-频度 b 值确定

地震活动服从古登堡-里克特(G-R)震级-频度公式(Gutenberg 和 Richter,1944):

$$\lg N = a - bM \tag{5-1}$$

式中,M 是震级;N 为震级大于或等于 M 的地震次数;a 和 b 为常数,这两个常数反映了地震活动性和地震构造。

这一关系式简明地描述了在一个复发周期内地震的活动规律。一般认为,常数 a

刻画着一个地区的地震活动性。地震活动水平似乎是由无震地动位移速率决定的,常数 a 可以视为这一速率的反应。b 值(即震级-频率关系式中的斜率)受到研究人员更多的重视,也相对稳定,世界上构造地震的 b 值通常接近1.0。斜率或 b 值的范围一般为1～2。b 值的最大似然估计为

$$b = 1/2.3(M_{av} - M_{min}) \qquad\qquad (5-2)$$

式中,M_{av} 是 M_{min} 截止值的平均震级。与总地震矩等值线类似,平均震级计算的是至少含20个事件的区域。实验证明,b 值与介质的特性有关,因此可以作为所研究区域的构造指示(秦长源,2000)。

不同的 b 值揭示震群的期望发震数量和可能的震级大小。世界范围内对 b 值的研究表明注水诱发地震的 b 值范围为2左右,这反映出注水比构造活动将产生更多的震级较小的地震。水力压裂活动诱发的地震活动中,b 值范围通常也在2左右(Maxwell 等,2008;Urbancic 等,2010;Wessels 等,2011)。水力压裂中观测到的较高的 b 值被认为是代表高压注入期间大量开启的天然裂缝。图5-4中 b 值约为1代表由断层活化等构造活动引起的微地震事件,b 值约为2代表与水力压裂注水相关的微

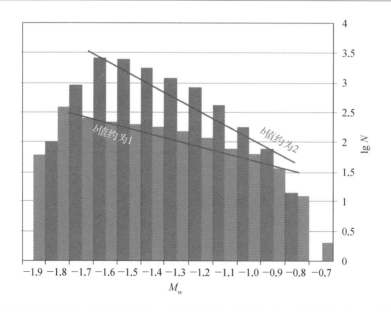

图5-4 水力压裂诱发不同类型微地震的 b 值分布(Wessels 等,2011)

地震活动。如果断层的方位有利于在原地应力条件下产生滑脱位移,水力裂缝将有可能扩展至附近的断层并使断层活化。

5.6　三维地震辅助微地震解释

尽管地表应变监测、井中测斜仪、光纤温度传感器和声学传感器采集的数据集以及测井和水力压裂施工压力曲线都可用于辅助微地震解释,但三维地震辅助微地震解释是最常见的微震辅助解释手段。这是因为,一方面,无论是开发区块还是勘探区块,三维地震早在钻井之前就已采集并解释,数据可获得性较大;另一方面,采集微地震监测技术的压裂工程一般不再采用其他诸如井下或地面测斜仪的监测手段,这导致这类数据与微震数据通常不能同时获得,综合解释或辅助解释无从谈起。

三维地震辅助微地震解释,或者称为三维地震与微地震结合的综合解释,是指利用叠前和叠后地震属性表征储层的脆性分布、断层分布和天然裂缝网络,与微震事件的分布进行综合三维可视化和平面、剖面叠合显示,综合分析水力裂缝和天然裂缝网络。

三维地震叠前属性包括由叠前反演获得的 P 波和 S 波阻抗、泊松比、杨氏模量、拉梅参数 μ 和 λ 等弹性参数以及在此基础上计算出的脆性分布;叠后属性包括曲率、相干、蚂蚁体等刻画天然裂缝和断层的地震属性。

5.6.1　水力裂缝方位辅助解释

微地震事件点的时间-空间域分布指示水力裂缝的方位,时间上先后出现的连续事件点可代表一条水力裂缝,而在空间上具有相关性的事件点可确定水力裂缝面。由于区域构造信息所提示的天然裂缝主要方位通常代表区域最大水平主应力的方位,这也是水力裂缝发育的主要方位。因此综合微地震事件点的时空分布和区域构造信息(断层分布、三维地震属性)可确定水力裂缝的主缝方位和次缝方位,这种方法已经成为国外微地震监测项目确定水力裂缝方位的常规手段。

Refunjol 等(2011)开展了美国 Fort Worth 盆地 Barnett 页岩储层地质构造、微震和三维地震综合分析。Barnett 页岩主要构造是北东向和北西向;微地震监测表明,微震事件指示的主要裂缝延伸方向与 Ouachita Thrust Front 一致,次要裂缝方向与 Muenster Arch 等一致,具有共轭特征;三维地震最大正曲率体刻画出两个互相垂直的裂缝系统,即北东-南西向和北西-南(绿色)东向,与主要构造和微震揭示的主要裂缝方位一致。

5.6.2　　　水力裂缝高度辅助解释

微地震监测可实时显示水力裂缝生长的动态信息,其中就包括水力裂缝在垂直方向上的发育即缝高。很多情况下,压裂目的层的围岩是含水层,由于水力裂缝沟通压裂目的层的盖层和下伏地层时会引起水淹,造成油气井大量产水,因此,无论是页岩、砂岩还是煤岩,在压裂时都不希望水力裂缝在高度上过度生长。当实时微地震监测到缝高异常时,可将微地震事件点投影到地震剖面上,通过同一深度域尺度上的叠加显示,可判断水力裂缝缝高生长情况。根据这些信息及时地调整压裂施工参数可避免潜在的水淹等地质灾害的发生。Hall 等(2009)报道了利用微地震监测美国 Oklahoma 州 Arkoma 盆地一口 3 500 ft 长的页岩水平井压裂水力裂缝缝高的实例,将地面微地震监测到的微震事件和二维地震剖面叠合显示,发现水力裂缝在垂向的发育范围已经超出压裂目的层,在盖层和下伏地层都有水力裂缝形成;同时,这口页岩气井大量产水也证实了水力裂缝穿透了储层上下的含水层(图 5 - 5)。

5.6.3　　　叠前地震属性辅助解释发震特征

三维地震叠前反演提供了估算影响水力压裂效果的地质力学岩石性质的方法。三维地震叠前属性包括由叠前反演获得的 P 波和 S 波阻抗、泊松比、杨氏模量、拉梅参

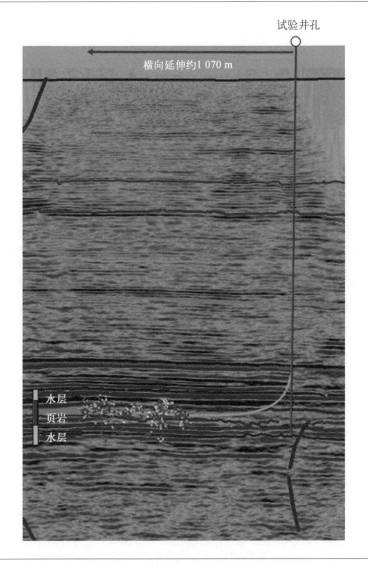

图 5-5 微地震事件和
二维地震剖面叠合显示
（据 Hall 等，2009 修改）

试验井孔

横向延伸约 1 070 m

水层

页岩

水层

数 μ 和 λ 等弹性参数常被用来描述储层性质。这些属性一方面可在压前评估阶段优化压裂设计，另一方面可在压裂验证阶段辅助解释微震事件的分布。

就压裂效果而言，最佳页岩性质如下。

（1）相对较高的杨氏模量（E）；

（2）相对较低的压缩性（λ）；

（3）相对较高的刚性（μ）；

（4）相对较低的泊松比（ν）；

（5）相对较低的 v_p/v_s。

叠前反演获得的杨氏模量和泊松比可指示储层脆性。高"破裂性"或脆性页岩具有较高的杨氏模量和较低的泊松比值。杨氏模量值低的区域微地震事件震级小,且分布均匀。而在杨氏模量突变区有可能产生大震级事件。同样地,微地震事件集中在低泊松比区域,这表明页岩脆度越多,越容易发生破裂,产生的微震事件也越多（Maxwell 等,2011）。

在美国 Barnett 页岩压裂中,微震事件和储层及围岩的纵波和横波阻抗具有相关性。微震事件分布在纵波和横波阻抗较低的页岩储层中,这表明该区域比纵波和横波阻抗较高的灰岩围岩更容易破裂。同时,微震事件的分布与泊松比约为 0.27 的储层范围呈线性正相关。微震事件与拉梅参数的交会图分析表明微震事件分布在 λ_ρ 和 μ_ρ 均较低的页岩区域,与 λ_ρ 和 μ_ρ 均较高的奥陶系碳酸盐岩显著区分开来（Refunjol 和 Marfurt,2011）。

5.6.4　　断层活化判别

天然裂缝或断层在水力压裂中扮演多重角色,可谓是把"双刃剑"：一方面,压裂作业者希望储层中具有大量天然裂缝存在,这些裂缝在压裂过程中可以重新开启,使得水力裂缝与天然裂缝、天然裂缝与天然裂缝更为充分地沟通,形成复杂的裂缝网络,从而提高储层的渗流能力；另一方面,由于水力裂缝可能沟通天然断层使其活化,或者沟通储层上下的含水层导致压裂井产水量增加,水力压裂作业者又竭力避免水力裂缝沟通一些可能连通储层上下地层的天然裂缝或断层。

断层活化判别方式有三种：一种是根据微地震事件的几何分布特征、震级大小和发震率判断,是一种定性判别方法；另外两种分别是根据震源-频度的 b 值和震级-距离交会图来判断,这两种方法为定量方法。

1. 断层活化定性判别

微地震事件点分布异常及震级异常可能是水力裂缝沟通天然小断层造成断层活

化引起,三维地震相干属性可用来刻画天然小断层,微地震事件点和三维地震相干属性的叠合图可用来显示微震事件分布和天然断层位置的相互关系,再结合地层产水等产量数据解释微震事件异常分布的原因,以及水力裂缝是否沟通了天然断层。

2007 年,切萨皮克能源公司(Chesapeake Energy)对位于美国得克萨斯州的 Banett 和 Woodford 页岩的两口直井(Sunray 72-3 #1 和 MBF 72-4 #1)进行了分段压裂,并采用了美国 MicroSeismic 公司的星形排列 FracStar 进行了地面微地震监测。微地震和三维地震综合分析表明,Sunray 72-3 #1 井压裂诱发微震事件方位与三维地震相干属性图中的 NE-SW 向天然断层方位一致并接触,且部分微震事件震级较大、数量较多,可判断为水力裂缝与该天然断层沟通造成断层活化。最终,该井的产水量升高进一步证实了 Sunray 72-3 #1 井压裂形成的水力裂缝与该 NE-SW 向天然断层沟通(Keller 等,2009)。

2. 断层活化震源-频度的 b 值定量判别

震源-频度 b 值确定详见本书第 5 章 5.5 节,此处不再展开。

b 值可用来判别与水力压裂相关的断层活化。断层活化诱发微震事件的 b 值大约为 1,而水力压裂诱发微震事件的 b 值相对要高(Maxwell 等,2009)。图 5-6 为加拿大 British Columbia 东北部上 Montney 组地层三口井水力压裂微地震事件 b 值分布

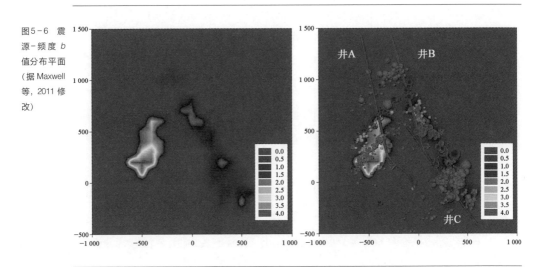

图5-6 震源-频度 b 值分布平面(据 Maxwell 等,2011 修改)

（Maxwell 等，2011）。b 值和微震事件的叠合图表明较低的 b 值（约 1.0）沿井 B 和井 C 分布，可判断该区域的微震事件与断层活化有关；而井 A 周围 b 值较高，可判断该区域微震事件代表水力裂缝的分布。

3. 断层活化震级-距离交会图定量判别

除了利用震源-频度 b 值分布定量判别断层活化的方法以外，Halliburton 旗下的 Pinnacle 微地震监测公司使用矩震级-距离图判别断层活化。矩震级-距离图是评估视距最有效的方法，也可用来确定诸如噪声、偏差和错误等。更为重要的是，它也提供了确定断层活化与否的判别工具。

这里的地震矩是微震强度的度量，矩震级是与熟知的地震里氏度量相似的对数度量。作为参考，典型水力压裂的累积工作量为近似 +3 的矩震级。

震级-距离交会图原理及绘制请参考本书第 2 章 2.2.2 节。

5.6.5　压裂屏障识别

压裂屏障（Fracture Barrier）是指水力裂缝无法穿透而阻止水力裂缝在横向或纵向上延伸的天然裂缝或断层，这一概念最早由 Maxwell（2011）提出。当局部断层或裂缝走向与区域应力方向一致时，断层或裂缝一般是开启的，或者由泥质充填，此时地层在水力压裂作用下容易破裂，甚至出现压裂液漏失现象，这类断层或裂缝为导流性的，为压裂液提供流动通道。然而，当局部小断层或裂缝走向与区域应力方向正交或大角度斜交，且断层或裂缝是闭合的时，那么在水力压裂过程中，此类断层或裂缝可以形成压裂屏障，压裂能量可能沿断层或裂缝消散，水力裂缝延伸至此断层处将停止延伸；在某些极端情况下，容易出现砂堵现象。因此，在实施压裂前预测潜在压裂屏障对优化压裂设计、避免砂堵情况是十分必要的。

国内微地震监测领域，杨瑞召等（2013）在国内首次报道了大牛地气田致密砂岩气开发水平井组大型同步压裂发生砂堵的情况。地面微地震监测结果显示，水力裂缝延伸至水平井两侧与轨迹平等的两条小断层处终止，通过与三维地震属性综合分析，认为两条小断层起到了压裂屏障作用，详见本章 5.9.5 节。

5.7　　　地质信息辅助微地震解释

微地震监测结果的解释具有多解性和不确定性。对水力压裂监测来说,只有高可靠性的成果解释才具有实际应用价值。一般情况下,我们可以根据微地震事件分布的趋势、方向性以及线性排列等来描述水力裂缝的几何分布。但当微地震数据的品质较差,如信噪比很低或者定位的微地震事件分布存在多个方向性时,上述的解释流程就会变得十分困难并且存在较大的不确定性,微地震监测结果的多解性使其对水力压裂施工的指导意义或压裂效果评价变得没有价值。

在这种情况下,借助储层所在区域的地质构造信息辅助解释微地震监测结果、消除不确定性、解释微地震事件分布的趋势以及可能出现的水力裂缝方位为什么与原地应力方位偏移可以进一步提高解释成果的可靠性。这些区域的地质信息包括世界应力分布图、声波测井数据和三维地震解释成果数据等。

Willam-Stroud 和 Eisner(2009)展示了一个实例,微地震事件线性地分布在两个方位上,表明压裂活化了两条附近的断层(图5-7)。但是,微地震事件的分布和观测系

图5-7　被水力压裂活化的两个相互沟通的断层的破裂机制(据 Willam-Stroud 和 Eisner, 2009 修改)

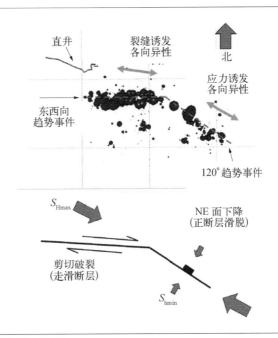

统并不能判断震源机制。通过结合井筒测量所提供的地质信息,最终确定了破裂机制和断层相互作用的全部特性。对于120°方位分布的微地震事件,断层面与该方位平行,表明测线上该波节面一侧的 P 波初动为正,另一侧为负。这种响应类型是由地下高倾角断层的倾滑造成的。东西向分布的微地震事件没有类似的 P 波初动,对这些微地震事件的合理解释是,压裂导致东西向断层活化并扩展延伸直至与上述南东走向(120°方位)的断层沟通并发生正向倾滑运动(normal dip-slip motion)。这一解释与井筒的各向异性测量一致,该测量识别了最大水平主应力方向与正倾滑断层走向一致。

5.8　　　储层改造体积和有效支撑体积

5.8.1　　　储层改造体积

1. 储层改造体积概念及发展历史

储层改造体积(或称改造储层体积,Stimulated Reservoir Volume,SRV)是水力压裂微地震监测的基本处理成果。(基本处理成果和高级处理成果的定义及区分参考附录4)SRV 这一概念是近年伴随美国非常规天然气,特别是页岩气水力压裂技术的大规模应用而提出的。在水平井多段大规模压裂改造中,微地震裂缝诊断技术得到逐渐应用,促使人们认识到改造体积与增产效果具有显著正相关的关系,进而推动了理念创新,形成了以提高最大地层接触面积为目标的压裂技术新理念,并提出了如何提高储层改造体积的技术思路。

下面首先回顾 SRV 这一概念的发展历程(图5-8):

Maxwell、Fisher 等分别于 2002 年发布了微地震裂缝测试研究成果:裂缝平面和纵向上呈复杂网状扩展形态,不是单一对称裂缝。施工注入的液体规模越大,在平面上的微地震事件波及的面积就越大,裂缝网络"长度"越长,增产及稳产效果越好。Fisher 等(2004)微地震监测研究成果系统总结了 Barnett 页岩直井压裂时的裂缝形

图 5-8　储层改造体
积 SRV 概念发展历程

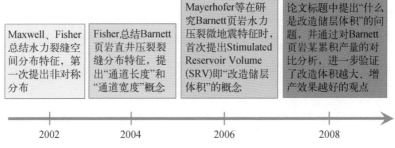

态及扩展特征,给出了直井网络裂缝典型图,并用"通道长度"和"通道宽度"来表征裂缝扩展的长度和宽度,数据表明这些通道长度可达 1 600 m,宽度可达 366 m。Mayerhofer 等(2006)在研究 Barnett 页岩的微地震技术与压裂裂缝变化时,第一次用到"储层改造体积"这个概念,研究了不同 SRV 与累积产量的关系,提出了增加改造体积的技术思路。Mayerhofer(2008)等第一次在论文标题中提出了"什么是油藏改造体积"的问题,并通过对 Barnett 页岩某累积产量的对比分析,进一步验证了改造体积越大、增产效果越好的观点。但该文并未给出完整的体积改造理念定义与内涵(吴奇等,2011)。

在国内,吴奇等(2011)对"体积改造技术"的定义和内涵、支撑该技术的理论模型及相应的技术特色等进行了系统阐述,并将体积改造技术作了广义与狭义的定义区别。将提高纵向剖面动用程度的分层压裂技术、提高储层渗流能力及增大储层泄油面积的水平井分段改造技术都认为是广义上的"体积改造技术"。狭义的体积改造技术则是针对通过压裂手段产生网络裂缝为目的的改造技术而言的,其相应的定义与作用为:通过压裂的方式对储层实施改造,在形成一条或多条主裂缝的同时,通过分段多簇射孔,高排量、大液量、低黏液体,以及转向材料与技术等的应用,实现对天然裂缝、岩石层理的沟通,以及在主裂缝的侧向强制形成次生裂缝,并在次生裂缝上继续分枝形成二级次生裂缝,依次类推。让主裂缝与多级次生裂缝交织形成裂缝网络系统,将可以进行渗流的有效储集体"打碎",使裂缝壁面与储层基质的接触面积最大,从而使得油气从任意方向的基质向裂缝的渗流距离最短,极大地提高了储层的整体渗透率,实现了对储层在长、宽、高三维方向的全面改造。该技术不仅可以大幅度提高单井产量，还能够降低储层有效动用下限，最大限度提高了储层动用率和采收率。

当前，在水力压裂微地震监测实践中，尤其是页岩气水平井多段体积压裂微地震监测项目中，通过定位后的微地震事件点生成 SRV 立体图像及数值是微地震监测作业者必须提交的成果。压裂施工人员可通过 SRV 图件和数值直观地判断改造的储层体积大小和评价压裂效果。

同时，微地震监测领域也出现明显的"去 SRV 化"趋势。通过统计分析 2006—2015 年间发表的有关 SRV 的 SPE 会议论文及相关期刊论文发现，关于 SRV 的描述及工程应用在逐渐减少。实践中，基于 SRV 预测的产能和压裂井的实际产能符合率较低，越来越多的压裂工程师不相信 SRV 和基于 SRV 做出的渗透率及产能预测，结果是定量描述储层改造体积的 SRV 逐渐淡出，被 EPV（Effective Propped Volume，有效支撑体积）的概念所取代。

2. SRV 建模方法

通过微地震事件点的空间分布计算 SRV 主要有三大类：第一类是纯粹基于事件点的空间分布，即利用微震事件云的三维形状拟合生成 SRV。算法上主要有计算包络全部事件点的立方体体积、椭球体或任意三维立体的体积。这类方法是目前微震领域应用最为广泛的传统 SRV 建模方法，由于在距离井筒较远处通常分布有一定数量的孤立事件点，使得该类方法计算得到的 SRV 通常较大。

第二类方法是首先将微震事件的空间分布范围网格化，然后计算网格化的体积。该类方法严重依赖微震事件的密度，并且单元网格的大小设置直接影响 SRV 的大小。另外，该类方法与第一类方法一样，计算得到的 SRV 可能比实际 SRV 要大得多；同时也可能低估裂缝网络的连通性，例如当设置的单元网格体积较小时，通常为产生较多的不连通或离散的体积。

第三类方法同时考虑事件点的时间与空间分布，利用微震发生的时间序列首先计算得到裂缝网络，然后基于该裂缝网络的距离场（distance field）计算时间依赖的 SRV（Hugot 等，2015）。该类方法计算得到的 SRV 通常小于前两类方法计算的 SRV，是一种较为保守的计算方法。具体实现过程，首先根据微震事件的发生时间并按照一定的连接准则将事件点连接，形成复杂的裂缝网络。连接准则为微震事件的震级、储层和裂缝的属性(包括网络分支长度、应力、各向异性和天然裂缝方位等)。连接后的裂缝将展示裂缝发育模式的真实形状,并获得一些新的属性,包括弯曲度(sinuosity)、分支指数(branch index)和沿裂缝网络至压裂段的距离。事件点连接的方法有事件-事件连接和事件-网络连接两种。连接算法具体步骤如下。

(1) 按时间 t 顺序排列微震事件 $P(x, y, z, t)$。

(2) 定义网络 N 的源(种子)点。当 M 包含射孔、压裂段、射孔簇信息时,应用它来定义种子点。至种子点的距离可定义为 0。

(3) 定义微震事件 $P(x, y, z, t)$ 之间的连接准则 $d(P, N)$ 和网络 N。

① EE 连接准则为 t 时刻微震事件与网络中其他多个微震事件之间的最短距离;

② EN 连接准则为 t 时刻微震事件与网络之间的最短距离;

③ EE 连接准则为 t 时刻微震事件与网络中其他多个微震事件之间的最短距离;

④ EN 连接准则为 t 时刻微震事件与网络之间的最短距离;

⑤ 各向异性连接准则使微震事件之间的连接路径成为各向异性的(朝向特定方位);

⑥ 其他的连接准则包括事件和网络属性的组合(如段长度、应力、震级等)或更大的全局尺度属性,如天然裂缝集方位以及/或者各向异性准则;

⑦ 也可包含非连接准则,这些准则基于事件和网络属性,如最大距离、最小延迟时间、地质沉积相或地层单元等。

(4) 利用 M 中第 i 个微震事件 $P(x, y, z, t)$ 来确定或计算准则 $d(P, N)$,找至网络 N 的连接点 c。

(5) 生成 c 和 p 之间的路径。

(6) 计算距种子点的距离,即微震事件 $P(x, y, z, t)$ 至 c 的距离 $+c$ 至种子点的距离。

5.8.2　有效支撑体积

SRV 通常的做法是根据微地震的事件点的分布情况来确定,可以利用 SRV 对压裂的规模进行定性比较。但是 SRV 要描述压裂后的泄油面积,就存在较大的问题。

原因是微地震监测只检测液体的去向,而不是支撑剂的位置,压后返排阶段大量的水力裂缝会闭合,只有被支撑剂支撑起来的水力裂缝才是对渗透率或泄油有贡献的体积。由于压裂时储层应力变化也可引起微震事件,这将导致微震事件的分布范围不仅包含压裂液到达的范围,还包括更大的储层应力扰动范围。而我们要真正关心的不是油藏有多少体积被压裂到了,而是被支撑剂填充并支撑的具有裂缝导流能力的裂缝体积是多少,即有效支撑体积(Effective Propped Volume, EPV)。显然,EPV 要远小于 SRV(图 5-9)。

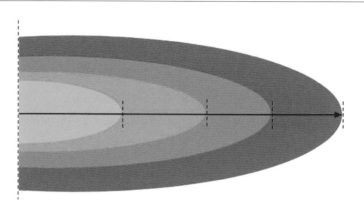

图 5-9 压裂各种体
积示意

支撑体积 EPV < 水力裂缝体积液体到达体积 < 应力体积 < 微震体积 SRV

Shawn Maxwell 于 2013 年发表文章《Beyond the SRV — The EPV provides a more accurate determination of reservoir drainage in shale reservoirs》,详细阐述了如何基于 SRV 进行 EPV 的识别、量化和地质建模。目前有两种辅助技术或工具,一种是矩张量反演(Moment Tensor Inversion, MTI),另一种是地质建模技术。同时,Maxwell 指出 EPV 的重要性和指导性应用,用 EPV 才能更好地指导压裂的级数、级间距设计等,也可能 EPV 才是用来指导压裂工程的正确参数。

虽然利用微地震数据很难定量描述被支撑剂支撑的有效水力裂缝范围(EPV),但探索多种数据集和多种方法协同模拟支撑剂的分布是当前微震研究领域的热点。美国 MicroSeismic 公司的专家探索了如何利用多种方法模拟和验证支撑剂的分布。McKenna(2014)一方面建立了支撑剂填充裂缝模型,另一方面通过识别注入前置液和携砂液引起的不同微震事件获取了观测到的支撑剂分布。这两种方法获得的支撑剂分布的相似性验证了每种方法的可行性和有效性,结果可用来优化未来的完井技术。

McKenna(2014)将上述技术成功应用在加拿大 British Columbia 省 Horn River 页岩 Evie 段和 Muskwa 段的压裂效果评估中。对 9 口井(Evie 段 3 口,Muskwa 6 口)压裂效果的评价显示:Evie 段的井约 15% 的 SRV 被支撑剂充填,Muskwa 段的井约 29% 的 SRV 被支撑剂充填。虽然造成 Evie 和 Muskwa 页岩 EPV 比例差异的原因有待于从储层岩性、应力及完井技术方面进一步调查,但这一分析结果表明 EPV仅是 SRV 的一小部分,其对改造后储层渗透率和泄油面积有贡献的范围比 SRV 描述的范围要小得多。

另外值得一提的是,目前已出现了可有效描述 EPV 的电磁监测技术,该技术极有可能取代微地震技术来更准确地描述支撑剂的分布。电磁监测是指通过改造支撑剂,如在支撑剂中加入导电粒子或涂敷导电薄膜,利用电磁方法对这些粒子成像,从而定位支撑剂分布的技术。在这一领域,加拿大 British Columbia 大学的 Heagy 等(2014)通过数值模拟的方法论证了电磁监测技术的可行性。美国得克萨斯大学 Austin 分校的 Basut#S, #Sharma(2014)在美国能源部的资助下,研发了低频电磁感应(Low Frequency Electromagnetic Induction, LFEI)技术及相应的井下工具,可检测长达 75 m的缝长、0.5 cm 缝宽及与水平井筒呈 45°交角的水力裂缝。实验结果发现:

(1)发射-接收间距 60 m 效果较好,并且接收间距越小越好;

(2)最佳频率约为 100 Hz;

(3)基质电阻率为 1 ~ 500 Ω·m 时效果最好;

(4)套管井信噪比更高。

5.9   从预测到监测的综合油藏描述

在非常规致密砂岩气开发的早期阶段,工程因素具有决定性作用。由于具有极低的渗透率,开发致密砂岩气藏要求综合多个工程学科的知识,以解决水平井钻井和分段完井压裂的问题,以达到获得经济产能的目的。水平井分段完井压裂能够通过水力裂缝网络最大化井眼与储层接触面积以提高油藏渗透率,使天然气流动至生产井中。

微地震监测技术提供了表征由于水力压裂增产施工而形成的人工裂缝网络的方法,它能确定增大储层面积以优化渗流面积。水力压裂过程中注入的压裂液可引起储层应力场变化,导致储层岩石破裂并释放能量,能量以地震波的形式传播,可由部署在地面的检波器记录。对记录到的微地震数据进行处理,可确定与破裂有关的震级大小和发生位置。

水力压裂微地震监测已成为非常规致密砂岩气完井作业中的常规程序。利用微地震监测结果评价压裂效果已十分普遍。通过对微地震数据的处理和解释可获得水力裂缝的准确走向,以及裂缝的空间形状、尺寸等数据,还可给出水力裂缝带中流体通道的图像。此外,它还可给出水力裂缝随时间发育过程的图像,从而为水力压裂方法的理论研究和技术发展提供不可替代的资料。

三维地震数据可以用于油藏描述中以更好地了解储层非均质性。曲率体和蚂蚁体以及相对阻抗可用来研究储层裂缝分布及水平地应力方向,获得与储层地质力学性质相关的信息,以指导压裂施工。另外,利用三维地震资料对小断层和裂缝的表征可以确定局部水平应力方向和识别出可能影响水力裂缝延伸的潜在压裂屏障,进而辅助解释微地震监测结果。

当前,微地震监测领域出现了一个新的趋势:即综合微震和其他关于裂缝和应力的地质信息开展基于多数据集(地质、地震、微地震和压裂施工参数)的综合油藏描述,将传统的基于钻、录、测井及三维地震的静态油藏描述扩展到基于多数据集的综合动态油藏描述。这其中很重要的一方面就是微地震与成像测井、三维地震结合开展综合油藏描述。利用微地震数据进行综合油藏描述的过程,实质上也是利用其他数据集尤其是成像测井和三维地震资料辅助解释微地震监测结果的过程。

一方面成像测井和三维地震表征的天然裂缝系统是储层地应力场的指示,可用来解释微地震事件所提示的水力裂缝的方位(一般沿最大水平主应力方向);另一方面,三维地震曲率体、蚂蚁体、相干体等属性所刻画的断裂系统(包括各种尺度的断层和裂缝)可用来辅助判别水力裂缝与天然裂缝的相互作用,甚至判断压裂屏障或断层活化。

杨瑞召等(2013)在国内首先提出"从预测到监测"的综合油藏描述思路,即按照

"压前预测、压中监测、压后评价"的技术思路,在压裂前利用三维地震相干体、蚂蚁体、曲率体等几何属性描述天然裂缝系统,在压裂时开展水力压裂微地震实时监测,在压裂结束后结合微地震监测结果、三维地震数据和压裂施工数据综合评价压裂效果和开发综合油藏描述。

5.9.1 　　　曲率属性确定局部应力方向

确定储层断层或裂缝方位以及水平应力方向直接而有效的方法是利用成像测井获得的玫瑰图。而在叠后地震数据中提取曲率这种几何属性是间接预测裂缝的有效方法。

曲率属性测量的是地震数据的构造形状,最大正曲率图可突出显示背斜尤其是背斜的枢纽带。Nelson(2001)的分析表明,岩石中具有最大曲率值区域与具有最大应变值区域之间具有正相关的关系,这使我们可以利用三维地震曲率属性来预测裂缝。

在三维地震沿层曲率属性图上解释断层或裂缝线性特征,并使用解释的线性特征生成与成像测井相似的裂缝方位玫瑰图是确定断层或裂缝方位的替代方法。

图5-10是六井组各井水平段B靶点连线范围内的最大正曲率分布。根据此曲

图5-10 曲率属性预测
最大水平主应力方向

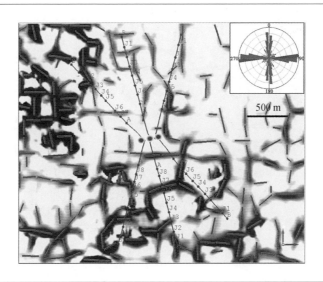

率分布,应用上述方法获得了由曲率属性解释统计生成的方位玫瑰图(图中右上角内嵌图),其表明:六井组附近局部现今最大水平主应力方向为 NE85°左右,最小水平主应力方向与此方向垂直正交。

5.9.2　　　曲率属性确定天然裂缝开启闭合状态

尽管曲率可以测量相对弯曲、构造变形和可能的裂缝,我们仍需要根据井壁崩落、成像测井和方位各向异性信息估计现今应力场。

通过分析六井组各井井壁崩落信息,估计六井组附近区域(六水平段 B 靶点相连成的矩形框内范围)现今应力场方向为 NE85°左右。因此,与此方向平行的裂缝将是开启的,而与此方向垂直或大角度斜交的裂缝将是闭合的。

图 5-11 为六井组压裂目的层最大正曲率沿层时间切片,红色曲率正值指示裂缝枢纽带,右上角内嵌红色箭头指示由井壁崩落测量获得的现今地应力。与现今水平应力方向平行的裂缝应是开启的(蓝色箭头),而与现今水平应力方向垂直的裂缝应是闭

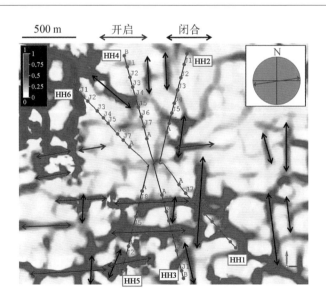

图 5-11　曲率属性结合井壁崩落信息确定天然裂缝开启闭合状态

合的(黑色箭头)。穿过开启裂缝带的水平段预期更容易压裂,而附近存在闭合裂缝的水平段在水力压裂施工时,地层将难以压开,甚至由于闭合裂缝阻挡水力裂缝延伸而发生砂堵现象。

5.9.3　利用蚂蚁体预测小断层

在油藏描述中,了解断层几何分布是最基础也是最关键的。断层的存在可能带来钻井地质危害,也可能影响水平井的完井。局部应力方向与区域应力方向的偏离可能由局部小断层的存在引起,这种局部小断层往往会影响水力压裂裂缝的延伸。研究中,利用蚂蚁追踪技术在三维地震数据体上追踪并检测出六井组压裂目的层附近的小断层,并从中提取了小断层分布平面图以与上述曲率分布平面图相结合来进行更为深入的研究。

蚂蚁追踪算法被用来计算并生成断层属性体,步骤包括数据预处理、边缘探测和蚂蚁追踪。预处理步骤将保存断层边缘特征的平滑算子应用到原始数据体上以增强反射轴的连续性,同时保存与断层响应相对应的不连续同相轴。边缘探测用来提取代表地震图像中不连续性质的特征。然而,这一过程不仅会探测到断层的不连续性,也将会探测到包括河道边界、采集脚印、反射轴振幅变化和许多其他使反射轴不连续的特征。蚂蚁追踪算法在边缘探测体内提取出仅代表断层的特征。这一算法模拟自然界中蚂蚁的觅食行为而产生,主要通过称为人工蚂蚁的智能群体之间的信息传递来达到寻优的目的,使蚂蚁总是偏向于选择信息素浓的路径,通过信息量的不断更新最终收敛于最优路径上。运用在地震勘探领域,我们在边缘探测体中(相干体、方差体)中播撒大量的电子蚂蚁,同时设置断裂条件,某单个蚂蚁沿满足条件处追踪,同时释放信息素,吸引其他蚂蚁沿其追踪,并进行标注,直到不满足条件为止。蚂蚁追踪的最终结果为仅仅与类似断层特征相对应的地震属性体。

蚂蚁追踪的结果被用来识别储层中存在的天然断层并提供局部应力变化信息。应力变化表现为地震波速度变化,这可由地震振幅检测。因此,不表现为明显的同相轴错断的地震非连续性也可以指示应力增大(低于地震分辨率的断层,仍具构造负载)

区域,这些区域在水力压裂的有效应力下更容易释放应变。

5.9.4　曲率和蚂蚁体结合预测潜在压裂屏障

　　根据第5.6.5节所述,在研究过程中,通过曲率属性确定断层或裂缝走向和开启、闭合状态后,在蚂蚁追踪的结果图上识别了潜在的压裂屏障。如图5‒12所示,预测F1、F2、F3、F4、F5、F6、F7和F8小断层为闭合断层,在压裂过程中可能起到压裂屏障作用。图5‒12中,椭圆阴影中圈出的小断层为预测的潜在压裂屏障,其走向与右上角内嵌图中压裂屏障方位一致与导通裂缝方位垂直。

图5‒12　蚂蚁体沿层切片预测潜在的压裂屏障

5.9.5　微地震与三维地震结合确定压裂屏障

　　同步压裂HH4井和HH6井过程中,压裂HH6井第二段时出现砂堵情况,油压曲线剧烈波动(图5－13)。此时,HH6 井第二段进砂量已达 37.8 m³(设计砂量为44.1 m³),这说明水力裂缝已延伸一定距离,并且在压裂最后阶段其延伸受阻,导致无法进砂。

图5－13　HH6 井第二段压裂施工曲线

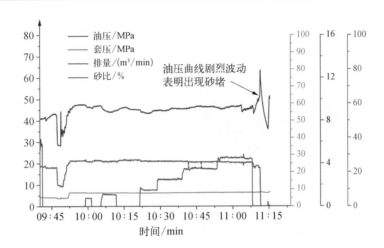

图5－14 为本段的压裂微地震监测结果。对裂缝的空间-时间域解释(图中红蓝实线,红色代表主要裂缝,蓝色代表次要裂缝)表明:(1) HH4 井和 HH6 井水力裂缝主要走向约为 NE85°,裂缝延伸方向与最大水平主应力方向一致,裂缝延伸受局部最大水平主应力控制。(2) HH6 井压裂带左翼长 126.7 m,右翼长 108.9 m; HH4 井压裂带左翼长 140.2 m,右翼长 141 m。HH6 井裂缝延伸长度明显小于 HH4 井裂缝延伸长度。结合三维地震预测的压裂屏障,上述微地震监测结果证实了 F3 和 F4 小断层为压裂屏障。裂缝在沿最大水平主应力方向(约 NE85°)由井筒向远处延伸至 F3 和 F4 闭合小断层时,由于延伸距离已较远,达到 120 m 左右,压裂能量沿断层消散,水力裂缝延伸至此断层处停止延伸。

结合 HH6 井和 HH4 井同步压裂出现的砂堵情况及微地震监测结果,对 HH3 井和 HH5 井同步压裂施工关键参数排量和加砂量做出相应调整,避免因潜在压裂屏障的存在而导致砂堵。三维地震曲率及蚂蚁体预测结果显示,在 HH3 井和 HH5 井第 1 到第 5 压裂段附近存在潜在压裂屏障,应降低排量、减少加砂量,避免水力裂缝延伸至

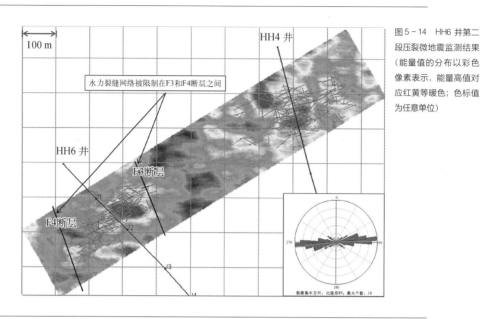

图5-14 HH6 井第二段压裂微地震监测结果(能量值的分布以彩色像素表示,能量高值对应红黄等暖色;色标值为任意单位)

压裂屏障而导致砂堵。以 HH4 井和 HH5 井第 4 压裂段为例,HH4 井排量为 4.3 ～ 4.5 m³/min,加砂量为 46.8 m³;HH5 井排量降至 4.2 ～ 4.3 m³/min,加砂量相应减少至 43.3 m³,同步压裂施工正常。

在压裂施工过程中,根据三维地震和微地震监测结果及时调整压裂施工参数,有效避免了砂堵情况的再次出现。六井组共 48 个压裂段在水力压裂施工过程中,仅 HH6 井第二段出现砂堵,其他全部压裂段未出现砂堵现象。造成这一现象的原因在于,HH6 井第 2 段两侧存在 F3 和 F4 闭合小断层,压裂屏障成对出现,导致水力裂缝在两侧均不能延伸更远,从而造成砂堵。但是,F1、F2、F5、F6、F7 和 F8 闭合小断层作为压裂屏障对于压裂段来说是单一出现的,当水力裂缝在压裂屏障一侧延伸受阻时,水力裂缝可以在压裂屏障相对的一侧延伸更远,因而不会出现砂堵。以 HH1 井第 1、2 段压裂为例[图 5 - 15 (a)],压裂段附近 F8 闭合小断层作为压裂屏障,阻止水力裂缝沿 NE 方向延伸,第 1、2 段压裂带右翼水力裂缝长度仅分别为 105.1 m、117.9 m,而水力裂缝在 SW 方向比 NE 方向延伸更大距离,压裂带左翼水力裂缝长度分别达 145.3 m、152.9 m。其余压裂段不受压裂屏障 F8 影响,水力裂缝在井筒左右翼延伸长度相近[图 5 - 15(b)]。

图 5 - 15
(a) HH1 井第一段压裂微地震监测结果；
(b) HH1 井八段水力裂缝长度统计直方图（横坐标为水力裂缝长度，红、蓝色柱形分别代表压裂段北东方向和南西方向水力裂缝长度；纵坐标为各压裂段，S$_i$代表第 i 压裂段）

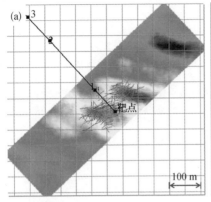
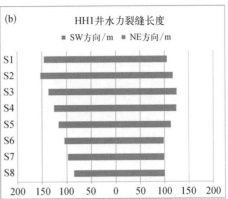

参考文献

［1］杨心超,朱海波.水力压裂裂缝参数反演方法研究及应用[J].2014 年中国地球科学联合学术年会——专题 18：油藏地球物理论文集,2014：1044-1047.

［2］朱海波,杨心超,王瑜,等.水力压裂微地震监测的震源机制反演方法应用研究[J].石油物探,2014,53(5):556-561.

［3］倪江川,陈运泰,陈祥熊.地震矩张量及其反演[J].地震地磁观测与研究,1991(5):1-17.

［4］秦长源.地震震级误差对 b 值的影响[J].地震学报,2000,22(4):337-344.

［5］杨瑞召,赵争光,彭维军,等.三维地震属性及微地震数据在致密砂岩气藏开发中的综合应用[J].应用地球物理,2013,10(2):157-169.

［6］吴奇,胥云,王腾飞,等.增产改造理念的重大变革——体积改造技术概论[J].天然气工业,2011,31(4): 7-12.

［7］Basu S, Sharma M M. A new method for fracture diagnostics using low frequency electromagnetic induction［C］//SPE Hydraulic Fracturing Technology Conference. Society of Petroleum Engineers, 2014.

［8］Baig A, Urbancic T. Microseismic moment tensors：A path to understanding frac growth［J］. The Leading Edge, 2010, 29(3): 320-324.

［9］Davidsen J, Grassberger P, Paczuski M. Networks of recurrent events, a theory of records, and an application to finding causal signatures in seismicity［J］. Physical Review E, 2008, 77(6): 066104.

［10］Das I, Zoback M D. Long-period, long-duration seismic events during hydraulic fracture stimulation of a shale gas reservoir［J］. The Leading Edge, 2011, 30(7): 778-786.

［11］Duncan P M. Is there a future for passive seismic?［J］. First Break, 2005, 23(6).

［12］Dershowitz B, LaPointe P, Eiben T, et al. Integration of discrete feature network methods with conventional simulator approaches ［C］//SPE Annual Technical Conference and Exhibition. Society of Petroleum Engineers, 1998.

［13］Eaton D W, Forouhideh F. Solid angles and the impact of receiver – array geometry on microseismic moment – tensor inversion ［J］. Geophysics, 2011, 76(6): WC77 – WC85.

［14］Geiser P, Lacazette A, Vermilye J. Beyond dots in a box: An empirical view of reservoir permeability with tomographic fracture imaging ［J］. First Break, 2012, 30(7): 63 – 69.

［15］Gilbert F. Derivation of source parameters from low – frequency spectra ［J］. Philosophical Transactions for the Royal Society of London. Series A, Mathematical and Physical Sciences, 1973: 369 – 371.

［16］Hugot A, Dulac J C, Gringarten E, et al. Connecting the Dots: Microseismic – Derived Connectivity for Estimating Volumes in Low – Permeability Reservoirs ［C］//Unconventional Resources Technology Conference. Society of Petroleum Engineers, 2015.

［17］Heagy L J, Oldenburg D W, Chen J. Where does the proppant go? Examining the application of electromagnetic methods for hydraulic fracture characterization ［J］. GeoConvention 2014, CSEG, Search and Discovery Article 90224, 2014.

［18］Hall M, Kilpatrick J E. Surface microseismic monitoring of slick – water and nitrogen fracture stimulations, Arkoma Basin, Oklahoma ［M］//SEG Technical Program Expanded Abstracts 2009. Society of Exploration Geophysicists, 2009: 1562 – 1565.

［19］Jenkins C, Ouenes A, Zellou A, et al. Quantifying and predicting naturally fractured reservoir behavior with continuous fracture models ［J］. AAPG bulletin, 2009, 93(11): 1597 – 1608.

［20］Karimi – Fard M. Growing region technique applied to grid generation of complex fractured porous media ［C］//ECMOR IX – 9th European Conference on the Mathematics of Oil Recovery. 2004.

［21］Keller W R, Hulsey B J, Duncan P. Correlation of surface microseismic event distribution to water production and faults mapped on 3D seismic data: A West Texas case study ［M］//SEG Technical Program Expanded Abstracts 2009. Society of Exploration Geophysicists, 2009: 1524 – 1526.

［22］Lange A, Basquet R, Bourbiaux B. Hydraulic characterization of faults and fractures using a dual medium discrete fracture network simulator ［C］//Abu Dhabi International Conference and Exhibition. Society of Petroleum Engineers, 2004.

［23］McKenna J. Where did the proppant go? Unconventional Resources Technology Conference, Denver, Colorado, 25 – 27 August, URTeC: 1922843 ［J］. 2014.

［24］Maxwell S C, Cipolla C L. What does microseismicity tell us about hydraulic fracturing? ［C］//SPE Annual Technical Conference and Exhibition. Society of Petroleum Engineers, 2011.

［25］Maxwell S C, Cho D, Pope T L, et al. Enhanced reservoir characterization using hydraulic fracture microseismicity ［C］//SPE Hydraulic Fracturing Technology Conference. Society of Petroleum Engineers, 2011.

［26］Maxwell S C, Waltman C, Warpinski N R, et al. Imaging seismic deformation induced by hydraulic fracture complexity ［J］. SPE Reservoir Evaluation & Engineering, 2009, 12(01): 48 – 52.

［27］Maxwell S C, Shemeta J E, Campbell E, et al. Microseismic deformation rate monitoring ［C］//SPE Annual Technical Conference and Exhibition. Society of Petroleum Engineers, 2008.

［28］Maxwell S C, Jones M, Parker R, et al. Fault activation during hydraulic fracturing ［M］//SEG Technical Program Expanded Abstracts 2009. Society of Exploration Geophysicists, 2009: 1552 – 1556.

［29］Mayerhofer M J, Lolon E P, Youngblood J E, et al. Integration of microseismic – fracture – mapping results with numerical fracture network production modeling in the Barnett Shale ［C］//SPE Annual

Technical Conference and Exhibition. Society of Petroleum Engineers, 2006.

[30] Mayerhofer M J, Lolon E P, Warpinski N R. What is stimulated reservoir vlume (SRV)? [J]. SPE119890, 2008: 1 - 13.

[31] Nelson R. Geologic analysis of naturally fractured reservoirs [M]. Gulf Professional Publishing, 2001.

[32] Oye V, Gharti H N, Aker E, et al. Moment tensor analysis and comparison of acoustic emission data with synthetic data from spectral element method [C]//SEG Technical Program Expanded Abstracts 2010. Society of Exploration Geophysicists, 2010: 2105 - 2109.

[33] Prioul R, Kachanov M, Jocker J. Identification of Simple Microstructural Parameters of Fractures with Rough Surfaces Using Hertzian Contact Model [C]//71st EAGE Conference and Exhibition incorporating SPE EUROPEC 2009. 2009.

[34] Gibson R L, 梁世华. 在快速和慢速地层中井中震源的地震波辐射模型[J]. 油气藏评价与开发, 1993(5):55 - 58.

[35] Refunjol X E, Marfurt K J, Le Calvez J H. Inversion and attribute - assisted hydraulically induced microseismic fracture characterization in the North Texas Barnett Shale [J]. The Leading Edge, 2011, 30(3): 292 - 299.

[36] Urbancic T I, Trifu C I, Young R P. Microseismicity derived fault - Planes and their relationship to focal mechanism, stress inversion, and geologic data [J]. Geophysical Research Letters, 1993, 20(22): 2475 - 2478.

[37] Urbancic T, Baig A, Bowman S. Utilizing b - values and Fractal Dimension for Characterizing Hydraulic Fracture Complexity. GeoCanada - Working with the Earth. ESG Solutions, 2010.

[38] Vasudevan A. Re - inforced stealth breakpoints [C]//Risks and Security of Internet and Systems (CRiSIS), 2009 Fourth International Conference on. IEEE, 2009: 59 - 66.

[39] Vasudevan K, Eaton D W, Davidsen J. Intraplate seismicity in Canada: a graph theoretic approach to data analysis and interpretation [J]. Nonlinear Processes in Geophysics, 2010, 17(5): 513.

[40] Vasudevan K, Eaton D W, Forouideh F. Spatio - temporal Complexity of Microseismic Events in a Hydraulic Fracturing Experiment: A Graph Theory Approach [J]. 2011.

[41] Warpinski N. Microseismic monitoring - The key is integration [J]. The Leading Edge, 2014, 33(10): 1098 - 1106.

[42] Wu Z, Yuan H, Niu H. Stress transfer and fracture propagation in different kinds of adhesive joints [J]. Journal of Engineering Mechanics, 2002, 128(5): 562 - 573.

[43] Wessels S A, De La Pena A, Kratz M, et al. Identifying faults and fractures in unconventional reservoirs through microseismic monitoring [J]. First break, 2011, 29(7): 99 - 104.

[44] Williams-Stroud S C, Eisner L. Geological Microseismic Fracture Mapping - Methodologies for Improved Interpretations Based on Seismology and Geologic Context [C]//2009 Convention, CSPG CSEG SWLS, Expanded Abstracts. 2009, 28: 501 - 504.

[45] Zoback M D, Kohli A, Das I, et al. The importance of slow slip on faults during hydraulic fracturing stimulation of shale gas reservoirs [C]//SPE Americas Unconventional Resources Conference. Society of Petroleum Engineers, 2012.

微地震监测
成果应用

用微地震方法实时监测油田生产动态是国内外广泛关注的前沿课题,对油田开发有着非常重要的意义。当前,微地震监测已经发展成为水力压裂增产措施的配套技术,监测结果是描述地下储层人工裂缝形态、评价压裂效果乃至优化压裂设计方案的重要依据。如何应用微地震监测成果,不仅是广大科研人员的研究课题,更是油气田压裂现场施工人员的技术应用需求。本章着重从压裂效果评价及压裂方案优化、应力阴影效应研究、水力裂缝生长特点、渗透率预测、地应力预测、重复压裂裂缝转向监测和地质灾害预警"红绿灯系统"等七个方面来阐述如何在页岩气开发水力压裂监测中应用微地震监测成果。

6.1　　　　压裂效果评价及压裂方案优化

由于泥页岩属于超低渗透性储层,页岩气的开采必须实施储层压裂改造。储层压裂改造是提高页岩储层渗透率,保证页岩气顺利开采的一项关键措施。页岩气开采通常采用水平井分段压裂措施,压裂段参数设计(如分段数、分段间距)是储层改造好坏的关键。不合适的压裂段参数不仅耗时耗料,达不到储层改造效果,有时甚至会将油水层沟通,形成水窜,给后续生产施工带来影响。在储层改造中,水力压裂微地震趋于在天然裂缝多、脆性大、水平应力差异(Differential Horizontal Stress, DHSR)小的地方发生,据此可以用来设计压裂段参数,然后根据微地震压裂监测结果需要实时调整压裂方案。刘伟等(2014)提出在此种前提下引入一种基于地震/微地震信息的水平井压裂优化设计方法,考虑利用地震信息来设计压裂段参数,利用微地震信息实时调整压裂。

水平井压裂段参数设计(如分段数、分段间距)是储层改造好坏的关键。水平井压裂段参数的选取与水平井段附近裂缝、脆性、水平应力差异等因素有关。通常裂缝相对发育、脆性相对大、水平应力差异小的这些岩石较容易破裂,更易形成微地震事件。据此可以设计压裂方案,在裂缝发育、脆性大、DHSR 小的区域实施压裂,在这些区域减小分段数或增加分段间距,这样不仅可以有效地缝网沟通,还可以节约成本。在其他裂缝、脆性、DHSR 特征相对差的区域,压裂分段数太少或间距太大都无法形成有效改造,增加分段数及减小分段间距将有利于压裂改造。而裂缝、脆性、DHSR 均可以从三维地震数据中提取,然后根据微地震压裂监测结果需要实时调整压裂方案,实现储层最优改造效果。

下面详细介绍如何根据微地震监测结果评价压裂效果及优化压裂设计方案。

6.1.1   压力曲线和微地震成像结果结合

结合压裂施工曲线(油压、套压、砂比、排量及时间)分析微震事件的时空分布,对于解释微地震成像结果以及评价压裂效果非常重要。压力-时间曲线反映压裂裂缝在压裂全过程中的状况(图 6 - 1)如下所述。

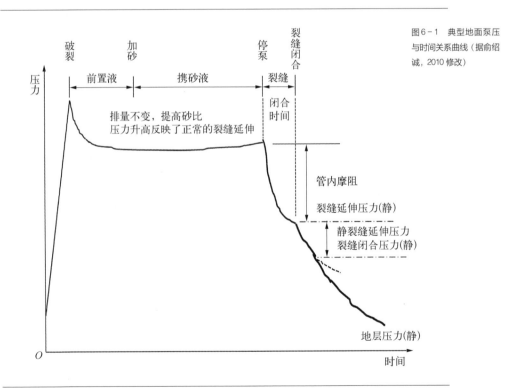

图 6 - 1　典型地面泵压与时间关系曲线(据俞绍诚,2010 修改)

（1）分析施工中的压力变化可以判断裂缝的延伸状态；

（2）分析压后的压力曲线可获得压开裂缝的几何尺寸（缝长与缝宽）、压裂液性能与储集层参数。

压裂曲线分析天然裂缝发育原理如下。

（1）低渗油气藏中天然裂缝存在将对压裂施工和压后效果产生重大影响。因此，分析与评价地层中天然裂缝的发育情况非常重要。

（2）目前，识别裂缝的方法主要为岩心观察描述和 FMI 成像测井、核磁测井或地层倾角测井等特殊测井方法。

（3）利用压裂施工过程中的压力响应也可定性判断天然裂缝的性质。

（4）一般情况下，地层中存在的潜在的天然裂缝，在原始地应力条件下处于闭合状态，一旦受到外界压力的作用，潜在缝会不同程度地张开。① 在地层不存在天然裂缝的情况下，裂缝起裂时，在压裂压力曲线上将出现明显的破裂压力值。② 若井筒周围存在较发育的天然裂缝，在压裂过程中，由于注入压力的作用，导致潜在裂缝张开，则初始的压裂压力不会出现地层破裂的压力峰值。

压力曲线上的压降通常与微震事件的发生相对应，通常的解释成果包含综合显示微震事件与动态压力曲线综合显示录制的可回放的动画，清晰地展示了随着压力的变化与时间的推进，微震事件于何时发生的动态过程。但是，压力降与微震事件的发生也并不总是一一对应，在排量不变而提高砂比的过程中，压力曲线平稳上升，这一阶段虽然没有明显的压降，但也可能产生较多的微震事件。

6.1.2　　投球打滑套事件识别

当前，桥塞＋射孔和滑套压裂是应用最为广泛的两种水力压裂技术。前者的射孔信号可用于校正速度模型，而后者的投球打滑套事件也可用于井下监测检波器定向以及速度模型的校正。

虽然压力曲线的压降通常可反映滑套打开事件，但是裂缝开启事件与滑套打开事件具有相似的压力响应，研究压裂施工异常时，如果没有足够的证据就将地面压力的尖脉冲视为滑套打开事件,就会导致错误的结论。微地震监测可用来判断滑套是否打开。

投球打开滑套是由一系列机械动组成的,其中球落座和滑套打开这两个具体操作会引起压力变化,同时伴随有微震事件的产生。一般情况下,井下监测检波器排列会记录到投球打开滑套触发的微震事件,该事件的特征具体如下。

(1) 高能(强振幅)且速度较慢的震源(低频)产生;

(2) 在 1 s 的时间段内,封隔器附近出现多个信号;

(3) 具有轴向位移的放射模式。

识别投球打开滑套触发微震事件的依据为:

(1) 与投球座封时间吻合;

(2) 信号振幅较强;

(3) 在 1 s 的时间段内,多个重复的 P 波和 S 波初至;

(4) 信号脉冲比水力压裂诱发微震事件更复杂。

投球打开滑套触发微震事件可用来:

(1) 诊断投球位置;

(2) 诊断滑套是否打开;

(3) 井下检波器定向(替代射孔信号);

(4) 校准速度模型(替代射孔信号)(Maxwell 等,2011)。

6.1.3　潜在重复压裂目标识别

如图 6 - 2 所示,在微地震监测成果图像(微地震事件点分布平面图)中,微地震事件点的分布很明显存在一些"空洞"(无裂缝区,椭圆圈出)(图 6 - 3),这些"空洞"区域未形成裂缝网络,这可能是潜在的新钻井目标区和重复压裂区。另外,这些"空洞"区域可能是由岩性造成的,而这些岩性的储层可能是耐震的,即不容易破裂或破裂时不发射强声波。

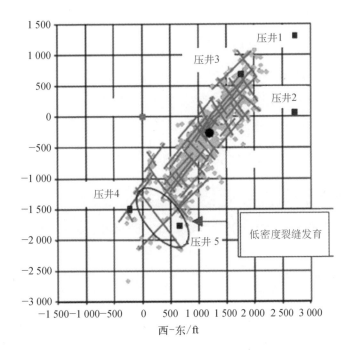

图6-2 微地震监测结果识别潜在重复压裂目标(图中红色椭圆)(据 Fisher 等,2002 修改)

压井1
压井3
压井2
压井4
压井5
低密度裂缝发育

西-东/ft

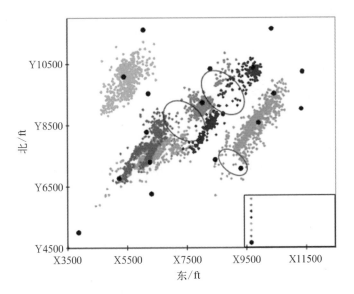

图6-3 7次压裂显示"空洞"或"隔砂池"(据 Fisher 等,2002 修改)

北/ft

东/ft

6.1.4 　　压裂方案优化

在微地震监测技术应用以前,压裂设计优化主要考虑水平段地层岩性特征、岩石矿物组成、油气显示、电性特征等地质因素,兼顾岩石力学参数、固井质量等工程因素进行综合压裂分段。在微地震监测技术被证明是对水力裂缝进行成像并评价压裂效果的可靠技术之后,微地震监测技术也被普遍应用于指导压裂方案设计、实时调整压裂施工参数以及优化压裂设计方案。

(1)簇间距和段间距优化

簇间距和段间距的优化以产能预测为基础,通过数值模拟确定经济效益最大情况下的簇间距和段间距。同时,邻井的微地震监测结果可用来指导本井的簇间距和段间距优化。

(2)压裂规模优化

应用页岩储层缝网压裂模式,针对页岩地层进行优化设计。微地震监测结果表明,有些页岩地层以形成复杂裂缝为主,层理开启较少,缝和缝长延伸较为顺畅;另一些页岩地层以形成网络裂缝为主,层理开启较多,缝长延伸相对受限。因此,须根据不同地层分别确定液量、砂量。

(3)压裂材料体系优选

借鉴北美页岩气压裂经验,选用减阻水体系和线性胶体系。减阻水能有效提高裂缝改造体积,中黏线性胶有利于提高缝内净压力,由于携带了高浓度支撑剂,进而形成了高导流能力主支撑裂缝。

(4)分段工艺选择

根据国内外页岩气压裂经验,套管固井完井多采用桥塞分段压裂施工,该工艺具有成本低、成功率高的特点。涪陵焦石坝地区页岩气水平井分段压裂选用桥塞分段方式,施工采用电缆射孔-桥塞联作工艺从而保证各个压裂层段的有效封隔和长时间大排量的注入,压裂结束后采用连续油管进行一次性钻塞,确保了压后井筒的畅通。

6.2　应力阴影效应

6.2.1　应力阴影概念

近年来,随着国内外非常规领域水平井及体积压裂技术的进步与规模应用,使非常规油气资源得以高效经济开发并发挥出革命性作用。但在水平井压裂设计中,裂缝间距及分簇间距这一影响产量、采收率和经济效益的重要因素尚不清楚,其核心在于水力裂缝产生的应力阴影(Stress Shadow)效应的表征与计算仍不明朗。应力场的变化,主要是最小水平应力 S_{hmin} 的增大,被称为"应力阴影效应(Stress Shadow Effect)"或简称为"应力阴影"。

6.2.2　应力阴影效应研究历史

应力阴影效应已经被讨论了 15 年,利用微震或测斜仪裂缝监测等方法研究也已经有 10 年。过去重点为长期生产/注水作业,当前焦点是水平井完井和压裂设计优化。图 6-4 是应力阴影效应研究历史中的重大突破时间节点。

Sneddon(1946)最早研究了裂缝附近的应力分布。20 世纪 80 年代,Warpinski 等(1989)利用小型压裂测试和有限元法主要研究了缝高生长,并提出"被改变的应力"这一概念,该研究可防止压到上覆水层,此后,Warpinski 和 Teufel 开始研究平行裂缝之间的相互作用,并给出开启一条恒定裂缝高度、有限裂缝长度的裂缝后,裂缝周围产生应力场的解析解,随后,Fisher(2004)和 Mayethofer(2006)在微地震的矿场研究中证实了这一现象。2009 年,Cheng(2009)使用边界元分析数值模拟证实了应力场的改变形成"屏障",从而阻止裂缝延伸。同年,Olson 得出这一效应的一个明显作用效果是在多条平行裂缝中,中间的裂缝的裂缝宽度最小,这是因为两边的裂缝对中间的裂缝都产生压缩应力。2010 年,Bunger(2010)等在研究 Barnett 页岩气时进一步证实了这种效应的存在,并将这种效应称为应力阴影效应;2011 年,Roussel 和 Sharma(2011)指

图6-4 应力阴影效
应研究历史

出在水平井改造中,一定裂缝间距内前一条支撑裂缝会导致下一条裂缝附近的应力转向,在下一相邻段裂缝中出现与主缝相切的裂缝系统。同年,Itasca 公司的 Nagel 和 Sanchez-Nagel 利用数值模拟方法评估了应力阴影效应和微震事件。研究中三维应力场为裂缝间距、页岩力学性质、原始地应力比的函数,对比了连续元和离散元模拟并利用 FLAC3D 和 UDEC 进行了水力压裂和应力阴影效应数值模拟。国内学者赵金洲等也在研究我国页岩气压裂设计中指出,压裂在单一裂缝脆弱面上将产生诱导应力,并指出产生应力阴影的诱导应力可以改变最大与最小主应力的分布,使裂缝发生转向(才博等,2014)。

水力压裂设计师可利用分簇射孔将分段改造距离设置得越来越近,但往往过多的分簇与分段未必会带来理想的效果。Roussel 认为应力阴影效应的产生机理主要在于支撑剂的填充导致人工裂缝附近引起了应力场的变化,蒋廷学等也在研究我国页岩气压裂设计中指出,压裂在单一裂缝脆弱面上产生诱导应力,并指出产生应力阴影的诱导应力可以改变最大与最小主应力的分布,使裂缝发生转向。上述研究表明,应力阴影效应可引起人工裂缝从水平井的横切缝中开始偏离朝向或远离以前的裂缝方向延伸,使得下一裂缝发生转向(才博等,2014)。Nagel 和 Sanchez-Nagel(2011)认为在压裂过程中,最小水平应力 S_{hmin} 的增大(应力阴影)影响范围很大并且在缝高方向上扩展,但对裂缝尖端区域无影响。由水力裂缝引起的最小水平应力 S_{hmin} 的增大很大程度上未受就地岩石力学特性或应力比(尽管这些参数似乎影响垂直应力和最大水平应力 S_{Hmax})的影响,水平剪应力场随裂缝尖端出现,但未扩展至井筒。这表明,与裂缝尖端保持一定距离,应力阴影将使天然裂缝系统趋于稳定,减小缝间距,裂缝之间的区域,最小水平应力增加量更大(由每个裂缝的应力阴影效应叠加导致)。如果同时考虑天然裂缝的特性,应力阴影效应会使天然裂缝变得更为稳定,减小压裂段间距或使不同井的水力裂缝叠合,将增大应力阴影效应并且削弱天然裂缝的增产效果。由于应力阴影效应在水平方向上不沿水力裂缝尖端扩展,当两口井同步压裂时,产生的两条裂缝互相"看不见",直到裂缝尖端十分靠近时才相互影响(这时会增加脱砂的可能性)。

6.2.3　微地震监测应力阴影

目前,数值模拟和微地震监测是研究应力阴影的主要方法。

Wu 等(2012)利用非常规裂缝模型(Unconventional Fracture Model, UFM)、位移不连续模型(Displacement Discontinuity Model, DDM)和离散裂缝网络(Discrete Fracture Network, DFN)研究了应力阴影造成的裂缝转向问题,发现较小的射孔距比大缝间距更容易发生裂缝转向,在很小的射孔间距等极端情况下,应力阴影将导致水力裂缝方向发生 90°旋转。

2004 年,Fisher 等基于 Barnett Shale 11 口井微地震监测分析,得到如下结论。

(1)射孔簇位置与裂缝位置关系不大;

(2)在一个压裂段内,一个或两个射孔簇优于三个或更多(应力阴影效应);

(3)水力裂缝与天然裂缝明显相互作用;

(4)对于水平井,更大液体量并不必然增加裂缝网络长度和产量;

(5)水力裂缝大多遏制在 Barnett 下段和上段;

(6)实时微地震监测导致数个施工计划匆忙改变;

(7)最初 180 天水平井产量比直井高 2～3 倍;

(8)固井完井比未固井完井更不确定;

（9）未固井完井似乎比固井完井在试验区更具统计上的产量优势。

Fisher 等（2004）证实应力阴影效应影响距离约为缝高的 1.5 倍（图 6-5），并且应力阴影效应影响水平井横缝（垂直于水平井轨迹）的生长，即如果射孔簇过密，应力阴影效应会使水力裂缝在压裂段的跟部和趾部发育，应力阴影效应使裂缝延伸方向偏移，产生与主缝正交的次要裂缝，形成复杂裂缝网络。

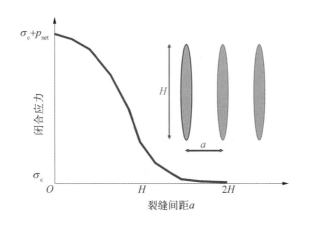

图 6-5 应力阴影对裂缝间距的影响（据 Fisher 等，2004 修改）

由于微地震事件点的分布代表水力裂缝的分布，因此微地震成像结果可以更直观地展现应力阴影对水力裂缝延伸的影响。在国内，才博等（2014）利用应力阴影效应理论对致密层水平井进行了优化设计与现场施工，同时在压裂时开展了微地震监测。微地震监测结果表明利用应力阴影效应，该水平井只压裂 6 段就实现了以往 10 段压裂的改造体积，较以往未考虑应力阴影下节约 3~4 段，降低 30% 以上成本，对合理利用应力阴影效应进行水平井体积改造裂缝尺寸设置及工艺参数优化具有重要指导意义。

6.2.4　利用应力阴影效应优化水力压裂

随着工具设备及水平井改造技术的不断进步，储层多段改造的规模、段数等越来越多。当前页岩气完井增产领域出现了多井压裂(multi-well frac)技术,具体的工艺可分为同步压裂(simultaneous frac)、顺序/拉链式压裂(sequential/zipper frac)和改进的拉链式压裂(zipper frac)。图6-6是典型的页岩气多井完井方案。

图6-6 典型页岩气多井完井方案(Nagel 等,2013)

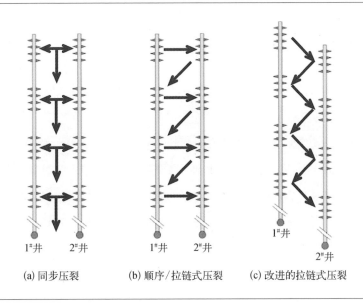

(a) 同步压裂   (b) 顺序/拉链式压裂   (c) 改进的拉链式压裂

Roussel 和 Sharma(2011)回顾了 Sneddon 在 1946 年的研究模型,深入研究了一口水平井和两口水平井同步压裂时应力反转、横缝/纵缝、裂缝间距以及压裂顺序优化问题。研究中,他们利用数值模拟方法分别研究了一口井水平压裂时单一横缝以及缝间距分别为 600 ft、650 ft 和 700 ft 时的最大水平应力方向和应力转向角度。结果发现,缝间距较大时,应力阴影效应未改变两条裂缝之间区域的地应力场,可在该缝间增加射孔并进行压裂。由此提出了大胆的设想,即在压裂施工中不是按照设计的第 1、2、3、4 段的顺序压裂,而是现场调整为 1、3、2、4 的顺序压裂会取得更好的结果(图6-7)。这种方案可利用应力阴影效应优化水力压裂,但目前并没有合适的压裂工具和施工程序来实现该方案。另外,对两口水平井同步压裂时最大水平应力方向和应力转向角度的研究表明,改进的拉链式压裂效果是最优的。2012 年 Rafiee (2012)等提出改进的拉链式压裂,旨在利用应力阴影效应优化现有的压裂方案,从而获得最优的压裂效果。

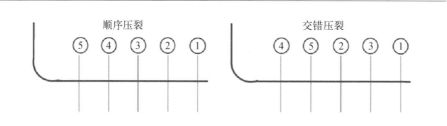

图6-7 常规顺序压裂和考虑应力阴影效应后改进的交错压裂示意（据 Roussel 和 Sharma,2011 修改）

综上所述,应力阴影普遍存在于直井分层压裂、水平井多段压裂(包括同步和拉链式压裂),在水力压裂施工过程中,应该注意应力阴影效应,避免脱砂、纵缝、裂缝偏移和压裂屏障,射孔簇间距须至少在缝高的1.5 ~ 2 倍。在压裂设计阶段,应使用数值模拟方法做好压前优化,并在压裂过程中利用微地震监测技术进行实时裂缝监测,根据裂缝监测结果实时调整压裂施工参数。值得一提的是,可利用应力阴影理论优化压裂顺序,但目前还没有相应的工具和工艺,有待将来的技术实现应力阴影所揭示的最优的单水平井多段压裂的施工顺序。

6.3　　水力裂缝生长特点

6.3.1　　水力裂缝扩展模式

很多学者通过数值模拟、岩心实验以及矿山水力裂缝实拍照片分析总结了天然裂缝和储层岩性等因素对水力裂缝延伸的影响。Fisher 和 Warpinski(2012)在研究水力裂缝缝高生长及其限制因素时,发现地层层理面、弱面、岩性界面和天然裂缝会限制水力裂缝的缝高生长并使水力裂缝更倾向于在横向上延伸(垂直于水平井轨迹的水平方向缝长),并总结了水力裂缝与天然裂缝相互作用的三种主要模式: 终止、偏移和横穿。图 6-8 为层状岩石内裂缝延伸路径示意图,本书把斜穿模式划入横穿大类。

图6-8 层状岩石内裂
缝延伸路径示意(据
Fisher，2012修改)

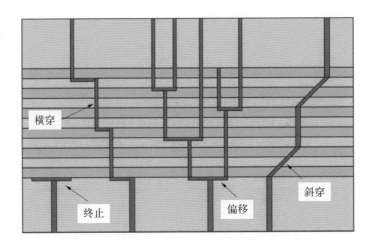

Fisher 和 Warpinski（2012）进一步分析了缝高生长受到限制的机理,称之为裂缝抑制机制（Fracture-Containment Mechanisms）,分析中既考虑了储层本身的因素,也考虑了天然断层等外部因素。储层本身的内在因素主要包括以下几方面。

（1）原地应力（In-Situ Stress）

原地应力反差对缝高生长的作用最大。通常,具有较低应力值的层段会限制水力裂缝垂向的生长,因为低应力层段只需要较低能量就可形成裂缝。

（2）材料性质反差（Material Property Contrasts）

材料性质反差又包括三个方面:弹性模量反差、弹性模量对缝宽的影响以及不同层段的断裂韧性。

一般情况下,弹性模量反差会使裂缝横穿反差界面变得困难,阻止裂缝垂向生长。但也有水力裂缝从低模岩石部分穿过模量反差界面至高模界面的实际案例。

弹性模量对缝宽有显著影响。由于较低水平的应力密度,包围高模产层的低模层段会阻止水力裂缝的垂向延伸,使缝高限制在高模产层内。

如果应力反差较小,断裂韧性对裂缝生长就有较大影响。实验室的小尺度岩心实验研究表明断裂韧性效应十分有限,但直到目前科学家还并不了解在较大尺度下的断裂韧性效应,因此断裂韧性效应可能也是裂缝抑制机制之一。

（3）弱面（Weak Interfaces）

众所周知,弱面会阻止水力裂缝生长,这一机理通常指 Khristianovich,Geertsma 和 De Klerk(KGD)模型(Nierode,1985)。弱面可终止水力裂缝生长,弱面被水力压裂的压裂液填充会形成界面裂缝。在某些情况下,水力裂缝也可横穿弱面,或者横穿之后发生偏移。天然裂缝的抑制机理和弱面类似。

（4）层理面（Layered Interfaces）

层理面对水力裂缝缝高生长的抑制作用是前述三方面抑制作用的综合体,唯一不同的是可能造成水力裂缝在层间发生扭结弯曲。

（5）流体压力梯度（Fluid-Pressure Gradient）

流体压力梯度对于缝高生长是有利的。

（6）断层

断层对于缝高生长是有利的。天然断层与水力裂缝沟通也将导致额外的缝高生长。

（7）高渗层（High-Permeability Layers）

高渗层对裂缝生长具有显著影响,因为气饱和高渗层可以作为贼层(thief zone)吸收流体并减小断裂驱动力,而油饱和高渗层则可以诱发作用在裂缝上的多孔弹性介质背应力。

另外,McKenna(2014)在利用裂缝模拟技术分析支撑剂分布时发现,在注前置液时微震事件分布距井筒可较远,注携砂液时微震事件分布距井筒较近。这种微地震事件距井筒分布远近的现象可能正是由于支撑剂的堵塞、转向和扩张行为造成。

近年来的水力压裂微地震监测结果证实了上述裂缝扩展模式及理论。裂缝层析成像（Tomographic Fracture Imaging，TFI）技术的出现,使人们可以更直观地观察水力裂缝在储层中的扩展模式。图 6－9 是 L26P4 水平井水力压裂 TFI 结果,图中灰色线性为由环境噪声监测获得的天然裂缝/断层的分布,彩色线性为 TFI 水力裂缝。① 处水力裂缝延伸至天然断层处终止;② 处水力裂缝穿过天然断层,延伸方向偏移,呈多个分支继续延伸;③ 处水力裂缝穿过天然断层后继续沿原来方向向远处延伸。

图6-9 L26P4水平井水力压裂 TFI结果

6.3.2　水力裂缝与天然裂缝关系

在非常规致密砂岩油藏开发的早期阶段,水平井分段完井压裂能够通过水力裂缝网络最大化井眼与储层接触面积以提高油藏渗透率,使天然气流动至生产井中(Frohne 和 Mercer,1984)。微地震监测技术提供了表征由于水力压裂增产施工而形成的人工裂缝网络的方法,通过对微地震数据的处理和解释可获得水力裂缝的准确走向,以及裂缝的空间形状、尺寸等数据,还可给出水力裂缝带中流体通道的图像(Song 等,2008)。研究表明,天然断层(由于利用三维地震表征的裂缝尺度较大,接近小断层的级别,本书以下统称为"天然断层")对水力裂缝的延伸影响显著。Refunjol 和 Marfurt(2011)通过结合区域构造分析、微地震监测成果和三维地震曲率发现水力裂缝与天然裂缝具有很好的相关性,即水力裂缝的走向基本与井轨迹周围主要的天然裂缝走向一致。Maxwell 等(2012)通过叠合微地震事件点分布平面图和三维地震沿层断层分布平面图(蚂蚁体属性)发现,水平井轨迹附近的与水平井轨迹平行的局部天然断层可形成压裂屏障,水力裂缝延伸至此断层处将停止延伸;Wessels 等(2011)通过研究震源机制证实,与水平井轨迹垂直并且距离水平井轨迹较近的天然闭合断层在水力压裂过程中容易被激活从而重新开启;杨瑞召等(2013)结合三维地震和微地震数据研究了致密砂气藏水力压裂时发生砂堵的原因,发现水平井轨迹两侧存在与井轨迹平行的天然小断层时,容易造成砂堵。

接下来本书借助 LP5 井水力压裂微地震监测案例,通过结合三维地震 GR 反演预测的储层岩性信息、三维地震裂缝表征信息和由地面微地震监测获得的水力裂缝几何形态信息,阐述天然断层或裂缝是如何影响水力裂缝的延伸的。

LP5 井水力压裂地面微地震监测结果表明各压裂段的水力裂缝长度、方向以及微地震事件数量有较大的差异。这些差异由蚂蚁追踪结果标定。图 6‒10 为微地震事件能量和沿层断层属性叠合图,其表明:

(1)水力压裂形成的主要水力裂缝走向为北东向并沿此方向延伸,表明此区域最大水平主应力与井轨迹近乎垂直;

(2)水力裂缝仅延伸至图中红色箭头指示的与 LP5 井水平段较近的小断层或裂缝附近,尤其是与水平井轨迹近乎平行的两条小断层附近(深黑色),表明这些天然断层对水力裂缝的延伸具有明显的控制作用,使水力裂缝仅分布在这些天然断层所夹的狭长区域。

水力裂缝的上述分布规律可借助 Ringrose 等(2009)的研究成果进行解释:当局部天然断层走向与区域应力方向一致时,断层一般是开启的,或者由泥质充填,此时地层在水力压力作用下容易破裂,这类断层为导流性的,为压裂液提供流动通道。然而,当局部天然断层(图 6‒10 中红色箭头指示的天然断层)走向与区域应力方向正交或

图6-10 微地震事件能
量和沿层断层属性叠合
(棕色区域代表不同压裂
段的微地震事件能量分
布, 也即储层破裂范
围; 黑色线性特征代表
小断层或裂缝; 黑色双
向箭头代表主要裂缝延
伸方向; 数字标识为压
裂段号)

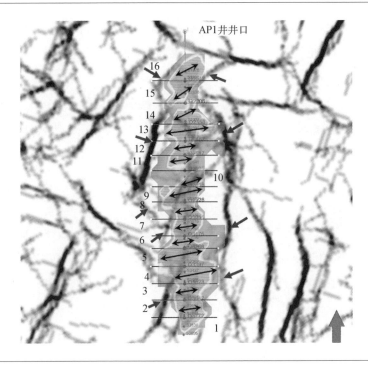

大角度斜交,并且断层是闭合时,那么在水力压裂过程中,此类断层(图6-10中红色箭头指示的断层)可以形成压裂屏障,压裂能量可能沿断层或裂缝消散,水力裂缝延伸至此断层处将停止延伸。

综上所述,天然断层影响水力裂缝的延伸。在天然断层不发育的区域,储层岩性对水力裂缝的延伸具有主导控制作用,由于砂岩具有比泥岩更好的脆性,水力裂缝的延伸将被限定在砂岩分布区域内。在天然断层发育区,储层岩性和天然断层均影响水力裂缝的延伸,水力裂缝在砂岩分布区延伸时,如果存在与水平井轨迹平行或近乎平行的天然断层,天然断层将成为压裂屏障,进而阻止水力裂缝的继续延伸。

6.3.3 水力裂缝与储层岩性关系

储层岩性与水力裂缝的关系包括以下两个方面。

1. 不同的储层岩性如页岩、砂岩和煤层产生的水力裂缝具有不同的特征

微地震监测结果表明,不同的储层岩性如页岩、砂岩和煤层所产生的微地震信号具有不同的特征,也就意味着页岩、砂岩和煤层压裂所产生的水力裂缝具有不同的特点。

页岩成分复杂,具有薄页状或薄片层状节理,普氏硬度系数为1.5~3,岩石具有一定的脆性。页岩气储层物性差,低孔低渗,孔隙度为4%~6%。表现为高自然伽马、高电阻率、高弹性模量、低密度、低泊松比。

致密砂岩气藏可以是深层或浅层、高压或低压、储层厚度变化大,物性差,天然裂缝较发育,岩石坚硬,杨氏模量高。

煤层的节理发育、天然裂缝较多、埋藏浅、硬度低、渗透率低、孔隙度较小;煤层的弹性模量较小,泊松比较大;纵向、横向和深度非均质性以及各向异性较强。

不同压裂目的层在压裂过程中产生的微地震事件具有不同的特征:

(1) 页岩大部分P波、S波能量较强,起跳干脆,可自动识别;

(2) 致密砂岩部分P波、S波能量较强,起跳干脆,可自动识别;

(3) 煤岩P波、S波能量较弱,P波难以识别。

对上述具有不同特征的微震事件进行定位和解释的结果表明:

(1) 页岩储层埋藏较深、压裂储层较厚、岩石脆性较强、压裂规模较大、破裂能量较大、微地震事件较多、能形成体积缝网;

(2) 致密砂岩储层埋深变化大、压裂储层厚度变化大、岩石脆性较强、压裂规模可大可小、破裂能量大、微地震事件较多、能形成长缝网;

(3) 煤层储层埋藏较浅、压裂储层较薄、岩石脆性较弱、压裂规模较小、破裂能量较小、微地震事件较少、能形成椭球状缝网。

2. 相同的储层岩性但储层非均质较强情况下产生的水力裂缝的特征

目前,国内鲜有关于储层岩性对水力裂缝延伸的控制作用方面研究的报道。赵争光等(2014)利用地面微地震监测技术对水力裂缝进行了成像并提取出微地震事件点分布平面图;然后利用三维地震断层属性预测了天然断层或裂缝分布,利用三维地震GR反演提取了沿层砂岩分布平面图;最后,通过叠合天然断层或裂缝分布图、砂岩分布平面图以及微地震事件点分布平面图,分析了岩性和天然断层或裂缝对水力裂缝延

伸的影响,证实了岩性是除天然断层或裂缝以外控制水力裂缝延伸过程的另一个重要因素。

本书接下来借助 AP1 井水力压裂微地震监测案例,通过结合三维地震 GR 反演预测的储层岩性信息和由地面微地震监测获得的水力裂缝几何形态信息,研究储层岩性是如何影响水力裂缝的延伸。

AP1 井水力压裂地面微地震监测结果表明,各压裂段的水力裂缝长度、方向以及微地震事件数量有较大的差异。这些差异可由 GR 反演结果和蚂蚁追踪结果标定。

图 6-11 为微地震事件点、沿层断层属性和 GR 反演沿层属性叠合图,其表明水力压裂诱发的水力裂缝网络更倾向于在砂岩中发育,尤其是水平井轨迹右侧,天然断层或裂缝不发育,而微地震事件点的分布与砂、泥岩分布界线吻合,表明储层岩性对水力裂缝的延伸影响显著,砂、泥岩界面是水力裂缝延伸的终点。

而图 6-11 中,第 6 段的微地震事件点(棕色)沿北西方向延伸较远,水力裂缝长

图 6-11 微地震事件点、沿层断层属性和 GR 反演沿层属性叠合(不同颜色点代表不同压裂段的微地震事件;黑色线性特征代表小断层或裂缝;背景彩色为 GR 反演结果,红黄色代表砂)

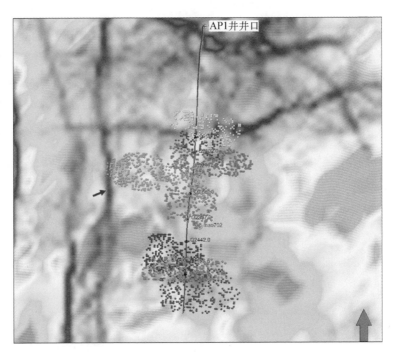

度比其他压裂段水力裂缝都长,但在水平井轨迹左侧的红色箭头指示的小断层处终止。一方面是由于此压裂段在水平井轨迹左侧砂岩比较发育,水力裂缝可以在砂岩中延伸较远;另一方面,由于红色箭头指示的小断层走向与水平井轨迹近乎垂直,形成阻碍水力裂缝延伸的压裂屏障,从而使水力裂缝的延伸在此处终止。

综上所述,储层岩性和天然断层或裂缝均影响水力裂缝的延伸。在天然断层或裂缝不发育的区域,储层岩性对水力裂缝的延伸具有主导控制作用,由于砂岩具有比泥岩更好的脆性,水力裂缝的延伸将被限定在砂岩分布区域内;在天然断层或裂缝发育区,储层岩性和天然断层或裂缝均影响水力裂缝的延伸,水力裂缝在砂岩分布区延伸时,如果存在与水平井轨迹平行或近乎平行的天然断层或裂缝,天然断层或裂缝将成为压裂屏障,阻止水力裂缝的继续延伸。

6.3.4　　断层活化识别

Maxwell 等(2011)在利用井下微地震监测研究水力裂缝成因机制时得出一个结论:通常最初形成的水力裂缝被认为是单一的张性裂缝,其走向与最小水平主应力垂直;但是根据储层地应力场,注入的流体将沿着具有最小阻力的路径注入,其可能与闭合或开口裂缝中已经存在的薄弱裂缝面相交。Maxwell 的这一理论表明,断层极有可能成为水力裂缝的延伸通道,这就是发生断层活化的机制。大量的微地震监测实践证明水力裂缝延伸到天然断层处会引起断层活化,断层活化在微地震监测成果上的特征是:事件点呈带状分布,微震事件发生率上升,震级增大。

这些断层也跟断层的具体性质有关。美国 MSI 公司的技术文档上有很多经典的压裂时水力裂缝和天然裂缝或断层沟通引起断层活化的案例。图 6 - 12 是 Barnett 页岩水平井四井同步压裂诱发微地震事件分布平面图。红色点代表水力压裂诱发的微地震事件,蓝色点是一个走滑断层活化引起的微地震事件。

图 6 - 13 为 Maxwell(2008)报道的由井下监测方式监测到的一个水力压裂导致断层活化实例,图中颜色代表震级大小,冷色代表震级较小。紫色实线为压裂井轨迹,注入位置为"射孔点"指示的位置。井下监测结果表明水力裂缝开始沿西北方向延伸,然

图 6 - 12 Barnett 页岩水平井四井同步压裂诱发微地震事件分布平面(据 MicroSeismic 公司, 2011)

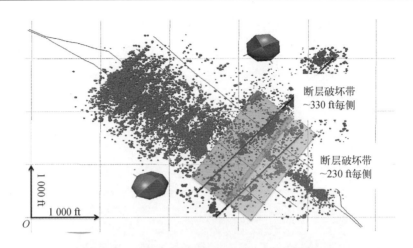

图 6 - 13 水力压裂导致断层活化实例(据 Maxwell 等, 2008)

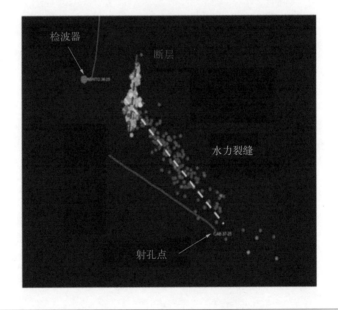

后与一个储层中的近南北向的小断层相交并活化该断层,诱发大量震级较大的微地震事件(黄色点)。

在国内,杨瑞召等(2014)报道了地面微地震监测 HH73P52 水平井水力压裂时与邻井 HH73P1 井贯通的案例。HH73P52 井第 11 段的微地震监测结果表明,水力压裂形成的主要水力裂缝走向为北东向并沿此方向延伸至与其相邻的水平井 HH73P1 井（图 6-14）。压裂现场观测到大量来自 HH73P52 井的压裂液涌入 HH73P1 井内，证实了这一微地震监测结果。水力裂缝的形成及其延伸过程可以通过三维地震与微地震的结合分析确定。图 6-15 为从三维地震数据中提取的压裂目的层的沿层相干切片。

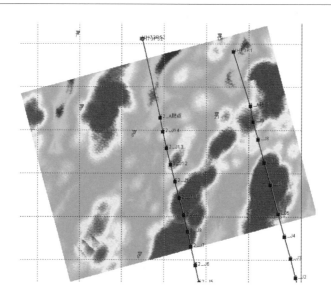

图 6-14　2 296 m 深度能量叠加切片（红黄色为能量高值区，代表最可能发生破裂的区域）

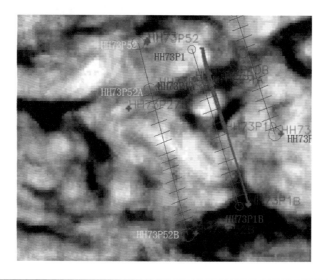

图 6-15　2 296 m 深度储层三维地震沿层相干切片

黑色线性特征代表分布在 HH73P52 井和 HH73P1 井水平段之间的小断层和裂缝发育带。结合现场的观察以及 Maxwell 等（2011）的理论，可以确定：在 HH73P52 井压裂施工过程中，最初的水力裂缝沿北东向延伸并最终与两井水平段之间的小断层和裂缝发育带沟通；而注入的压裂液将进入这些小断层和裂缝发育带，直到涌入与这些小断层和裂缝发育带沟通的 HH73P1 井的井筒。

6.3.5　　水平缝监测

作为改造页岩储层的常用手段，水力压裂的目的是得到复杂的空间网状裂缝，高效沟通页岩储层中的天然裂缝和孔隙。彭春耀（2014）建立了水力压裂裂缝与不同产状岩体弱面的干扰模型，指出页岩水力压裂可形成水平缝而不是垂直缝，并用某试验井压裂龙马溪组页岩气储层时的微地震监测数据验证了其合理性。

研究中，某试验井龙马溪组页岩地层的最大水平主应力方向为北西西-南东东约 115°，倾角约 9°，走向为北东东-南西西约 25°，平行于最小水平主应力方向，且与中间应力方向垂直。将坐标系(U, N, E)转换到以 3 主应力方向为坐标轴建立的坐标系，可知 α 为 81°，β 为 90°，数据点落在弱面张开区域，层状页岩破坏临界液压 p_c 为 49.8 MPa。由此可知，该层段水力压裂裂缝扩展遇到天然裂缝面后，先张开天然裂缝面，压裂液进入裂缝面要损失能量，不利于穿透更多的弱面，难以形成复杂裂缝网络。

该井分 10 级压裂，每一级压裂都采用微地震监测技术，监测结果显示微地震事件点主要分布在水平面上，而不是分布在垂直于最小水平主应力方向的平面上，表明水力压裂裂缝遭遇弱面后弱面张开，没有形成复杂的空间网络裂缝，这也验证了层状页岩水力压裂裂缝与弱面干扰机理的合理性。

6.3.6　　缝高判断

微地震监测可实时显示水力裂缝生长的动态信息，其中就包括水力裂缝在垂直方向上的发育即缝高。工程师关心水力裂缝缝高的原因有两方面：一是避免水力裂缝穿过压裂目的层向上进入含水盖层或向下进入含水的下伏地层,由于煤层顶板和底板往往含水,缝高监测在煤层气井压裂领域尤为重要;二是社会各界高度关注水力压裂引发的环境问题,需要监测水力裂缝在高度上的生长是否进入地下水含水层,造成地下水污染。下面分别阐释这两个方面的问题。

很多情况下,压裂目的层的围岩是含水层,由于水力裂缝沟通压裂目的层的盖层和下伏地层时会引起水淹,造成油气井大量产水,因此,无论是页岩、砂岩还是煤岩,在压裂时都不希望水力裂缝在高度上过度生长。实时微地震监测提供了判断水力裂缝缝高的有效手段,压裂施工人员在现场施工时可根据监测结果实时调整压裂参数,在缝高较大时,及时的参数调整可避免潜在的水淹等地质灾害的发生。Hall 等(2009)报道了利用微地震监测美国 Oklahoma 州 Arkoma 盆地一口 3 500 ft 长的页岩水平井压裂水力裂缝缝高的实例,将地面微地震监测到的微震事件和二维地震剖面叠合显示,发现水力裂缝在垂向的发育范围已经超出压裂目的层,在盖层和下伏地层都有水力裂缝形成;同时,这口页岩气井大量产水也证实了水力裂缝穿透了储层上下的含水层(图 5 - 5)。

水力压裂目前已经在美国引发众多的游行和领会抗议,环保组织和团体以及政府都十分关切水力压裂造成的水污染问题。目前已经有确凿的证据表明页岩气开发活动已经使页岩气泄漏至地下水层,居民的自来水中发现大量气泡(页岩气),部分含气量较大的自来水甚至可以点燃。固井质量不合格或老井套管损坏等会破坏完整性引起页岩气泄漏进入地下水层,严格的施工程序和高质量的施工作业可以减少发生此类泄漏事故的可能性。另一个重要的泄漏源是水力压裂产生的裂缝直接延伸至地下含水层,不仅页岩气会进入含水层,含有大量有毒化学品的压裂液也会污染地下水,而这种情况一旦发生,造成的水污染将不可挽回。

针对后者,Fisher 和 Warpinski(2012)统计了上千口具有不同深度目的层的页岩气水平井水力压裂的微地震监测数据和测斜仪数据,包括 Barnett、Woodford、Marcellus、Eagle Ford 等页岩油气区带,证实了水力裂缝更倾向于在水平方向上延伸而不是垂直方向上延伸,地层层理面、弱面、岩性界面和天然裂缝会限制水力裂缝的缝高生长,上千口井的水力裂缝无一例外的位于相距地下水层一定距离的安全区域,不会造成地下水污染。对比 Barnett 页岩水力裂缝缝高分布与含水层的分布,可以清晰地看到部分水力裂缝缝高超出了储层范围(尖脉冲),但也不至于和地下含水层(引用水来源)接触。2013 年,时任 Flotek 公司执行副总裁的 Kevin Fisherd 在"Energy in Depth"上发表言论称"从第一次实施水力压裂至今的 60 年,超过 200 万次压裂作业无一例外地未造成地下水污染"。

另外值得一提的是,外部因素如天然断层与水力裂缝沟通也将导致额外的缝高生长。这一现象在多个微地震监测项目中被监测到,超出储层的缝高生长被称为"层外生长(out-of-zone growth)",通常伴随微震事件数量增多、微震事件震级增大等异常。但断层导致的缝高额外增大也被限制在一定范围,个案显示,断层活化导致的缝高额外增大范围在几十米至 300 m,这与储层内部因素导致的缝高生长限制一样,不会导致地下水污染。

最后,对于直通地表的通天断层,目前还没有水力裂缝与通天断层沟通的案例。这一方面是由于水力裂缝缝高生长等众多限制因素;另一方面,通天断层附近几乎没有油气藏的存在,因为地质历史时期油气已经完全泄漏消失,谈不上后续的压裂作业施工。

6.4　渗透率预测

在注水油田中,根据低频条件下的 Biot 理论,孔隙压力的扰动 p 可以近似地由扩散微分方程描述:

$$\frac{\partial p}{\partial t} = \frac{\partial}{\partial x_i}\left(D_{ij}\frac{\partial p}{\partial x_j}\right) \qquad (6-1)$$

式中,D_{ij} 为液体扩散率 D 的分量;x_i 为笛卡儿坐标的三个分量($i = 1, 2, 3$),x_j 为介质中由注入点到观测点的径向矢量;t 为时间。该方程相应于低频条件下的第二类 Biot 波(慢 P 波),并且描述了孔隙压力扰动的线性张弛。方程对含流体的均匀介质有效,也就是说 D_{ij} 在介质中是均匀分布,而 D 与渗透率张量成正比。

$$D = \frac{NK}{\eta} \tag{6-2}$$

式中，K 为介质的渗透率张量；η 为孔隙流体的动态黏滞系数；N 为黏弹性张量。

在一些情况下（即水力压裂时），水的扩散率由于水的注入而改变，这就意味着式（6-1）中的扩散率依赖于孔隙压力，即式（6-1）变为非线性的。但是这样的变化出现在井筒附近有限的范围内，而我们的研究范围远远大于这个范围，大约在 1 km，所以仍然将流体的扩散率视为独立于孔隙压力。这样在均匀各向异性孔隙介质中，式（6-1）变为

$$\frac{\partial p}{\partial t} = D_{ij} \frac{\partial}{\partial x_i} \frac{\partial}{x_j} p \tag{6-3}$$

对于各向同性介质，$D_{11} = D_{22} = D_{33} = D$，$D_{ij} = 0 (i \neq j)$，式（6-3）变为

$$\frac{\partial p}{\partial t} = D \Delta p \tag{6-4}$$

假定在以注入点为圆心，半径为 a 的球形表面上给一孔隙压力的扰动：$p_0 e^{-i\omega t}$，则式（6-4）的解为

$$p(r, t) = p_0 e^{-i\omega t} \frac{a}{r} e^{(i-1)(r-a)\sqrt{\frac{\omega}{2D}}} \tag{6-5}$$

式中，r 为注入点到目标点的距离。从式（6-5）可以看出，式（6-4）的解类似于球面波。

实际上，孔隙压力的扰动不是时间的调和函数。假定，孔隙压力的扰动是阶梯函数

$$\begin{cases} p(t) = p_0 & t_0 > t \geqslant 0 \\ p(t) = 0 & t < 0, t > t_0 \end{cases} \tag{6-6}$$

式中，t_0 为一次震动的发生时间。这个信号的功率谱为

$$4p_0^2 t_0^2 \frac{\sin^2\left(\frac{\omega t_0}{2}\right)}{\omega^2 t_0^2} \tag{6-7}$$

对于给定的 p_0 和 t_0，用上式作图可以发现，功率谱的主值频率小于 $\dfrac{2\pi}{t_0}$。

可以假定触发一次微地震的概率是随着孔隙压力扰动能量的增加而增大的，这样 t_0 时刻由 $\omega \leqslant \dfrac{2\pi}{t_0}$ 的信号触发地震的概率就很大，而 $\omega \geqslant \dfrac{2\pi}{t_0}$ 的高频率低能量的信号触发该地震的可能性就很小。但是由式（6-5）可见，如果孔隙压力扰动是时间的调和函数时，由此引起的地震波的速度是正比于 $\sqrt{\omega}$ 的，因此对于给定的 t_0 要确定一个空间距离以区分与震源距离不同、频率也不同的两个信号引发的地震，这个距离就是触发前缘。对于均匀各向同性介质有

$$r = \sqrt{4\pi D t} \qquad (6-8)$$

对于给定的 D，由式（6-8）给出的 $r-t$ 图就地震群在时空分布的上限，反之由实际观测得到的地震群的时空分布就可以得到 D。对于张量 D，我们假定是均匀分布在介质中的，并用流体饱和的均匀各向异性孔隙弹性介质来说明问题。则有

$$r = \sqrt{\dfrac{4\pi r}{n^T D^{-1} n}} \qquad (6-9)$$

式中，$n = \dfrac{r}{\mid r \mid}$。

然后再用式（6-2）来得出介质的渗透率，这样由微地震群就可以进行储层的渗透率描述（刘百红等，2005）。

6.5　地应力预测

在制定压裂方案时，要考虑地应力的分布状态，它决定着水力裂缝的形态及延伸方向，这可避免裂缝上下窜，又可有效控制早期水淹水窜现象。在制定注采井网时也要考虑水力裂缝对注水波及面的影响，最大限度地利用裂缝的方向性和高渗流能力，

避免油井早期见水及暴性水淹。原则上采油井和注水井不能沿最大水平主应力方向间隔排列,在满足地层应力要求下的井网布局,注水井可进行小型压裂,使注入地层中的水形成水线来驱油,这样可大幅度提高注水波及面,减少死油区。

由于每个页岩区带都是不同的,同一页岩区带的页岩地层往往又具有很强的非均质性,局部储层地应力各向异性明显,因此页岩油气开发需要更为精细的小尺度应力场研究。在致密砂岩油气和页岩油气的开发中,面临的巨大挑战就是古今应力场不一致和断层内地层最大主应力方向可能转变的问题。

现代地应力场不仅对天然裂缝在油田注水开发中的作用有重要影响,而且与井网优化、人工压裂裂缝的取向和导流性能密切相关。一方面,由应力值可以预测地层破裂压力,并为注水压力设计提供依据;另一方面,可以通过应力测量进行应力场分析,找出地应力与孔隙度、渗透率之间的内在联系,以及地应力与油气运移的关系,从一个新的角度预测油田高低产区及剩余油的分布规律。

地层内地应力场是多变的,断块内各部位主应力方向和大小均不相同,从而造成断层走向和大小也不相同。随着油田注水开发的深入,地层流体性质的改变,地层压力分布的变化以及水力压裂造缝等外来因素的影响,使得地层岩石孔隙结构、岩石地应力发生改变,可能会造成地层最大主应力方向的转变(周道全和杨全疆,2003)。

井眼崩落观察法是研究地应力方向的一种常规有效的方法。主要依据是钻井过程中在井壁处最小地层主应力方向上产生剪切崩落,形成拉长井径,椭圆井眼的长轴方向即为地层最小主应力方向。而水力压裂微地震监测技术的出现,使得更为精细的小尺度地应力场的研究成为现实。水力压裂产生的裂缝受地层三向应力制约,裂缝的延伸方向与地层中最大主应力方向平行,而垂直于最小主应力,测量出水力裂缝的延伸方向也就知道了地层应力的方向。一般地,根据微地震事件点的时空分布确定的裂缝主方位即是最大水平主应力方向,但这仅是定性的解释,具体可参考本书第5章5.6.1"水力裂缝方位辅助解释"一节。实践中,通过矩张量反演可定量地确定最大水平主应力的方位。矩张量反演可计算出每个微震事件的离散震源机制、裂缝面方向以及裂缝面的移动方向(相当于断层上下盘的滑动方向),这些参数作为输入量进一步获得滑动向量来计算统计学意义上的地应力场。尽管如此,微震数据的解释以及矩张量反演仅能确定储层局部最大水平主应力的方向,而不能确定水平主应力的大小,这还需要结合三维地震或套损触发微地震信息进行定量解释。

6.6 重复压裂裂缝转向监测

和常规油气藏开发不同,页岩油气产量第一年可迅速减少 50% ~ 90%,此后下降速度会减慢。也就是说,再开发和重复压裂要比一般常规油气田早得多。页岩气田经过几年开发过后,很多区块会存在无产能或产能较小的直井或水平井,同时也会存在产气量下降很快的新钻水平井。针对这些井的增产,可以使用重复压裂技术。

重复压裂的关键在于水力裂缝的转向,即在储层内改造出沿最小水平主应力方向分布的水力裂缝,与初次压裂所形成的沿最大水平主应力方向分布的水力裂缝一起形成复杂的裂缝网络,提高产气量。在实施重复压裂进行裂缝转向过程中,可使用微地震监测技术监测裂缝转向效果。

6.6.1 重复压裂理论

所谓重复压裂是指同层第二次的或更多次的压裂,即第一次对某层段进行压裂后,对该层段再进行压裂,甚至更多次的压裂。要使重复压裂处理获得成功,必须在压裂后能够产生更长或导流能力更好的支撑剂裂缝,或者使作业井能够比重复压裂前更好地连通净产层。实现这些目标需要掌握更多关于储层和生产井状况的资料,以便了解重复增产处理获得成功的原因,并以此为基础改进以后的处理。评估重复压裂前、后的平均储层压力、渗透率厚度乘积和有效裂缝长度与导流能力,能够使工程师们确定重新压裂前生产井产能不好的原因,以及重复压裂成功或失败的因素。

随着开发的进行,重复压裂井比例增加,而压裂单井累计增油效果明显变差。如何避开原水道,使重新开启的裂缝转向剩余油富集区,有效地稳油控水,提高单井产量和油田采收率,成为重复压裂井挖潜的难点。

重复压裂产生的人工裂缝方向依然取决于储层的三向应力状态,重压新裂缝重新定向,有利于在油气层中打开新的油流通道,更大范围地沟通老裂缝未动用的油气层,从而使产量大幅度增加,进一步提高油气藏的开发效果。

1987 年美国能源部在多井试验中进行改变应力的压裂试验,证实了初次压裂人工裂缝产生的诱导应力和油气井生产过程中孔隙压力降低引起储层应力下降,导致重复压裂井近井眼处应力方向发生转向。Dowell 公司根据试验和模拟证明了重复压裂新裂缝垂直于初次裂缝起裂是可行的,然而,这个影响仅仅适用于距离井底的有限距离。重复压裂新裂缝继续延伸过程中,储层中的应力分布在不断变化,并直接影响和控制着裂缝延伸方向。

根据重复压裂井井眼附近应力重定向理论建立了一个理想的重复压裂新裂缝的几何形状。对于垂直裂缝井,原裂缝受控后,重复压裂新裂缝的延伸可能由如下的三部分组成。

(1)重复压裂新裂缝先在应力转向区内垂直于初始裂缝缝长方向稳定延伸至应力各向同性点,穿透深度为 L'_{xf};

(2)超过应力转向区后,重复压裂新裂缝将逐渐转向到垂直于最小水平应力方向之前的延伸,穿透深度为 L''_{xf};

(3)若没有再次发生重定向,新裂缝转向到垂直于最小水平应力方向上稳定延伸。

按照应变能密度理论,重复压裂过程中,如果裂缝延伸到了应力转向区,最大水平应力和最小水平应力方向发生交换,重复压裂新裂缝要转向到垂直于最小水平应力方向,则 $\theta_0 = 0$,因此,在 L'_{xf} 的端点处必然发生裂缝转向。

在油气田开发实践中,重复压裂一般分为以下两种:一种是在原有水力裂缝的基础上进行缝长的延伸,增强导流能力以扩大水力缝的泄油范围,这种方法可以称为"老缝新生"。另一种则是由于初压填砂缝的存在,在其附近出现两个水平应力大小的换位及应力场的换向,新缝的倾角及方位角不同程度地偏离了老缝,新缝在未泄油区的扩展增加了油气井的泄油面积,称之为"转向压裂"。

6.6.2　　　裂缝转向监测

在 Barnett 页岩气重复压裂历史中,通过对远、近地应力场研究表明,重复压裂裂缝刚开始沿着原先的裂缝方向延伸,延伸很短的一段距离后裂缝开始转向。由于 Barnett 页岩地层的非均质程度小,裂缝转向并形成新缝网是可行的,但并不是每次重复压裂都能使裂缝转向,可以通过微地震裂缝监测对裂缝转向和新缝网进一步认识(崔青,2010)。

早在 2007 年,Maxwell 在 CSEG Recorder 上发表《Engineers are from Mars, Geophysicists are from Venus?》一文,对比了 Barnett 页岩水平井首次压裂和重复压裂的微地震监测结果。图 6 - 16 是同一口 Barnett 页岩气开发水平井水力压裂微地震监测结果俯视图。第一次压裂用凝胶压裂液,重复压裂使用的是滑溜水压裂液。微地震监测结果表明重复压裂形成了分布范围更广的水力裂缝网络,这也意味着重复压裂具有更大的储层改造体积(SRV)。压裂后的产能数据和 SRV 相关性很好,首次压裂后日产 1 000 Mcf,然后随时间下降明显;而重复压裂后日产 1 500 Mcf,并在随后维持较高的产能(图 6 - 17)。

图 6 - 16
Barnett 页岩气开发水平井水力压裂微地震监测结果俯视
(据 Maxwell, 2007 修改)

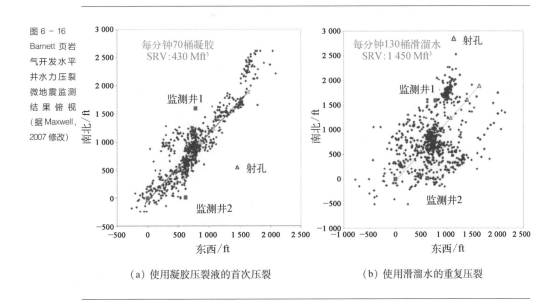

(a) 使用凝胶压裂液的首次压裂　　　　(b) 使用滑溜水的重复压裂

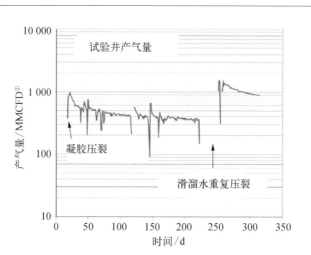

图 6-17　重复压裂前后页岩气产量（据 Maxwell, 2007 修改）

随后国外 Potapenko 等（2009）也报道了重复压裂 Barnett 页岩的一种新的转向技术,微地震监测结果用来分析重复压裂效果,证实了一些井成功地进行了裂缝转向形成复杂的裂缝网络,提高了产气量,而另一些井重复压裂的水力裂缝仍然沿最大水平主应力方向呈狭长条带状分布,裂缝未发生转向,重复压裂未达到预期目的。

国内张俏茗（2014）从垂直裂缝转向的机理及转向工艺优选等方面探讨了转向压裂技术在重复压裂井中应用的适应性,在个性化方案设计的基础上,重点从施工排量和砂比等参数的控制,确保压开新裂缝。现场通过施工曲线和地面微地震监测证明了转向技术的可行性,并通过应用效果分析和经济效益评价为重复压裂井措施改造提供参考。

2010—2011 年,转向压裂技术在 X 油田应用 32 口井,占总压裂井数的 50%,重复压裂井初期平均单井日增液达到 10.1 t,日增油达到 3.2 t,与区块普通压裂井效果相当,取得了较好的效果,案例如下。

1. 蜡球暂堵转向工艺应用举例

以 A 井为例,该井措施层 SI1－SI5 均为重复压裂层,SI3、SI5 层储层物性较好,受周围 A1 和 A2 井影响,沿裂缝方向采出程度较高,为挖掘其他方向剩余油,设计对该

---

①　100 万立方英尺／日（MMCFD）= 2.831 7 × 10⁴ 立方米／日（m³/d）。

井实施蜡球暂堵转向压裂技术。从压裂施工曲线中可以看出:该井第一次压裂的破裂压力是28 MPa,投球后转向裂缝开启的破裂压力是35 MPa,破裂压力升高了7 MPa,同时转向新裂缝的延伸压力也明显高于第一次人工裂缝的延伸压力,说明第二次加砂压裂的人工裂缝是一条新缝。

为证实缝内转向压裂沟通微裂缝和形成新裂缝,在施工过程中通过地面微地震监测技术对裂缝延伸规律进行动态监测。从地面微地震监测结果看,投球前、后人工裂缝方向分别为北东41.9°、北东59.7°,夹角17.8°,表明两次压裂是不同的裂缝。

2. 化学封堵剂永久封堵转向工艺应用举例

以B井为例,该井设计措施改造4段,其中SII4-5、SII13-14为重复压裂层段,而SII4、SII14层受周围注水强度较大的B1和B2井影响,原裂缝方向已高含水,为挖掘其他方向剩余油,设计对该井实施化学封堵剂永久封堵转向压裂技术。B井注化学封堵剂时,地面微地震监测人工裂缝方向为北东87.7°,封堵后压裂时,监测人工裂缝方向为北西76.9°,方向相差39.6°,表明原裂缝封堵后明显有新裂缝开启。

6.7 地质灾害预警"红绿灯系统"

矿山领域的微地震监测是面向安全的监测,实际上,页岩气等非常规油气开发水力压裂微地震监测也有面向安全的一面,即地质灾害预警"红绿灯系统"。

在水力压裂过程中,水力裂缝延伸数百米远,如果在该范围内或附近存在天然大断层,由于水力压裂注入流体和地层增压会改变原地应力,就极有可能活化断层,触发较大震级的地震;同时,如果水力裂缝与天然断层沟通,压裂液大量进入天然断层,就可能导致大量压裂液漏失以及井的产水量大幅增加,这都是潜在的地质灾害,因此需要对水力压裂进行实时微地震监测。另外,从整个页岩气开发区块来讲,大量的水力压裂施工会改变成百上千平方公里区域的原地应力状况,这种区域性的应力变化已经被证明诱发了大量的微地震事件(图6-18)和多起有记录的较大震级的微地震(震级 $M > 2$)。俄亥俄州的杨斯顿在2010年12月以前从未发生过地震,但最近3年来,该地

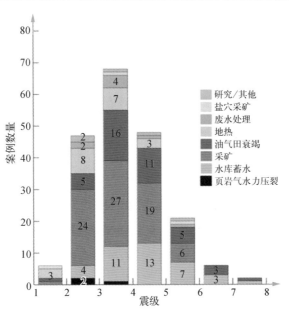

图6-18 自1929年以来公开发表过的198个诱发地震案例的原因、震级和数量(据 Durham Energy Institute, 2013 修改)

区发生了总共109次地震。这个情况在该州其他地区也有发生,这次研究的结果将这些地震全都归咎于活跃的页岩气水力压裂活动。较大震级的微地震(震级 $M > 2$)活动中,比较著名的有3次,分别为美国 Oklahoma 州 M 2.8级地震、英国 Blackpool 的 M 2.3级地震和加拿大 Horn River 盆地 M 3.8级地震(图6-19)。

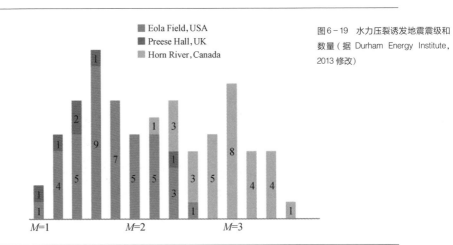

图6-19 水力压裂诱发地震震级和数量(据 Durham Energy Institute, 2013 修改)

　　鉴于上述水力压裂潜在的危害性,水力压裂实时微地震监测的地质灾害预警"红绿灯系统"被提出,即根据实时微地震监测确定的震级信息,在施工作业现场决定是否停止注水。具体地,当监测的微地震里氏震级小于0时,作业者可按原计划注水;当震级在0~0.5时,作业者应当减小排量并谨慎注水;当震级大于或等于0.5时,作业者应立即停止注水,避免触发更大震级地震或活化天然断层(图6-20)。

图6-20　水力压裂实时微地震监测的地质灾害预警"红绿灯系统"

里氏震级	作业
$M \geqslant 0.5$	立即停止注水
$0 < M < 0.5$	谨慎注水,减小排量
$M < 0$	按原计划注水

参考文献

[1] 刘伟,张宇生,徐刚,等.基于地震/微地震信息的水平井压裂优化设计[C]//中国地球科学联合学术年会,2014:1276.

[2] 俞绍诚.水力压裂技术手册[M].北京:石油工业出版社,2010:405-407.

[3] 才博,唐邦忠,丁云宏,等.应力阴影效应应对水平井压裂的影响[J].天然气工业,2014,34(7):55-59.

[4] 赵争光,秦月霜,杨瑞召.地面微地震监测致密砂岩储层水力裂缝[J].地球物理学进展,2014,29(5):2136-2139.

[5] 赵争光,杨瑞召,孙志朋,等.储层岩性对水力裂缝延伸的影响[J].地球物理学进展,2014(2):885-888.

[6] 杨瑞召,秦月霜,冯洋洋,等.地面微地震监测致密砂岩储油层水力裂缝[J].能源技术与管理,2014,39(6):130-132.

[7] 彭春耀.层状页岩水力压裂裂缝与岩体弱面的干扰机理研究[J].石油钻探技术,2014(4):32-36.

[8] 刘百红,秦绪英,郑四连,等.微地震监测技术及其在油田中的应用现状[J].油气藏评价与开发,2005,28(5):325-329.

[9] 周道全,杨全疆.对水力压裂裂缝延伸方向平行于断层的认识[J].钻采工艺,2003,26(6):152-153.

[10] 崔青.美国页岩气压裂增产技术[J].石油化工应用,2010,29(10):1-3.

[11] 张俏茗.转向压裂在中高含水油田中的应用[J].内蒙古石油化工,2014,21(1):15-16.

[12] Bunger A, Lakirouhani A, Detournay E. Modelling the effect of injection system compressibility and viscous fluid flow on hydraulic fracture breakdown pressure [C]//Rock stress and earthquakes-proceedings of the 5th international symposium on in-situ rock stress. 2010: 59－67.

[13] Cheng Y. Boundary element analysis of the stress distribution around multiple fractures: implications for the spacing of perforation clusters of hydraulically fractured horizontal wells [C]//SPE Eastern Regional Meeting. Society of Petroleum Engineers, 2009.

[14] Fisher M K, Heinze J R, Harris C D, et al. Optimizing Horizontal Completion Techniques in the Barnett Shale Using Microseismic Fracture Mapping. Paper SPE 90051 presented at the SPE Annual Technical Conference and Exhibition, Houston, Texas, 26－29 September [J]. 2004.

[15] Fisher M K, Heinze J R, Harris C D, et al. Optimizing Horizontal Completion Techniques in the Barnett Shale Using Microseismic Fracture Mapping. Paper SPE 90051 presented at the SPE Annual Technical Conference and Exhibition, Houston, Texas, 26－29 September [J]. 2004.

[16] Fisher M K, Warpinski N R. Hydraulic-fracture-height growth: Real data [J]. SPE Production & Operations, 2012, 27(01): 8－19.

[17] FROHNE, K. H, MERCER, et al. Fractured shale gas reservoir performance study-an offset well interference field test [J]. Journal of Petroleum Technology, 1984, 36(2): 291－300.

[18] Hall M, Kilpatrick J E. Surface microseismic monitoring of slick-water and nitrogen fracture stimulations, Arkoma Basin, Oklahoma [M]//SEG Technical Program Expanded Abstracts 2009. Society of Exploration Geophysicists, 2009: 1562－1565.

[19] Maxwell S C, Chen Z, Nizkous I, et al. Microseismic Evaluation of Stage Isolation Using a Multiple-Fracport, Openhole Completion [C]//Canadian Unconventional Resources Conference. Society of Petroleum Engineers, 2011.

[20] Mayerhofer M J, Lolon E P, Youngblood J E, et al. Integration of microseismic-fracture-mapping results with numerical fracture network production modeling in the Barnett Shale [C]//SPE Annual Technical Conference and Exhibition. Society of Petroleum Engineers, 2006.

[21] McKenna J P. Where Did The Proppant Go? [C]. Unconventional Resources Technology Conference (URTEC), 2014.

[22] Maxwell S C, Raymer D, Williams M, et al. Tracking microseismic signals from the reservoir to surface [J]. Leading Edge, 2012, 31(11): 1300－1308.

[23] Maxwell S, Cho D, Norton M. Integration of Surface Seismic and Microseismic Part 2: Understanding Hydraulic Fracture Variability through Geomechanical Integration [J]. CSEG Recorder, 2011,36(2), 27－30.

[24] Maxwell S C, Shemeta J E, Campbell E, et al. Microseismic deformation rate monitoring [C]//SPE Annual Technical Conference and Exhibition. Society of Petroleum Engineers, 2008: 21－24.

[25] Maxwell S. Engineers are from Mars, eophysicists are from Venus? Microseismic imaging of the Earth during hydraulic fracturing - WCSB [J]. CSEG Recorger,2007,32(7): 42－46.

[26] Nagel N B, Sanchez-Nagel M. Stress shadowing and microseismic events: a numerical evaluation [C]//SPE Annual Technical Conference and Exhibition. Society of Petroleum Engineers, 2011.

[27] Nagel N B, Sanchez-Nagel M A, Zhang F, et al. Coupled Numerical Evaluations of the Geomechanical Interactions Between a Hydraulic Fracture Stimulation and a Natural Fracture System in Shale Formations [J]. Rock Mechanics and Rock Engineering, 2013, 46(3): 581－609.

[28] Nierode D E. Comparison of hydraulic fracture design methods to observed field results [J]. Journal of petroleum technology, 1985, 37(10): 1,831－1,839.

[29] Potapenko D I, Tinkham S K, Lecerf B, et al. Barnett Shale refracture stimulations using a novel

diversion technique [C]//SPE Hydraulic Fracturing Technology Conference. Society of Petroleum Engineers, 2009.

[30] Roussel N P, Sharma M M. Optimizing fracture spacing and sequencing in horizontal-well fracturing [J]. SPE Production & Operations, 2011, 26(02): 173-184.

[31] Rafiee M, Soliman M Y, Pirayesh E. Hydraulic fracturing design and optimization: a modification to zipper frac [C]//SPE Annual Technical Conference and Exhibition. Society of Petroleum Engineers, 2012.

[32] Refunjol X E, Marfurt K J, Calvez J H L. Inversion and attribute-assisted hydraulically induced microseismic fracture characterization in the North Texas Barnett Shale [J]. Leading Edge, 2011, 30(3): 292-299.

[33] Ringrose P, Atbi M, Mason D, et al. Plume development around well KB-502 at the in Salah CO_2 storage site [J]. First Break, 2009, 27(1): 85-89.

[34] Sneddon I N. The distribution of stress in the neighbourhood of a crack in an elastic solid [C]// Proceedings of the Royal Society of London A: Mathematical, Physical and Engineering Sciences. The Royal Society, 1946, 187(1009): 229-260.

[35] Song W Q, Chen Z D, Mao Z H. Hydro-fracturing break microseismic monitoring technology [M]. Qingdao: China University of Petroleum Press, 2008: 1-3.

[36] Warpinski N R, Branagan P T. Altered-stress fracturing [J]. Journal of Petroleum Technology, 1989, 41(09): 990-997.

[37] Wu R, Kresse O, Weng X, et al. Modeling of interaction of hydraulic fractures in complex fracture networks [C]//SPE Hydraulic Fracturing Technology Conference. Society of Petroleum Engineers, 2012.

[38] Yang R Z, Zhao Z G, Peng W J, et al. Integrated application of 3D seismic and microseismic data in the development of tight gas reservoirs [J]. Applied Geophysics, 2013, 10(2): 157-169.

第7章

水力压裂微地震监测技术发展趋势

微地震监测能够对非常规油气开发的水力压裂进行实时指导和压裂效果评估,为压裂施工和油气开发方案提供帮助,是未来地震向油藏工程延伸的重要技术。微地震监测技术始于地热开发行业,20 世纪 80 年代水力压裂地面监测微地震试验由于信号信噪比太低而宣告失败,随后转入水力压裂井下地震监测试验,并获得成功,使井下观测方式得以快速商业化。2000 年左右,随着检波器性能的提高和信号处理技术的发展,地面监测方式重新受到关注,并加大了研究力度,2003 年水力压裂地面微地震监测在国外开始走向商业化。

技术研究方面,根据近几年的 EAGE、SEG 和 SPE 国际会议以及《The Leading Edge》《Geophysics》《CSEG RECORDER》《First Break》地球物理期刊所发表的微地震领域的论文,可以看出当前的微地震研究热点包括以下几方面。

(1) 微地震地质力学 包括合成微地震事件、离散裂缝网格(DFN)模拟、储层形变和连通性定量分析。

(2) 各向异性 包括事件定位速度模型的各向异性、震源机制反演中各向异性分析。

(3) 横波分裂 包括利用横波分裂确定裂缝分布(离散裂缝网格模拟)、校正速度模型。

(4) 利用全波形同时反演微地震事件位置和震源机制

(5) 针对低质量速度模型进行微地震事件定位 包括事件位置和速度模型的联合反演和双时差相对定位。

(6) 提高信噪比和改善微地震事件定位 包括逆时偏移成像、离散子波变换和干涉法成像。

工业应用方面,井下微地震监测技术日渐成熟,斯伦贝谢、ESG、MSI、Magnitude、Pinnacle 等公司均有井下监测实时处理能力。展望未来,井下监测的检波器级数不断增加、井地联合微地震监测、多井监测是微地震采集的主要发展趋势。在处理和解释上,人们已经不再满足于微地震事件的定位,如何利用微地震记录波形反演得到描述破裂性质的震源参数成为各国研究人员竞相研究的热点,如裂缝网络连通性分析及有效 SRV 估计等。在应用上,水力压裂的微地震监测也将逐步向油藏动态监测发展(撒利明等,2014)。

随着我国非常规油气勘探开发程度的不断深入,对微地震监测技术提出了更高的需求,微地震监测技术将面临从勘探到开发过程中各个环节不同应用目的的挑战。勘探阶段的水力压裂监测需要求取裂缝空间展布和岩石物性参数;开发阶段的水力压裂监测需要提高裂缝监测的精度,为编制开发方案提供依据;开采阶段需要利用微地震技术监测油藏驱动、水驱及气驱前缘、油藏动态变化。由此可见,探查对象不同,微地震监测技术面临的挑战也不同。

中国石油天然气集团公司刘振武等(2013)在分析非常规油气微地震监测技术的需求、国内外(包括中国石油集团)微地震监测技术现状及微地震监测技术面临的挑战的基础上,结合中国石油东方地球物理勘探公司和川庆地球物理勘探公司实施的大量的水力压裂井下和地面微地震监测项目经验,指出了非常规领域尤其是页岩气开发微地震监测技术的发展方向,具体介绍如下。

7.1   地面微地震监测和井下微地震监测的前景

7.1.1   地面微地震是勘探阶段水力压裂监测发展的主要方向

在勘探阶段,微地震监测技术能够在水力压裂监测中发挥重要作用。但由于成本、稀疏的井网间距、地面强噪声、微地震监测方法发展不平衡等因素,勘探阶段的每口井进行有效的微地震压裂监测受到限制,迫切需要发展多种观测方式的微地震监测方法和软件系统。

国外广泛应用的是微地震深井监测和微地震地面监测。微地震深井监测可以观测到明显的微地震信号,但常常因为无合适距离的监测井以及专门钻探深井监测井成本高等原因,微地震深井监测的规模化应用受到限制。微地震地面监测施工方便,监测的方位角度大,但监测的微地震信号常常被噪声淹没,利用常规处理解释方法难以见到明显微地震事件,另外震源定位的实时性也难以做到。

近年来,通过微地震地面监测技术的攻关研究,证明地面监测可以得到可信的数据,监测到较大震级的事件,而这些事件也基本上可以满足裂缝刻画的需求。更为重要的是,地面监测可以对较大范围的水平井压裂进行监测或对区域内的油田开发或注水过程进行监测,其中的较大事件还可以用来反演震源机制。如今各大服务公司都在加紧研发地面微地震监测技术,形成了利用 RT2 实时连续无线遥测地面地震采集仪器和地面微地震事件监测处理的技术热潮,从而导致地面微地震监测业务量在世界各地迅速增长。大量事实表明,地面微地震监测的效果和信息量要优于井下微地震监测的效果。可以预见,未来几年地面监测将有一个飞跃式的发展,将成为非常规油气勘探阶段的关键技术。

目前国内非常规油气勘探还处于起步阶段,野外可供井下观测的井较少,地面微地震监测需求量大,发展经济有效、适应不同环境方式的地面微地震监测观测方法和技术,是我们下一步努力的方向。

7.1.2　　　井下微地震监测走向精细化

井下微地震监测技术前景被国内外很多公司和专业人员所看好。石油工业界的微地震监测技术开展比采矿业晚得多,但进展却很快,应用领域广。20 世纪 70 年代末,井下微地震水力压裂裂缝监测方法的可行性得到了人们的认可,到 80 年代中期,井下微地震水力压裂监测成像方法已得到石油工程学家的充分肯定,认为微地震监测法可以给出水力压裂裂缝明确的图像,并且比其他各种方法都准确。80 年代末,国外已将微地震监测法视为确定水力压裂裂缝方位和形状的一种重要而实用的方法。1991 年以来,人们将微地震水力压裂监测的经验用于油气田开发,即利用采油(气)、注水、注气、热驱等诱生微地震监测油气田开发过程或有关油田工程活动,解决储层孔隙流体的运动方向和范围的问题。21 世纪初提出的"仪表化油田"的概念,其核心技术之一就是微地震监测。这一概念主张在大量井中安置永久性多级地震检波器和其他地球物理仪器以及永久性工程传感器(如压力计、温度计、流速计等),以便对油气田开发全过程实施微地震监测以及实施多种井中和地面的有源地震的重复测量。将有源地震与微地震监测相配合并以油藏工程数据进行标定,对油气田开发动态实施有效的实时监测与管理,其技术潜力和经济效益将是巨大的。

在开发阶段,微地震监测除了能够监测压裂裂缝的空间展布、实时评判压裂效果、指导优化下一步压裂方案外,还能够支撑非常规油气藏提高采收率。开发阶段的压裂微地震监测结果较多,可以将微地震监测结果延伸为开发服务,具体如下。

(1) 可以改进压裂作业后三维油藏模拟模型,如渗透率模型等,为油藏数值模拟提供合理三维油藏模拟模型;

(2) 提高三维压裂设计的准确性;

(3) 针对特定的区块形成校正后的压裂模型;

(4) 提高压裂后净压力拟合的准确性;

(5) 在现场提高压裂再设计的针对性;

(6) 改进油藏产量预测和经济优化的准确性。

井下微地震监测目前虽然已经实现实时处理,但其精度还有很大的提高空间。随着仪器数据传输能力的提高,更多的检波器级数会应用到井下监测,多井监测也将成为一种选择。在这种情况下,应用井下微地震监测数据可以反演破裂的震源机制,得到更为精细可靠的、更多的震源参数。另外,偏振方向分析和初至拾取等关系到震源定位精度的关键信息,其计算和拾取精度将通过交互分析和迭代求解得到更进一步的提高。

7.2 微地震监测技术未来其他发展趋势

7.2.1 油藏长期动态监测及永久监测技术将逐步发展起来

随着油田开发的深入,仪表化油田正进入人们的视野,而安置永久检波器对地下流体诱发微震进行监测是仪表化油田的重要组成部分。当然,这需要永久埋置检波器的性价比有一个大的提升,即实时数据回收、自动检测事件、免维护、花费低。

在非常规油气开采阶段,油藏驱动是实现油气田稳产高产的重要措施,油藏驱动包括注水、注气等措施,微地震水驱监测和气驱监测是生产动态监测、评估驱替效果的重要技术手段。我国非常规油气田需要靠注气、注水来保持稳产。在注水、注气的过程中,引起流体压力前缘的移动和孔隙流体压力的变化,从而诱发微地震事件。因此开采阶段的油藏驱动监测,也可以通过微地震监测实现岩石内部流体前缘实时三维成像,从而提供水动力和地质力学过程的图像。通过对裂缝成像和驱动前缘波及状况的分析,油藏工程师可以调整和优化开采方案,提高油气采收率和油田整体开发效果。

7.2.2　井中地面联合监测、主动被动微地震联合观测成为研究热点

联合监测方案永远有它的优势。目前已有公司通过井下地面联合监测来分析区域内地面监测的可行性。在新的工区,该技术对于选择最佳观测方式、评估地面监测可行性很有帮助。另外,主动与被动地震也有其结合点,尤其对于原生裂缝和压裂裂缝的解释将发挥重要作用。

7.2.3　微地震震源机制研究将成为必然选择

如今人们已经认识到微地震事件定位的点云对了解破裂过程远远不够,而要在适当的观测条件下利用 P 波和 S 波的波形信息反演才能得到更丰富的震源参数,甚至得到震源机制解,这将为揭开破裂的性质提供更为直接的信息。

微地震资料含有丰富的震源机制信息。利用微地震资料可以分析岩石的破裂过程以及破裂产生的力学类型,求取震源断裂面走向、倾角、倾向等。对于微地震事件的性质,也需要从震源机制入手,开展破裂力学和应变力学研究,对不同表现形式的事件进行解释。传统的矩张量反演方法复杂、耗时,随着研究程度的深入,需要发展快速、

准确的矩张量反演方法。

地震矩张量反演(Moment Tensor Inversion, MTI)可以对产生微地震信号的震源区域如非弹性地层或裂缝进行描述。当从地下或地面的检波器组合中获得辐射状图形后,使用地震矩张量反演处理分析地震振幅的辐射状图形,判定裂缝面和滑移度,它们在压裂模型中表现为不同的剪切力缺口和张力缺口;地震矩张量反演结果可显示出微地震活动中某一阶段的震源机理。通过对油气储层中自然裂缝和诱导裂缝的详细认识,可以帮助客户提高完井设计方案的准确性。把这种服务应用到非常规油藏中时,它可以提供与水力压裂相关的信息,如裂缝的方向、体积及支撑剂的分布等,同时可以为建立和解释地质力学模型提供一个框架,也有助于提高完井设计方案的准确性,从而有利于实现增储上产。

7.2.4 微地震事件自动处理解释成为新的研究方向

理论上,多口深井联合监测可以提高定位精度,但如何提高多井联合监测定位精度、提高多深井联合监测效率、提高多深井震源机制反演精度等,是开发阶段微地震监测面临的重要挑战。

在开发阶段,微地震监测结果用途广泛:需要利用多井监测结果,建立压裂后裂缝模型、渗透率模型;需要利用微地震监测结果和开发动态资料,确定裂缝网络未覆盖区、储量未动用区,确定加密井方案。因此,如何自动对微地震事件进行识别、自动进行微地震事件的成像、对监测结果进行自动解释、自动产生裂缝模型、自动划分储量未动用区、自动确定加密井方案等是下一步需要攻关的主要方向。在各向异性介质下,利用 RTM 逆时偏移成像技术,进行震源的自动智能聚焦成像,还原震源位置,是下一步微地震事件成像技术研究的热点。

注水、注气产生的微地震事件与压裂作业产生的微地震事件相比,能量更小、信噪比更低,需要针对微地震水驱监测和微地震气驱监测进行专门的去噪、定位方法研究。微地震水驱监测和微地震气驱监测结果的解释也与压裂监测解释不同,需要分析注水、注气的推进方向,蒸气移动情况,主力驱替方位,注入介质前缘波及范围等。

7.2.5 弹性波微地震实时监测技术是微地震技术的未来发展趋势

目前微地震监测资料处理方法大多基于基尔霍夫偏移方法,微地震观测采用三分量检波器,为弹性波处理方法的应用奠定了基础。应用弹性波处理方法,对黏弹性介质情况下震源机制研究、提高微地震事件的定位精度具有重要意义。

波动方程微地震实时监测就是建立理论与实际微地震事件关联的数据。以数据库为基础,应用互联网快速搜索技术,对微地震事件进行快速索引与排序,自动进行低信噪比微地震事件的识别与定位,在几秒钟内同时确定微地震位置、震级、震源机制,使微地震事件的精度达到米级,以快速指导压裂方案调整和井位部署,推动页岩气、致密砂岩气和煤层气等非常规油气勘探技术的进步。

7.3 国内微地震监测服务公司发展战略

从前面的分析不难看出,微地震监测技术应用贯穿非常规油气勘探、开发、生产的全过程。不同的阶段均需要微地震监测技术提供支撑。国内微地震监测服务公司的微地震监测技术应持续不断地向前发展。

(1)丰富微地震监测观测方式,需要深入研究微地震浅井监测、微地震深浅井联合监测、微地震地面埋置监测、微地震地面浅井综合监测、微地震永久监测等方法;

(2)研究并发展微地震震源高效定位方法,主要包括微地震地面监测高效实时定位、微地震浅井监测高效定位、多井联合监测定位、深度偏移震源定位、各向异性震源定位等方法;

(3)研究并发展微地震监测前缘技术,包括微地震震源机制反演、瞬时张量反演、基于微震信息的油藏模拟技术、基于微震信息的产量预测技术、基于微震信息的压裂设计技术、油藏驱动微地震监测技术;

(4)研究并发展微地震监测软件系统,主要包括微地震浅井监测软件系统、微地震地面监测软件系统、微地震深浅井监测综合软件系统、微地震多井联合监测系统、微地震与油藏建模融合软件系统等。

通过以上方法和软件的持续研究,逐步实现微地震监测技术应用和服务方式等三个方面的延伸:一是微地震监测方法从单一观测方式向多方法、多观测方式延伸,满足各种条件的经济、高效、高精度微地震监测;二是微地震压裂监测从评判压裂效果向油藏开发、开采服务延伸,提供改进油藏模型、井网未控制面积、储量未动用范围、油藏加密井方案等;三是微地震监测从储层压裂服务向油藏驱动监测延伸服务,提供注水、注气过程图像,提高油气采收率和油田整体开发效果(刘振武等,2013)。

参考文献

[1] 撒利明,甘利灯,黄旭日,等.中国石油集团油藏地球物理技术现状与发展方向[J].石油地球物理勘探,2014,49(3):611-626.
[2] 刘振武,撒利明,巫芙蓉,等.中国石油集团非常规油气微地震监测技术现状及发展方向[J].石油地球物理勘探,2013,48(5):843-853.

第 8 章

微地震监测技术
在其他领域的
应用

微地震监测技术应用最广泛的领域是水力裂缝成像,除此之外,其在以下领域应用也较为广泛:

(1) CO_2 封存项目中的注入监测;

(2) 油井注入水驱前缘监测;

(3) 随钻地震监测;

(4) 矿震监测;

(5) 增强型地热系统压裂监测;

(6) 稠油热采套损监测;

(7) 低频被动地震油气藏勘探监测。

微地震监测技术最早的应用领域即是地热活动监测,但当前微震在地热领域的应用主要转向干热岩(Hot Dry Rock,HDR)或增强型地热系统(Enhanced Geothermal System,EGS)开发压裂监测。干热岩是一种没有水或蒸汽的热岩体,主要是各种变质岩或结晶岩类岩体;干热岩普遍埋藏于距地表 2~6 km 的深处,其温度范围很广,在150~650℃。在学术界,干热岩有时也被称为"热干岩"。干热岩的热能赋存于岩石中,较常见的岩石有黑云母片麻岩、花岗岩、花岗闪长岩以及花岗岩小丘等(Tenzer,2001)。一般情况下,干热岩上覆盖有沉积岩或土等隔热层,干热岩也是一种地热资源。但是,干热岩是属于温度大于150℃的高温地热资源,而且其性质和赋存状态有别于蒸汽型、热水型、地压型和岩浆型的地热资源。从现阶段来说,干热岩地热资源是专指埋深较浅、温度较高、有开发经济价值的热岩体。EGS 是指通过钻井至热干岩且压裂岩石以使如水等流体在井间流动。这类流体沿渗透性路径流动时拾取原地热量并且通过生产井流出储层。在地表,加热后的流体流经发电厂。在流出发电厂时,该流体重新返回储层来完成整个循环。除了可能用来冷却的水的蒸汽,发电厂没有其他温室气体排放。在 EGS 项目中,通常需要钻 2 口直井或水平井,一口用于注水并压裂,另一口用来采出热水。微地震监测技术用来监测压裂施工并对水力裂缝进行成像,这一应用场景与页岩气开发中的水力压裂微地震监测类似。目前,哈里伯顿旗下的Pinnacle 公司服务可提供实时地热监测解决方案。

在稠油热采领域,蒸汽辅助重力泄油(Steam Assisted Gravity Drainage,SAGD)工艺是主要的开发技术。在加拿大油砂矿开发以及中国的辽河油田、新疆风城油田的稠油开发中,利用 SAGD 技术在目的层中一上一下钻 2 口水平井,在上部水平井中注入蒸汽,使稠油因重力进入下部水平井采出。周期注蒸汽(Cyclic Steam Stimulation,CSS)是另一种重要的开发工艺。使用上述两种技术开发稠油时,会出现套损的现象。利用微地震监测套损是微地震的新兴监测领域。目前,加拿大的 ESG 公司利用井下监测技术可对套损位置准确定位。Imperial Oil 公司成功地对加拿大阿尔伯塔省的 CSS 作业过程中的套损位置进行了定位(Smith 等,2002)。

低频被动地震(Low-frequency Seismic,LFS)油气藏勘探监测检测油气藏的天然地震背景频谱中 1 ~ 10 Hz 频段内的能量异常(增大)。该技术的理论原理为在均质地质环境下,微地震频谱显示出单一的能量分布特征;而地质变化,如地幔沉积底界、构造断层、油气藏和盐岩地层,将引起地震能量在频谱内的重新分布,显示为频谱内清晰可辨的尖脉冲峰值。由不同地质异常产生的频谱峰值具有不同的可分辨的特征。因此,油饱和储层产生较强异常,这使我们能通过微地震成像技术估计储层的流体成分(Saenger 等,2007)。低频被动地震油气藏勘探监测数据采集通常采用地面检波器排列长期监测微震活动,检波器可部署成长测线(250 m 或 500 m 及更长)或网格状(250 m × 250 m 或 500 m ×500 m 及更大面积)。数据处理包括一系列可以有效从人工和自然噪声中提取信号的计算步骤。这些步骤包括基于傅里叶分析和相关技术的经典信号处理算法以及基于子波分析的方法。同时,可利用数值模拟技术预测特定地质条件的微地震波场的特征,并将模型频谱曲线与自然频谱曲线进行对比,从而提高数据解释的可靠性。LFS 方法可以沿剖面识别并确定油气藏地层。LFS 信号可根据勘探区的井数据进行校正以提高解释精度。LFS 探测的主要结果为显示勘探区油饱和带的平面图。

鉴于微地震技术在 CO_2 封存项目中的注入监测、油井注入水驱前缘监测、随钻地震监测和矿震监测等领域应用较为广泛,以下详细介绍微地震技术在上述 4 个领域的应用。

8.1　　CO_2 封存注入监测

捕捉燃烧化石燃料电站产生的 CO_2,并将其储存于地下较深处的地质构造中的过

程就是所谓的 CO_2 捕捉与埋藏（Carbon Capture and Storage，CCS）。在人类对抗导致全球气候变化的 CO_2 排放，同时保证满足世界的能源需求的过程中，CCS 可能成为一个重要的手段。CCS 技术是目前唯一可以大规模减少在原料转化、工厂和电力行业中因使用化石原料而产生温室气体排放的技术措施，它在碳减排方面有着十分重大的意义，可以降低 70%~82% 的碳排放量。国际能源署（International Energy Agency，IEA）在 2010 年发布的 CCS 技术路线图中指出，如果没有 CCS 技术，那么到 2050 年要达到 CO_2 排放量减半目标的总体成本将上升 70%。根据 IEA 2010 年发布的 CCS 技术路线图，CCS 技术是一个集 CO_2 捕获、运输和封存为一体的系统技术工程。在 CCS 项目中，CO_2 的安全封存是整个项目能否成功实施的关键。目前技术上可行的方案主要有以下几项。

（1）地质封存，即将 CO_2 直接注入深部咸水层、枯竭油气田或玄武岩含水层。

（2）利用 CO_2 提高石油采收率（CO_2 Enhanced Oil Recovery，CO_2-EOR）技术。

（3）利用 CO_2 提高煤层气采收率（CO_2 Enhanced Coal Bed Methane Recovery，CO_2-ECBM）技术。

（4）海洋封存。由于海洋封存技术目前还不成熟，且涉及海底生态、法律等诸多方面的问题，在研究和实践中存在一定问题。

为了让 CCS 项目被社会接受同时在经济上可行，CO_2 泄漏的风险必须被量化同时要最小化这种风险。为此，必须对 CO_2 在地下的流动过程建模，同时必须能够监测这种流动的过程。此外，还必须对 CO_2 注入岩石的和周围储藏的过程进行建模，研究开发现场的监测方法以跟踪现场的这些注入效应。由于上述这些需求从而产生了大量的科学和工程问题。

应力场的改变会改变油藏内部和周围岩石的地震特性。因此，在理论上是可以通过地震方法来反映地质力学形变的。地面微地震前缘监测能够分辨不同位置的 CO_2 流动密集程度，CO_2 的注入引起了注入波及部位地层压力的增加，进而引发微地震，通过对微地震事件的监测，可以掌握 CO_2 驱替前缘位置、波及范围、不同部位的波及程度等信息。

2000 年，在加拿大萨斯喀彻温省的 Weyburn 油田，CCS 模块被加入了 EnCana 增强石油开采作业中。这个项目为很多的建模和监测技术提供了进行实际测试的环境，其中就包括被动地震监测。

2003 在 Weyburn 油田安装了一个井下微地震监测排列，2004 年附近的井开始进行 CO_2 注入作业。导致在第一年里产生了大约 100 个微地震事件，在接下来的三年中产生了大约 40 个微地震事件。这些事件被分为和周围的生产井相关的两组聚类。事件被定位在储层深度和覆盖层深度。定位于生产井周围和覆盖层的事件在传统的诱发微地震理论框架内很难解释，传统上认为这些微地震事件应该形成于注入井的周围。

微地震事件提供了一个绝佳的地下 S 波震源，从而可以利用 S 波分裂(shear-wave splitting，SWS)技术来观测油藏的各向异性。Verdon(2011)提出了对于存在的已对齐裂缝集合，利用岩石物理特性来逆转 SWS 测量的方法。采用 Weyburn 油田的数据，他发现了两组对齐的裂缝分别朝向 NW 和 NE 方向，和之前通过取芯和裸孔成像获得的裂缝集相匹配。

Weyburn 油田的微地震数据清楚地表明 CO_2 注入与其他常用的注入手段，如水之间的微地震特性和地质力学特性差异非常小。为了说明这种不确定性，Verdon(2011)分析了一组来自水和 CO_2 注入激发的微地震数据。他做了一个微地震特性的直接比对，发现两种情况下微地震事件的发生频率和震级非常相似。SWS 测量值也不能区分这两种不同介质引发的裂缝。这个现象提示我们，没有理由期望伴随 CO_2 注入过程产生的微地震事件和地质力学变比其他注入介质的情况下更少。

微地震是注入过程引发的可观测的地质力学变形现象。随着储层中孔隙压力的增加，有效压应力就会减少，导致孔隙膨胀。Verdon(2011)采用了近期发展起来的流体-流动/地质力学耦合建模技术来描述这种注入诱发变形，并发现孔隙压力增加时，比围岩软的小型油藏更倾向于"应力拱起效应"，而对于比围岩更硬的较平坦且广泛分布的储层则只倾向于发生静水力学意义下的有效应力下降。通过计算注入引起的偏应力改变，发现小型油藏更倾向于产生裂缝，在小型的软质油藏中，覆盖层更容易在注入井上产生裂缝，在小型刚性油藏中裂缝更易于发生在油藏内部。

除加拿大的 Weyburn 油田二氧化碳注入监测项目以外，2008 年，CO_2 CRC (Cooperative Research Center for Greenhouse Gas Technologies)在澳大利亚 Otway 项目中部署了 Naylor－1 井下三分量检波器进行 CO_2 注入监测。该项目的微地震监测由美国 Lawrence Berkeley 国家实验室和澳大利亚 CSIRO 共同承担。

在国内，黄海东等(2013)针对吉林油田开展的大规模二氧化碳捕集与埋存(CCS)

示范工程,设计并实施了油藏流体运移及驱替前缘监测项目,为后续方案的优化提供了依据。监测内容包括储层物性测试、CO_2分布监测、生产井监测三方面。储层物性测试方面,使用了气相示踪剂、压裂裂缝监测、试井方法,有效地反映了井间连通性及裂缝分布。CO_2分布监测方面,使用了微地震前缘监测、大地电位监测,准确地描绘了CO_2在储层中的分布状况。生产井监测方面,通过油、气、CO_2产出量监测,直观地反映了驱替前缘运移情况。不同的监测方法得到的结果基本吻合,验证了监测结果的准确性(Zhang 等,2015;Ren 等,2016)。

8.2　　　注水油井水驱前缘监测

8.2.1　　　理论与方法

注水是油田开发过程中保持地层能量、实现稳产、提高采收率最常见和最直接、简便的方法。但是,如何确定注入水推进方向、主力注水方位、注水前缘位置等问题,以前只能靠经验或通过示踪剂监测进行粗略判断,因此会存在精度低、施工复杂、周期长、成本高等缺点。利用注水井水驱前缘监测技术可解决上述问题,为合理布置注采井网、挖掘剩余油等提供了可靠的技术依据。

水驱前缘测试技术是近几年开始应用于油田中后期开发的一项新技术,主要依据注水过程中会诱发微地震波的原理,通过监测给出水驱前缘、驱波及范围、优势注水方向等资料,为评价区块水驱状况和剩余油富集区提供依据。

微地震法水驱前缘监测技术是通过观测、分析油田注水活动产生的微小地震事件,来描述注水活动的影响、效果及地下状态的地球物理技术。该项技术的理论基础是摩尔-库仑准则、断裂力学准则和波速场分布与地下渗流场分布的关系。根据摩尔-库仑准则,孔隙压力升高,必然会产生微地震。根据断裂力学准则破裂形成理论可知,注水会诱发微地震,这就为微地震方法监测水驱前缘提供了理论依据。而波速场分布与地下渗流场分布的关系表明,在一个较小的区域里,波速主要受传输介质的围压和传输介质本身的影响。从水井到油井地层压力是逐渐下降的,而围压越高,波速就越高,故从水井向外波速是逐渐减小的,因此由波速场分布可以描述渗流场的分布(刘东丰,2008)。

微地震波进行的水驱前缘监测,旨在了解和掌握每口注水井注入水的波及范围、推进方向及区块的水波及区,为合理部署注采井网、挖掘剩余油、提高最终经济采收率提供可靠的技术依据。根据最小周向应力理论、摩尔-库仑理论、断裂力学准则等,分析岩层破裂形成机理,无论压裂还是注水都会诱发微地震。监测前先将注水井停注,使原来已有的微裂缝闭合。开始监测时再将注水井打开,注水井在注水过程中,会引起流动压力前缘移动和孔隙流体压力的变化,并同时产生微震波,原来闭合的微裂缝会再次张开,并诱发产生新的微裂缝,从而引发微地震事件。在孔隙流体压力变化和微裂缝再次张开与扩展时,必将产生一系列向四周传播的微震波,通过布置在被监测井周围监测分站接收到微震波的到达时差,形成一系列的方程组,求解这一系列方程组,就可确定微震震源位置,进而计算出水驱前缘、注入水波及范围、优势注水方向和注水波及区面积等结果。

通过对裂缝成像和驱动前缘波及状况的分析,油藏工程师可以调整和优化开发设计方案,提高油气田采收率和油气田整体开发效果。

水驱前缘监测资料可以直观真实地反映油藏水驱状况,在一定程度上也反映了油藏平面非均质性的变化情况,该资料与油藏描述相结合,可以更准确地描述油藏的水驱状况,同时也可以给出油藏的渗透率和应力分布,为修正数值模拟结果提供了直接的依据。基于此,可以将监测结果转换成与常用数值模拟软件相适应的数据格式,使之直接服务于油藏描述,从而提高描述精度。同样的原理也可以用于稠油热采和气驱前缘的监测。

8.2.2　发展趋势

注水井水驱前缘测试可以从平面上反映出水驱优势方向、波及范围、裂缝发育范围,为平面剩余油分析提供直接依据,是一种可靠的平面剩余油监测技术。应用水驱前缘监测结果结合其他监测资料可综合判断油藏的裂缝特征、油砂体展布形态、储层非均质性、注水推进速度、微构造、井间剩余油分布等多种油藏特征,为下一步综合调整改善开发效果提供依据。因此使用和发展该监测技术在油藏各开发阶段均具有很强的现实意义和推广价值。根据水驱前缘测试技术原理,该项技术还可应用于调驱效果分析和压裂效果分析等领域。

8.3 随钻地震

随钻地震(Seismic-while-drilling,SWD)是指利用钻头振动作为震源信号来研究地下信息的技术,该设想要追溯到 1930 年。初始构想来自钢丝绳冲击钻产生的脉冲信号,这种方式获取的波形数据处理起来相对简单,但当旋转钻井技术普及后,该技术就不再发展了。

1968 年,法国石油研究院(IFP)的地质学家 M. Chapuis 开始利用钻头的振动信号作为震源,他发现近钻头地层中"地层越坚硬,振动信号越强烈",于是在井架附近的地面用地震波信号来采集这些信号。

1972 年,法国埃尔夫阿奎坦(Elf-Aquitaine)的 Jean Lutz 联合钻井工程师、地球物理专家,开始通过在钻柱顶部安装加速度计,来测量通过钻柱传输的振动。80 年代初,Elf-Aquitaine 与 CGG 的地球物理学家认识到钻柱顶部的加速度计接收到的连续信号与地表检波器接收到的信号是类似的,只是传播路径的速度不同,即两道信号存在时移,通过互相关运算,可以得到该时移量。1985 年 Elf 申请了此项技术的专利。

1986 年,Western-Atlas 发表了一口油井利用 TOMEXTM 技术的测量结果,但很快多个地震服务承包商就发现 TOMEXTM 技术得到的结果并不理想:比如当使用 PDC 钻头时无法获得满意数据,即使在理想条件下(比如在中硬地层、钻头牙齿足够长、合适的钻井参数、简单井眼轨迹的情况下)使用牙轮钻头也不一定能得到理想的结果。

90 年代初,IFP 测试了新的 TRAFORTM 系统,该系统是由 IFP 钻井部的机械工程师与电子工程师设计的,可以利用埋设导线的钻杆进行有线连接,实时传输数据,以便实时分析钻井过程中的井下振动,提高钻井作业的安全性。

　　1997 年,为了突破钻头随钻地震(DB‒SWD)的局限性,Schlumberger 开始利用随钻 VSP 对钻头前方进行预测研究,并对"钻柱集成检波器、地面设置震源"这一方案的可行性进行了研究,于 1998 年完成了实验样机的测试,并取得了较好效果。

　　1999 年,BP 开始与 Schlumberger 合作进行研发随钻 VSP 产品,对改进样机进行测试并获得成功。此后,Schlumberger 公司加大研发力度,并加强了野外实验,推出了名为 SeismicMWDTM 的随钻 VSP 测量系统,经过改进发展成现在的 SeismicVisionTM。该系统包括:集成了地震波传感器的 LWD 工具、地表震源以及用来向地面传输信息的 MWD 系统。近年来 TEMPRESS 公司引入了一种名为 SweptImpulse Tool(SIT)的扫频脉冲震击震源,克服了钻头随钻地震应用中震源强度不足等问题,使得利用 PDC 钻头进行斜井随钻地震探测成为可能。

　　国内,韩继勇等(1998)对钻头随钻地震的原理、功能、系统组成等进行了介绍。张绍槐等(1999,2003)对钻头随钻地震技术中的原理、处理方法等关键内容进行了理论研究及数值模拟,对钻头随钻地震与随钻录井、随钻测井的集成与发展方向进行了探讨,1996 年在江汉油田范 3 井 2 250 m 左右井段上,获得了有效实测信号,并对其进行了特征分析。

　　杨进等(2007)给出了利用 SWD 采集数据进行地层压力计算的理论模型,通过对南中国海域某试验井 SWD 采集信息的处理和分析,阐述了预测地层孔隙压力和确定技术套管的下入深度的方法。

　　朱键等(2003)研究了钻头随钻地震数据与垂直地震剖面(VSP)数据的关系,给出了适用于 SWD 的波动理论模型,提出了一种可用于钻头前方预测的波阻抗反演方法。

　　罗斌等(2005)通过对钻头随钻地震中的直达波、反射波旅行时的计算研究了其空间传播特性,讨论了干扰波的分离和衰减方法。

　　杨微等(2007)利用高灵敏度流动数字地震仪连续检测钻井过程中的钻头振动信号,现场试验获得了高信噪比信号。

　　王鹏等(2009)在 Seismod 地震波场模拟软件和 Matlab 信号分析软件的基础上,利用交错网格高阶有限差分求解钻头随钻地震的黏弹性介质地震波动方程,对 SWD 波场传播、直达波与反射波时距曲线特征、数据处理方法等进行了数值实验。2005 年起,中石化胜利钻井院与国家地震局地球物理研究所、胜利物探公司、郑州物探局等单位对随钻地震技术开展联合攻关,2007 年该研究被列入"十一五"863 重点攻关项目,目前在系统构建、仪器研制及信号处理方面取得了重要进展，通过现场试验获取了大量基础数据。李兴龙等根据钻头随钻地震信号记录和地层相关资料建立模型，利用时间序列建模方法，对待钻地层的地层压力、流体性质、岩性等性质的识别方法进行了说明。归纳起来，随钻地震领域的三种典型技术为钻头随钻地震、扫频脉冲震击器随钻地震以及随钻 VSP，下面就分别对这三种技术进行具体介绍。

8.3.1　钻头随钻地震

钻头随钻地震系统由以下部分组成：置于地面的地震检波器；置于方钻杆上方的参考信号传感器；用来控制系统、处理数据的工作站。

其工作原理如下。

（1）利用牙轮钻头破岩时产生的振动能量作为震源（旋转牙轮钻头可以看作 P 波偶极源）。

（2）利用地面地震检波器记录经过地层传播的地震波信号。检波器被埋入地面浅孔中以确保与地面间的耦合，提高数据质量。在垂直钻井中，检波器从井眼开始以辐射状布置，偏移距离范围一般在 200～300 m；在斜井与定向井中，检波器被置于井眼轨迹上方。利用安装在顶驱装置上的加速度计来记录经钻柱传播的参考信号（钻杆的轴向振动）。

（3）利用钻头直达波可以获得时深转换信息，利用时深转换信息可以将时间域的地面地震剖面转化到深度域，并用于实时更新速度模型。

（4）反射波波场数据经过处理可用于钻头前方地层深度预测与成像。当与地面地震剖面联合使用时可增加成像结果的可靠性，其数据处理方法与常规 VSP 数据相同。

8.3.2　利用水力脉冲震击器工具作为震源的随钻地震

Tempress Technologies 公司研发了一种安装在钻头上方的扫频水力脉冲震击器，

该工具可在钻头处产生强大的负压脉冲,其高速流道中安装有自驱动分流阀,可将流道中的泥浆流迅速切断从而产生脉冲震击,并造成钻头工作面的局部欠平衡钻井条件,不仅可以提高破岩效率,还可以替代钻头作为震源用于随钻地震。该技术克服了钻头随钻地震的一些局限性,特别是在软地层、斜井/水平井及采用 PDC 钻头等的情况下,可作为震源产生足够能量。其震源强度与流速、泥浆密度的平方根成正比,与流道面积成反比,可以通过改变分流阀流道面积及长度来改变脉冲强度。多项测试表明,采用水力脉冲震击器作为震源,可以从超过 830 m 深度将信号传回地面,其输出脉冲的频率范围为 11～19 Hz,工作原理与可控震源原理类似。破岩时该工具可同时产生压缩波(P 波)和剪切波(S 波),当钻头离开工作面后就不再产生剪切波,因此可以根据需要选择 P 波或 S 波对孔隙油藏进行探测成像。

8.3.3　　随钻 VSP

Schlumberger 是该技术的倡导者,其随钻 VSP 技术又被称为随钻地震测量(Seismic Measurement While Drilling, SMWD)技术。随钻 VSP 的观测系统与常规 VSP 类似: 在地面设置震源,利用井下检波器记录 P 波或 S 波;数据处理后主要结果包括时深转换关系、地层速度、反射界面深度位置以及结合测井信息得到的合成地震图。与前面两种在地面采集的随钻地震技术相比,随钻 VSP 的优势是能够在低噪声环境下记录地震波信号,采集的数据可直接进行标准 VSP 处理(苏义脑等,2010)。

8.4　　矿震监测

由于浅层地表矿产资源的日益枯竭,矿山开采深度不断加大,深部开采破坏了原岩应力状态,容易诱发动力灾害,极大地威胁井下人员和设备安全,因此有必要开展各项地压灾害的监测研究。作为目前矿山动力灾害监测的有效手段,微地震监测技术通过在开采区域内布设检波器,接收震源所发出的地震波信号,来确定岩体微破裂分布位置,进而掌握岩体活动规律,并实现动力灾害的预测预报。

事实上早在1933年,在我国的抚顺胜利煤矿,就有了最早的矿震报道,1959年,林景云开展过抚顺胜利矿的冲击地压研究;从1992年开始,澳大利亚联邦科学与工业研究院针对采矿引起的长壁采煤面附近岩层的破坏及冒落等微地震现象进行了一系列研究。在对昆士兰州的Gordon Stone矿及其他几个矿区的微地震活动进行研究后发现,连续推进过程中,采煤面周围岩层的微地震活动会表现出一种规律化的模式,表明在开采过程中,其周围岩层的地质缺陷及其断层会由于受到采动的影响而被激活并产生相应的运动,这种结构性的运动就会影响到整体响应,导致在远离工作面数百米的地方也会发生微震活动。总的来说,上述微地震观测还属于经验性的定性研究,在实践中缺乏定量化手段。之后,Zhou在进行三维地震探测中发现了一次较明显的由采矿引发的微地震,并对该事件进行了初步定位,之后得到证实。这一偶然发现,使人们相信微地震在现场可以进行观测并能对其进行比较精确的定量研究(Hatherly等,1998)。

1995年,陈德贻(1996)结合娄底地区矿区地质构造环境,根据岩层分布和矿区断层发育情况,分析了自1972年起该地区矿震活动的强度和发生频率,对矿震成因进行了进一步的调查研究,并总结了该地区矿山诱发地震的特征、成因及其活动规律,为矿山地震的研究和预测提供了有力支持。

同年,在法国东南部,G. Senfaute等(1997)利用微地震监测手段,对煤层厚度为2~3 m的Provence煤矿的2 114个微地震事件的监测数据进行了时空分布分析,该地区一直受冲击地压影响,表现形式多种多样,Senfaute找到了微震集中于支护情况之间的关联,指出微地震分布情况与煤矿开采设计有直接关系。之后根据实况初步提出了一些判据,并对该矿未来微震发生情况进行了预测。

2007年,姜福兴将高精度微地震监测技术应用于监测冲击地压的力源和位置以达到对冲击地压灾害的预测。通过监测华丰煤矿冲击地压煤层及其在开采过程中的岩层破裂和二次应力场变化的过程,对煤矿冲击地压与岩层在三维空间破裂之间的关系进行了探究,并探索了根据岩层破裂规律预测和预报冲击地压的可能性。

2011年,苗小虎发表了微地震监测矿震诱发冲击地压机理研究的文章,针对在朝阳煤矿#3201 工作面进行冲击地压高精度微地震监测的过程中，观测到的到时靠后的震动波幅值反而较大的异常现象，进行了分析研究及初步定位，并在此基础上提出了矿震诱发冲击地压震动破坏机制的假设，进而做出了该假设的初步验证、初始震源与诱发震源时间的相关性验证、原位岩体的实测波形验证。最后结合矿山压力与岩层的控制理论和长期的微地震监测结果，发现诱发震源的位置恰好位于采动应力场和构造应力场耦合下的高应力区，这证明了矿震诱发冲击地压通过初始震源的震动破坏机制实现（赵博雄等，2014）。

参考文献

[1] 黄海东,张亮,任韶然,等.CO_2 驱与埋存中流体运移监测方法与结果[J].科学技术与工程,2013, 13(31)：9316 - 9321.

[2] 刘东丰,李小玲,幸来,等.注水井水驱前缘监测技术及应用[J].中外能源,2008,13(6)：51 - 54.

[3] 韩继勇.随钻地震的钻头震源研究[J].西安石油大学学报(自然科学版),1998(2)：7 - 11.

[4] 张绍槐,韩继勇,朱根法.随钻地震技术的理论及工程应用[J].石油学报,1999,20(2)：67 - 72.

[5] 张绍槐.现代导向钻井技术的新进展及发展方向[J].石油学报,2003,24(3)：82 - 85.

[6] 杨进,李中,谢玉洪.随钻地震技术在套管下入深度确定中的应用[J].中国石油大学学报自然科学版,2007,31(5)：41 - 43.

[7] 朱键,高韶燕.随钻地震资料反演预测超高压层段[J].石油地球物理勘探,2003,38(1)：38 - 43.

[8] 罗斌,王宝彬.随钻地震波场空间传播特征研究及应用[J].石油地球物理勘探,2005,40(1)：58 - 64.

[9] 杨微,葛洪魁,宁靖,等.流动地震仪检测钻头振动信号的现场试验[J].地球物理学进展,2007, 22(2)：622 - 628.

[10] 王鹏,葛洪魁,陆斌,等.随钻地震波场传播与数据处理方法的数值实验[J].石油钻探技术,2009, 37(2)：5 - 9.

[11] 李兴龙,姚恒申.ARMA 模型在随钻地震技术中的应用[J].内江科技,2010,30(1)：74 - 74.

[12] 陈德贻,刘奇武.湖南娄底煤田矿山诱发地震的分析[J].中国地震,1996,12(3)：325 - 330.

[13] 姜福兴,王存文,杨淑华,等.冲击地压及煤与瓦斯突出和透水的微震监测技术[J].煤炭科学技术, 2007,35(1)：26 - 28.

[14] 苗小虎,姜福兴,王存文,等.微地震监测揭示的矿震诱发冲击地压机理研究[J].岩土工程学报, 2011,33(6)：971 - 975.

[15] Hatherly P, Poole G, Mason, et al. 3D seismic surveying for coal mine applications at Appin Colliery, NSW [J]. Exploration Geophysics, 1998, 29(3/4)：407 - 409.

[16] Ren B, Ren S, Zhang L, et al. Microseismic monitoring on CO_2 Migration in a Tight Oil Reservoir during CO_2-EOR Process [C]// Carbon Management Technology Conference. 2015.

[17] Smith R J, Alinsangan N S, Talebi S. Microseismic Response of Well Casing Failures at a Thermal Heavy Oil Operation [J]. 2002.

[18] Senfaute G, Chambon C, Bigarre P, et al. Spatial distribution of mining tremors and the relationship to rockburst hazard [M]//Seismicity Associated with Mines, Reservoirs and Fluid Injections. Birkhäuser Basel, 1997: 451 − 459.

[19] Tenzer H. Development of hot dry rock technology [J]. Bulletin Geo-Heat Center, 2001, 32(4): 14 − 22.

[20] Verdon J P. Microseismic monitoring and geomechanical modelling of CO_2 storage in subsurface reservoirs [J]. Springer Netherlands, 2011, 76(5): 102.

[21] Zhang L, Ren B, Huang H, et al. CO_2, EOR and storage in Jilin oilfield China: Monitoring program and preliminary results [J]. Journal of Petroleum Science & Engineering, 2015, 125: 1 − 12.

附　录

附录 1   国内外主流微地震数据处理解释软件

作为 2010 年世界十大石油科学技术进展之一的微地震监测技术，是在 20 世纪 80 年代提出的，90 年代在其他行业开始应用。这项技术是储层压裂过程中最精确、最及时、信息最丰富的监测手段之一。微地震监测技术在油气藏勘探开发方面的主要应用包括储层压裂监测、油藏动态监测等，可缩短和降低储层监测的周期与费用。2006 年，ESG 公司推出 FracMap 微地震压裂监测技术，首次在油气勘探领域实现商业化应用。目前，中国石油东方地球物理勘探有限责任公司（中国）、中国石油川庆地球物理勘探有限责任公司（中国）、MicroSeismic Inc（美国）、哈里伯顿（美国）、ESG（加拿大）、Weatherford（美国）、Magnitude（法国）、斯伦贝谢（美国）、贝克休斯（美国）、道达尔（法国）等多家公司提供微地震监测技术服务。以下将简要介绍各家公司研发应用的微地震数据监测软件。

附表 1-1 国内外主流微地震监测软件

公 司 名 称	微震软件	备 注
中石油东方物探（BGP）	GeoEast - ESP	微地震地面、浅井和深井监测的采集设计、实时处理、解释
中石油川庆物探	GeoMonitor	微地震地面、浅井和深井监测的采集设计、实时处理、解释
中国石化 Sinopec	Frac Listener	地面监测实时处理、解释
MicroSeismic Inc（美国）	FracStar™ BuriedArray™ EventPick™	FracStar™地面监测 BuriedArray™永久的实时浅地表监测 EventPick™井下实时监测
斯伦贝谢（Schlumberger）（美国）	StimMAP	井下、浅井和地表监测
贝克休斯（Baker Hughes）（美国）	IntelliFrac	井下微地震监测
Pinnacle（美国）	PinnVision™	三维可视化和解释软件，一个结合微地震、倾斜仪和实验数据的交互式平台
Weatherford（美国）	LxData™	光缆监测系统
ESG（加拿大）	FracMap® ResMap®	井下实时监测
Magnitude（法国）	Smart Monitoring	井下实时监测
ASC（英国）	InSite	采集、处理、管理和可视化一体化软件

1.1 地面监测数据处理解释软件

1. 中国石油集团微地震监测软件系统

2010 年,中国石油集团加大了微地震监测技术的研究力度,针对微地震信号能量弱、微震破裂机制类型多样、微地震波类型复杂、微地震震源高精度实时定位等挑战,开展了微地震监测采集处理解释技术攻关,形成了 6 项微地震监测关键技术,提升了微地震采集、处理、解释一体化技术服务能力。

中国石油集团于 2012 年成功推出了基于 GeoEast 平台和基于 GeoMountain 平台、具有自主知识产权、具备工业化生产能力的微地震实时监测软件系统,拥有采集设计、处理、解释、油藏建模等一体化服务功能,实现了中国石油集团微地震监测软件从无到有的跨越。其中东方物探自主研发的 GeoEast – ESP 微地震实时监测系统从采集到处理解释,软件整体配套、功能完善。

GeoEast – ESP 微地震实时监测系统完成了微地震井中及地面监测采集、微地震信号识别、事件定位以及解释方法研究与软件开发工作,整体功能处于国际先进水平。GeoEast – ESP 微地震实时监测系统能够根据甲方需求和实际技术问题及时增加相应功能,以插件方式嵌入系统中,提供了相应的数据接口及编程接口,与国外商业软件相比具有更大的灵活性。系统具有在信噪比大于 2 的大量数据中筛选出微地震事件有效率大于 95%、微地震事件定位的距离误差小于 10 m 等技术优势。这项技术已经在 120 多个项目中应用,在为非常规油气开发提供缝网形态指导压裂、认识地应力调整水平井轨迹、计算 SRV 评估压裂效果、识别断层或天然裂缝调整开发方案等方面发挥了积极作用。

目前该系统拥有 50 个模块,主要包括微地震波动方程正演、采集设计、检波器三分量定向、速度校正、偏振分析、事件定位、裂缝解释等功能,涵盖了从采集评估到现场实时处理、裂缝解释、油藏模型分析的整套技术流程,软件界面友好,流程清晰,操作简便。

截至目前,中国石油集团利用自主研发的微地震监测软件已完成了页岩气、致密气、致密油、煤层气等领域 100 多口井的非常规油气水力压裂井中及地面微地震监测项目。

2. MicroSeismic Inc.（美国）

MicroSeismic 公司于 2003 年成立,主要提供地面微地震监测服务。主要包括水力压裂监测、储层监测、构造成图以及 PSET 和 PSTT 等专有技术。

目前,MicroSeismic 在油气田水力压裂地面微地震监测中部署大型星形排列,排列中的检波器为 Sercel 公司生产的 428Lite 系列检波器,这种检波器通常以测线形式应用于常规二维和三维地震勘探中,与这种观测系统对应的数据处理软件为 FracStar^{TM}。

同时,MicroSeismic 公司也可以通过布置网格排列进行永久实时浅地表监测,数据处理软件为 BuriedArray^{TM}。

1.2 井下监测数据处理解释软件

1. PinnVision^{TM}

Pinnacle 公司自主研发了三维可视化和解释软件 PinnVision^{TM},它是一个结合微地震、倾斜仪和实验数据的交互式平台。自 2001 年以来,Pinnacle 公司使用井下微地震监测技术已经成功地对 3 000 口水力压裂作业进行了裂缝成像监测。如今,Pinnacle 公司占据全世界 80% 的水力压裂裂缝成像市场,包括 100% 的测斜仪成像和超过 70% 的微地震裂缝成像。

2. LxData^{TM}

在微地震监测方面,Weatherford 国际有限公司主要提供永久性井下设备制造、安装和数据采集。2006 年,推出 FracMap 微地震压裂监测技术以及 LxData^{TM}监测系统,首次在油气勘探领域实现商业化应用。

3. ResMap $^®$

ESG(Engineering Seismology Group)公司自主研发软件为 FracMap $^®$ ResMap $^®$ 。

4. Smart Monitoring

Magnitude 公司开发的 Smart Monitoring 软件包具有远程处理和网络报告的功能。

5. InSite

ASC 公司自主研发的 InSite 微地震数据采集、处理、管理和可视化一体化软件目前在国内应用较为广泛。InSite 可应用于地震学研究、实验室声发射研究、地下采掘微地震监测、油气田水力压裂微地震监测以及天然地震数据处理。

InSite 的主要模块包括：① 波形模块；② 高级波形模块；③ 震源机制模块；④ 实时监测模块；⑤ 数据流可视化模块；⑥ 参数可视化模块；⑦ 高级三维可视化模块；⑧ 速度模块；⑨ 定位模块；⑩ 高级定位模块；⑪ 数据管理模块；⑫ 分布式用户模块；⑬ 外部交流模块。

6. Kingdom ®

IHS 公司 Kingdom ® 是地震处理与解释软件，它和 OpendTect 软件一样是具有三维可视化的解释平台，并可集成许多商业化的特色插件。集成于 Kingdom ® 解释平台的 VuPAK Advanced™ MicroSeismic 是三维的微地震解释与分析模块，具体特色如下。

① 以任何属性形式（颜色、大小和可视性）的微地震事件的动态显示；

② 最佳拟合的平面和体计算与显示；

③ 生成额外属性的基本数学运算；

④ 微地震事件的多井显示；

⑤ 多 y 轴 2D 交会图；

⑥ 微地震事件位置的地震属性提取；

⑦ 利用存储的射孔信息计算压裂速度；

⑧ 增大储层体积-每一段累积体积；

⑨ 不同颜色显示各井射孔点。

7. StimMAP

斯伦贝谢公司自主研发的 StimMAP 软件可处理井下监测（直井、水平井）、浅井网格和地表监测微地震数据。其主要应用为：

（1）实时优化压裂施工参数和施工方案，调整加砂方案、排量、压裂级数等，提高整体压裂作业效果；

（2）帮助掌握地应力场以及微观地质构造；

（3）与三维地震及其他资料结合，优化三维应力场模型及油藏模型；

（4）优化井区开发方案。

8. Transform

Transform 勘探开发协同可视化系统软件包，是 Transform 软件服务公司针对多波多分量地震数据解释和微地震水力压裂监测的需要而开发的新一代多学科一体化研究协同可视化工作平台,也是国内目前应用最多的微震数据解释软件。

该软件包由 TerraView——多学科协同可视化环境、TerraFusion——多维勘探开发解释系统和 TerraMorph——多波多分量地震数据解释系统三部分组成。

1.3   矿山微地震监测软件

现代矿山微地震监测技术的开发与应用始于 1980 年代中期南非金矿开采活动,而尝试将微地震监测技术应用于煤矿则始于 1995 年前后,ISS 国际公司尝试用该技术监测南非 New Danmark 煤矿的顶板塌落过程。所以矿山微地震监测技术研究与应用最活跃的国家和地区是南非。在此主要介绍南非两家公司(或组织)的矿山微地震监测仪器,详细情况如下。

1. 南非矿山地震研究所

南非矿山地震研究所(IMS)是世界上最大的矿山微地震监测领域的独立研究组织,它可以提供硬件、软件和监测服务,业务主要集中在南非和澳大利亚。

IMS 研发的传感器硬件包括检波器、加速度仪和力平衡加速度仪三种。

2. 南非 ISS 国际公司

南非 ISS 国际公司是世界上最早从事矿山微地震监测技术研究的公司,具有业界领先的软硬件装备。ISS 微地震监测系统包括以下几个部分:检波器、微震控制器、采集设备、控制计算机和分析及可视化系统。

附录２　　国内外著名微地震监测技术服务公司

国内外主要的微地震监测技术服务公司具体如下。

（1）国内公司

国内公司包括 BGP 东方物探和川庆物探。

（2）国外公司

国外公司主要有 MSI Inc.、ESG Solutions、Weatherford、Magnitude、Schlumberger、Halliburton、Baker Hughes、Avalon Sciences、Global Geophysical Services、Applied Seismology Consultants、ISS、Spectraseis、Mitcham、Microseisgram、Rock Talk Imaging、Ref Tek、SIGMA3、NanoSeis。

检波器制造商主要包括 OYO GeoSpace、Sercel GeoWaves、Iseis、Wireless Seismic、IMS。

2.1　　国内主要微地震监测技术服务公司

东方地球物理公司自 2006 年开始技术调研,2009 年进行了压裂微地震监测先导性研究,2010 年起,开展了专题技术研究,并在微地震震源机理、资料采集、资料处理、定位方法等方面取得重要进展,建立了技术流程。2013 年东方地球物理公司与中国石油勘探开发研究院廊坊分院成功研发了井下微地震裂缝监测配套软件,通过引进法国 Sercel 公司井下三分量数字检波器,形成了较为成熟的井下微地震监测服务能力,已在国内 14 个油气田进行了 80 多口井的微地震监测,整体技术水平与国际同步。

川庆物探公司依托集团公司项目"微地震监测技术研究与应用",形成了成熟的地面微地震监测技术,建立了野外施工流程。在蜀南、威远、长宁和昭通地区页岩气区带评价和开发应用中,优选了页岩气有利勘探区域,提供了直井和水平井井位部署意见和支撑服务。目前,川庆井中物探事业部已建立深井、浅井、地面压裂微地震监测采集、处理、解释一体化工程技术服务体系,为国内外页岩气勘探企业提供 25 余次作业,拥有一支能同时完成多个不同类型施工项目的工程技术服务团队。

自此,中国石油集团公司旗下东方地球物理勘探公司和川庆地球物理勘探公司均形成了自主研发的微地震监测技术及软硬件装备。

东方地球物理勘探公司依靠积淀多年的 VSP 勘探技术,剖析微地震井下监测原理,针对微地震事件识别、自动筛选、偏振分析、事件定位等一系列关键技术进行攻关,掌握了井下微地震裂缝监测关键技术,并有针对性地开发了处理解释软件。东方地球物理勘探公司申报国家发明专利 2 项,制定了中国石油井下微地震监测技术企业标准。目前,井下微地震裂缝监测技术已在吉林、吐哈、长庆、浙江、冀东、西南等油气田实施 36 口井共 90 多层段的现场监测试验,涉及致密油气、页岩气等不同类型的油气藏;针对不同岩石破裂能量等物理特征的差异,结合压裂施工参数,确定了不同岩石合理的监测距离,为监测井的选择提供了依据。根据微地震事件时序排列、能量大小计算及压裂裂缝体积(SRV)的分析,实现了体积压裂效果的实时评估。根据裂缝实时延伸情况,实时指导压裂方案及参数的及时调整。现场应用表明,井下微地震裂缝监测技术基本达到国外专业服务公司的同等水平。

目前,中国石油集团已拥有 180 级井中三分量检波器,记录主频可达 1 000 Hz 以上,耐温 150℃,承压 70 MPa。随着微地震监测装备实力的增强,中国石油集团井下微地震监测技术服务能力已能实现从采集设计至数据处理的地面监测技术流程,所积累的丰富数据采集、处理、裂缝解释经验,为推动水力压裂现场实时指导和压裂效果评价、推动非常规油气储层改造技术应用奠定了基础。

2.2   国外主要微地震监测技术服务公司

1. MicroSeismic Inc.（美国）

MicroSeismic 公司凭借超过 15 000 个监测段(FracStar 星形排列)和永久部署范围达 800 m² 的 Buried Array™ 微地震数据采集台阵,MicroSeismic 公司已经在全球率先尝试并证明了地表微地震监测的成功应用。

MicroSeismic 公司结合 FracStar 台阵的宽孔径与基于 PSET 的微震数据处理技术,可提供关于增产措施导致的裂缝如何与油藏天然裂缝网络发生交互作用的关键信息。

2. Pinnacle(美国)

Pinnacle(哈里伯顿旗下子公司)是从事微地震监测专业化服务的公司,能提供现场实时的裂缝和储层、裂缝监测和油藏监测服务: ① 地面监测储层裂缝;② 临近井监测储层裂缝;③ 压裂井监测储层裂缝;④ 软件销售和培训。

1994 年,Pinnacle 公司应用 OYO Geospace 公司开发的高精度井下地震检波器和数据传导系统,在 MESA VERDE 砂岩 Piceance 盆地获得了水力压裂施工作业所形成的诱发微地震震源分布资料。然后,应用 Pinnacle 公司开发的 FracSeis / seisPT 微地震数据处理、分析和成像系统分析了上述获得的震源分布资料,就地实时进行了裂缝测绘,并采用特殊的提取信号的滤波技术以及先进的速率模型和震源定位的 Vidale-Nelson 运算法进行了数据处理,其主要成果是诱生微地震震源分布俯视图和垂直剖面图。

3. Weatherford(美国)

Weatherford 国际有限公司是为上游油田多元化服务最大的公司之一,在 100 多个国家有雇员约 33 000 人,主要从事钻井、评估、完井、开采和采油修理。

4. ESG(加拿大)

ESG(Engineering Seismology Group)公司于 1993 年成立。目前,ESG 已经从一个研究小组发展成为可提供优质全面服务的微地震技术公司,提供从项目设计、系统制造和安装、微震数据采集到处理和分析解释的完整综合解决方案。ESG 的主要业务为生产用于监测被动驱动微地震监测仪器并在全世界范围内提供测量服务。

ESG Solutions 是全球领先的微地震监测设备和技术供应商,主要为能源、采矿、岩土工程等行业提供被动微地震监测解决方案。ESG 的技术和服务,应用于广泛的市场领域。其中包括:采油压裂过程监测、地下油藏区域监测、二氧化碳和天然气储存监测、地下和露天矿藏开采生产安全监测以及地质技术综合应用。

ESG 是专业提供微地震监测技术与设备的高技术公司,自 2000 年以来,为北美及全球压裂作业市场提供业界领先的实时监测和数据处理分析服务。拥有超过 25 年的微地震监测应用经验,并已经完成逾 5 000 次压裂过程监测,在技术、科学知识和工程经验等方面具有明显的优势。

在数据采集服务方面,ESG 提供了业界最先进的井下和地表数据记录设备,用于进行油藏储层地震数据的监测和高分辨率成像。

在十年的压裂作业监测服务过程中,ESG 已经采用过的井下设备主要包括:Oyo Geospace 井下排列,Sercel 公司 Slimwave 井下排列,Avalon 公司 Geochain 井下排列。

5. Magnitude(法国)

Magnitude 公司是在全球范围内提供综合微地震监测的地球科学公司。监测服务包括测网设计、短时施工和永久性管理。

6. 环球微地震服务(GGS)公司

环球微地震服务(GGS)公司提供基于地表的被动式微地震获取、处理及解释服务。处理对象包括时间、地点以及微地震震级大小,足够强度的微地震震源机理解释和裂缝层析成像技术(TFIs)。裂缝层析成像技术是一项新型专利技术,它可以直接对油藏如复杂地表的诱发及自然裂缝流动通道成像,而不是封闭区域内点对点的方式。这些技术可以应用于水力裂缝监测、对特定用途被动式排列进行纯被动式监测,还能够提供在三维地震作业期间静态条件下所获取数据产生的一些额外成果。

附录3 微地震监测用检波器

目前微地震监测主要有地面监测、近地表监测和井下监测三种方式,采用的仪器一般沿用常规地震采集仪器,大多使用模拟动圈式速度型或加速度型检波器,地面记录系统配备了能记录大量微震数据和针对诱生微震的质量控制、自诊断及自动检测和分析的软硬件,有时需将接收到的数据转发到数据处理中心,或采用无线遥测式方案(李怀良等,2013)。

微地震监测的地面检波器主要采用 Sercel、ION、Geospace、国内双丰等公司的产品(刘振武等,2013);井下监测一般采用 VSP(垂直地震剖面)仪器,国内外生产厂家主要有英国 Avalon 公司、美国 Geospace 公司、法国 Sercel 公司和原中国西安石油勘探仪器总厂(雷小青等,2010),其中法国 Sercel 公司的产品在国内销售最多,一般使用 8～16 级仪器下井。

常规的地震采集仪器在进行微地震监测时存在如下问题:

(1)灵敏度和带宽不足,特别是由于假频的限制,检波器不能准确测试高频的振动信号;

(2)井中检波器与井壁在宽频带上的不良耦合引起的锁定谐振限制(梁兵和朱广生,2004)。

近年来,随着微地震技术的发展和应用需求的推动,也出现了一些专用的微地震监测检波器,如 Geospace 公司的 731－20 型宽频带地震检波器,采用三轴向排列压电加速度传感器,频带范围可以达到 1 500 Hz;Schlumberger 公司的 VSI 地震成像仪,采用三轴加速度传感器通过隔离弹簧实现与整个仪器主体的声学隔离,可采集高保真地震数据。微地震监测技术通过监测水力压裂过程中岩石破裂产生地震波,来描述压裂过程中裂缝生长的几何形状和空间展布。由于岩石破裂规模有限,释放出的能量很小,诱生的地震波很微弱,震级在 0 级以下。裂缝发射的微震频率很高,频带为 200～1 500 Hz(梁兵和朱广生,2004;崔荣旺,2007)。对微地震信号进行监测需要高灵敏度、大带宽的地震检波器(马超等,2008),井下高温、高压、高腐蚀性的恶劣环境,要求微地震监测用井中检波器是高灵敏度、高频、体积小的三分量检波器,其本身及有关连接件、信号传输线等应具有耐高温、高压和耐腐蚀的性能。

3.1　　　油气田微地震地面监测仪器

微地震技术是一种十分精密、精细的裂缝监测技术,其具体做法是,在指定位置布设检波器,使用固定排列接收生产活动所产生或诱导的微小地震事件,并通过对这些事件的反演求取微地震源位置等参数,最后通过这些参数对生产活动进行监控和指导。微地震数据采集除要求地震仪器能够记录微弱地震信号的能力,还应具有以下特点: ① 仪器接收排列的稳定性;② 连续采集能力;③ 数据实时监控能力。

国内外进行的地面微地震监测实践中,地面检波器排列类型主要有三种: 星形排列、网格排列和稀疏台网。美国 MicroSeismic 公司采用地面观测的方式进行微地震监测,地面布阵有以下几个优点: 用单一排列进行全区覆盖、花费低、对井筒无危险、监测储层机制有更大的范围、经济实用。星形排列中使用的检波器实际上为常规的二维或三维地震勘探所布置的测线,而网格排列和稀疏台网中的检波器一般是单一的三分量数字检波器,配合数据采集台站使用。

1. Sercel(法国)

目前,MicroSeismic 在油气田水力压裂地面微地震监测中部署大型星形排列(FracStar),排列中的检波器为 Sercel 公司生产的 428Lite 系列检波器,这种检波器通常以测线形式应用于常规二维和三维地震勘探中,与这种观测系统对应的数据处理软件为 FracStar^{TM}。

428XL 仪器是法国 Sercel 公司推出的地震数据采集系统,是基于网络技术的遥测地震数据采集系统,该仪器系统的主机设备包括服务器、客户端、NAS 盘、绘图仪、Esqc-pro 主机等,都具有固定的 IP 地址,一般采用星形网络拓扑结构组成局域网,完成数据的处理、存储和输出。

2. BGT－11 型地面微地震监测仪

国产 BGT－11 型微地震监测仪,适用于地面网格排列。

其中检波器主要工作参数如下。

（1）垂直分量单支

频率(4.5 ±0.5)Hz,阻尼 0.68 ±10% ,灵敏度(400 ±7.5%)mV/(cm/s),电阻(890 ±5%)Ω,失真度小于 0.2% 。

（2）水平分量单支

频率(8 ± 0.5)Hz，阻尼$0.7 \pm 10\%$，灵敏度$(400 \pm 10\%)$mV/(cm/s)，电阻$(395 \pm 5\%)\Omega$，失真度小于0.2%。

每件为三分量检波器，每分量串联3支，灵敏度达120 V/(m/s)。连接记录仪器线应当有屏蔽功能。线内屏蔽网应连接外金属筒。由检波器输出三组线，分别对应三个分量。

BGT-11型微地震监测仪的主要工作参数如附表3-1所示。

附表3-1 BGT-11型微破裂监测仪主要工作参数

名 称	参 数	名 称	参 数
通道数	3(三分量)	输入信号分辨能力	3 μV
采样率/道	1 ms，2 ms，4 ms，8 ms 可设置	幅度一致性	≤1% FSC
A/D 转换器	24 位	各通道同步时间误差	≤0.1 ms
固定增益	340 倍或 680 倍	失真度	≤0.5%
通频带	DC-400 Hz	道间串音，压制	79 dB
动态范围	110 dB	数据格式	可转换为 SEG-Y
平均功耗	3 W	工作温度	-20~60℃
电池(持续时间)	7.5 VDC(>50 h)	存储温度	-40~85℃

3. Schlumberger(美国)

斯伦贝谢于2014年2月4日发布了MS Recon高精度微地震地面采集系统。该系统优化了微地震信号质量，提高了微地震信号记录精度标准和水力裂缝构造的图像效果。新的微地震测量采集系统解决了在地面附近进行水力压裂时对较小微地震信号的探测问题。MS Recon系统提高了数据采集时的信噪比，相比于常规系统可探测到更多的微地震事件。这有助于作业者提高对增产作业情况的了解，使他们可以优化完井设计，提高产量。

3.2 油气田微地震井下监测仪器

目前微地震监测仍以井下观测为主，一些国外公司也有成套的监测设备，如

Terrascience 公司、OYO Geospace 公司等。今天已发展出多种性能良好的多级检波器串,记录到的微震主频可达 1 000 Hz 以上,可耐 200℃ 高温,承受 69 MPa 高压,这可以使永久性检波器安置在 3 000 m 深井中长期工作。目前可将多达 50 个三分量检波器胶结在井壁中,但目前多级永久性检波器在安装过程中损坏率较大,永久性检波器下井固定技术尚需提高。

1. Pinnacle(美国)

Pinnacle Receiver 设备规格见附表 3 - 2。

附表 3 - 2 Pinnacle Receiver 设备规格

类　　型	数字三分量检波器梭
传感器	双全方位 2 400 高输出检波器,15 Hz
层数	最大 24 层
井内频道	每个梭中含 24 位数字化仪,最大动态频道范围
遥测	光纤数字高速遥测
仪器外径	标准井眼: 2.5 in(63.5 mm) 小井眼: 1.625 in(41.28 mm) 高温或标准遥测: 3.0 in(76.2 mm)
仪器长度	标准井眼: 钛制 62 in(158 cm) 小井眼: 13.5 in(34 cm) 高温: 35 in(89 cm)
仪器重量	标准井眼: 40 lb①(18 kg) 小井眼: 5 lb(2 kg) 高温: 38 lb(17 kg)
夹持机制	标准井眼和高温条件下: 锚重比大于 10：1 的电子机械式夹持 小井眼: 磁铁或弓形片弹簧夹持
额定温度	标准井眼: 275℉(135℃) 小井眼: 250℉(121℃) 高温: 356℉(180℃)
额定压力	20 000 psi(138 MPa)
采样率	(1/4)~ 1 ms 可选
记录模式	连续微地震波探测,磁盘排列/硬盘备份
现场工作站	地震数据采集与管理系统,具有质量控制/数据管理以及专有 SeisPT 分析功能

———————————

① 1 磅(lb) =0.453 6 千克(kg)。

Pinnacle 公司使用其 Pinnacle Receiver 进行微地震井下监测,典型的排列由 8 ~ 15 个三分量检波器组成。

标准的仪器很小,每个仪器上装载有 24 位数字化仪。

传感器为双全方位 2 400 高输出检波器,它在 0 ~ 1 500 Hz 频段(微地震成像要求比典型井下地震应用更高的频率响应)有着出色的响应。这个短小坚硬的钛制仪器经过调谐可以最小化机械共振,额定值为温度 275 ℉(135℃)和压力为 20 000 psi(138 mPa)。

遥测:每个仪器测得 24 位的数字资料并通过光纤电缆以 11 Mb/s 的速度传输至地面。一般以 1/4 ms 的采样率采集数据以最好地表征这些高频微震事件。这一遥测速率比现今广泛使用的 7 导线电缆的遥测系统快超过 20 倍,并且可以连续记录高频率的微地震波。这个遥测系统使 Pinnacle 公司能够应用更多的仪器并以更高的频率采样,这使得微震事件定位的精度大幅提高。24 位数字化仪拥有最大的信息动态范围,这能提高对小的微震事件的探测能力。

2. ESG(加拿大)

ESG 制造了一些用于微地震监测的检波器,这些检波器主要用于软弱岩石或沙地环境中低频微震信号的检测。ESG 的检波器以频带宽、动态范围大和灵敏度高而著称。

(1)单轴检波器 用于低频,也可以用来获取软弱岩石中的微震事件。代表性的检波器有 G1 - 0.7 - 1.5、G1 - 1.1 - 1.0。

(2)三轴检波器 用于获取三分量的微地震数据,主要用来检测夹杂在高频加速器中的地震事件。特别适用于 Paladin™(ESG 公司生产的数字微地震记录仪)数据采集系统。代表性的检波器有 G3 - 0.7 - 2.5、G3 - 1.1 - 2.0。

(3)全方位检波器 ESG 全方位检波器不受垂直方位的限制,在斜井或有角度的井孔中是较为理想的检波器。

(4)井中检波器排列 ESG 对称三分量井中传感器排列被设计用于永久的或临时的地下微地震监测。高灵敏度的三分量检波器可监测井中的温度和压力。代表性的检波器为 DH - 2.2 - 2.5。

ESG 的检波器概括起来可分为两类,自然频率分别为 4.5 Hz 和 14 Hz(全方位检波器）。以下是两种检波器的详细参数。

ESG 公司目前使用 DH－2.2－2.5 双三分量检波器排列进行井下微地震监测。它的特征是：① 双三分量检波器,高灵敏度,自动数据叠加;② 斜井全方位监测;③ 自定义间距设置;④ 额定 4 500 psi 井下压力;⑤ 可同时监测温度和压力;⑥ 外径 1.375 ～ 2.0 in;⑦ 可根据客户需求定制。

DH－2.2－2.5 双三分量检波器排列的详细参数见附表 3－3。

特　征	详 细 参 数	特　征	详 细 参 数
传感器		外壳类型	不锈钢,永久密封
类型	12 级三分量检波器	外壳尺寸-外径	35 ～ 51 mm(1.375 ～ 2 in)
检波器	单轴双元 15 Hz 检波器	外壳尺寸-长度	约 480 mm(19 in)长
配置	三轴	外壳重量	3.5 kg(8 lb)
灵敏度	2.2 V/in/v	工作温度	－40 ～ 85℃（－40 ～ 185℉）
线圈电阻	2 400 Ω	工作压力	连续压力最大至 4 500 psi
分流电阻	11.8 kΩ	接头	B－1877(24 ～ 61S)
朝向	全方位	电缆重量	193 lbs/1 000 ft(511 kg/m)
阻尼	内部分流时阻尼极大(70%)	电缆直径	15.2 mm(0.6 in) 外径
直流电阻(包括分流电阻)	4 kΩ	电缆长度	可定制
带宽	15 Hz	电缆护套	聚氨酯
物理特性			

附表 3－3　DH－2.2－2.5 双三分量检波器排列的详细参数

3.3　矿山微地震监测仪器

1. 南非矿山地震研究所

南非矿山地震研究所(IMS)检波器包含两种检波器,自然频率分别为 4.5 Hz 和 14 Hz(全方位检波器)。

IMS 制造两种加速度仪: 2.3 kHz 低噪版,带宽为 0.7 ～ 2 300 Hz 以及 25 kHz 高

频版,带宽为 2 ~ 25 000 Hz。

2. 南非 ISS 国际公司

南非 ISS 国际公司是世界上最早从事矿山微地震监测技术研究公司,具有业界领先的软硬件装备。ISS 微地震监测系统包括以下几个部分:检波器、微震控制器、采集设备、控制计算机和分析及可视化系统。截至 2010 年 4 月,已有多套 ISS 微地震监测系统在国内应用或正在启用,具体如下。

ISS 微地震监测系统主要特性如附表 3 - 4 所示。

附表 3 - 4　ISS 微地震监测系统主要特性

序号	名　称	特　性	备　注
1	防爆	本质安全型,通过南非 SABS 与俄罗斯认证	
2	通道数	可到 1 536 以上	支持 TCP/IP 扩展
3	采样率	3 ~ 48 kHz	
4	A/D 转换位数	GS 32 位 GSi 24 位	
5	防水	100 m	
6	动态范围	120 dB@ 48 kHz、150 dB@ 50 Hz	
7	检波器智能化	全部类型检波器	自动确认检波器 Id,序列号,倾角等
8	系统平台	Windows,　Linux	
9	数据存储	降噪能力强,数据压缩好	普通配置计算机即可存几年数据
10	非震动信号	采集器支持	支持非震动类传感器信号采集
11	电源电压	105 ~ 250 V AC 间任意	
12	功率	<3 W	
13	检波器安装方法	可复用;永久型	
14	安装钻孔直径	50 mm, 76 mm, 102 mm	50 mm 孔能安装可回收检波器
15	检波器自带电缆长度	15 m	亦可配客户指定长度电缆

ISS 智能型检波器见附图 3 - 1。

ISS 系统支持宽频系列的商业化传感器产品,包括小型检波器、短周期和宽频段检波器、力平衡加速度传感器、压电加速度传感器等。任何输出较慢变化信号的传感器,只要电压在 -5 ~ 5 V,或电流在 4 ~ 20 mA,都可应用于 ISS 系统。应变计、

附图3-1 ISS智能型检波器

流变计、倾斜计、CSIRO 三轴钻孔应变计在澳大利亚、温度计在俄罗斯都已经有了成功的应用。

　　ISS 的电子补偿增强技术可大大提高检波器的频率敏感度,可采集到传感器固有频率以下的微震信号。因此,可以采用小孔径安装技术,从而使成本大大低于其同类产品。技术规格见附表3-5 和附表3-6。

附表3-5 检波器技术参数

产品种类	固有频率/Hz	去噪响应/Hz	无阻尼灵敏度/V/(m/s)	倾斜角/(°)	极限位移/mm	监测频率范围/Hz
G4.5	4.5	150	28	2	4	3~2 000
G14	14	190	80	180	0.5	7~2 000

附表3-6 加速度计技术参数

产品种类	最低频率/Hz	最高频率/Hz	固有谐振/Hz	无阻尼灵敏度/V/(m/s)	宽带噪声/μg	监测频率范围/Hz
A25	2	25 000	60	100	150	2~25 000
A2.3k	0.2	2 300	16	500	8	0.2~2 300

3.4　　独立检波器制造商

1. GEOSPACE（美国）

Geospace Technologies 是世界领先的高精度传感器制造商,其产品广泛应用于岩土、机械和安全领域,包括低频地震检波器、固体振动检波器和工业震动传感器。

Geospace 可提供完整系列的面向客户需求应用产品,包括:陆地、海上、月球、空中吊装、战场埋置和机械紧固。

目前,应用于井下微地震监测的检波器为 OMNI2400 全方位检波器,它集成于 GeoRes Downhole System 中。OMNI2400 的特征是:

（1）独有的全方位检波器设计可获得理想的矢量保真响应;

（2）高输出灵敏度[1.32 V/（in/s）];

（3）额定温度200℃;

（4）特别适合多分量、高分辨率地震和微地震数据记录与监测。

GeoRes Downhole System 指标如下:

（1）多达96 道[当采样率为（1/4) ms 时];

（2）灵活的层距,即3 m, 5 m, 6 m, 9 m 和15 m;

（3）24 位井下数字化;

（4）超高采样率: 1/4 ms, 1/2 ms, 1 ms, 2 ms, 4 ms;

（5）超低本底电子噪声;

（6）超高速光缆数据传输可连续地实时记录（12 Mbps);

（7）强共振（ >650)井下 DDS－250 三分量检波器梭;

（8）高输出双元全方向检波器 Omni2400 可获得任何方向的准确速度。

2. Sercel（法国）

Sercel 是世界上规模最大也是业界领先的地震勘探检波器制造商,其产品广泛应用于油气行业二维和三维地震数据采集中。在微地震监测领域,其 428 Lite 系列检波器应用于地面监测星形排列中,而 DSU3－BV 应用于地面监测网格排列中（浅钻)。DSU3－BV 是在 DSU3 检波器基础上改进的埋置式数字三分量检波器,目前,DSU3－BV 检波器已应用于油气田水力压裂地面微地震监测中的网格排列。